Full-scale
statistics

データ分析に
必須の知識・
考え方

統計学 入門

仮説検定から統計モデリングまで
重要トピックを完全網羅

阿部真人

ソシム

はじめに

　データ分析は、物事に対し定量的かつ客観的にアプローチする最も有効な手段の一つです。データ分析によって、再現可能な信頼性のあるエビデンスを得る、または将来の状態を予測することが可能になるため、データ分析は、生物学・医学・農学・心理学・経済学・社会科学・地球科学などデータを扱う研究分野で必ず用いられます。さらに最近では、様々なビジネスの現場においてデータにもとづいた分析から意思決定することが行われ始めています。もはやデータ分析は、あらゆる人間活動において根幹をなしていると言っても過言ではありません。

　データ分析手法には様々ありますが、そのほとんどが統計学の考え方にもとづいています。そのため、本格的なデータ分析に取り組むには統計学を学ぶことは避けて通れません。しかし、これまでの統計学の解説書は数学的な記述を多く含んだ難し目のものが多く、数学が得意ではない方にとっては学習するために多くの時間と労力がかかります。場合によっては途中で挫折し、統計学を学ぶのを諦めてしまうこともあるでしょう。あるいは、統計学に苦手意識があるままデータ分析に取り組んでしまうことで、メインである研究に十分に集中できなかったり、分析結果の解釈を誤ったりと、統計学自体が足を引っ張ることもあるでしょう。

　また一方で、わかりやすい解説を目指した「文系を対象にした統計学の入門書」も多数出版されていますが、扱うトピックが例えば平均や分散の解説といった初歩の初歩に限定されており、本格的なデータ分析のための十分な知識を得ることはできません。

　そこで本書では、本格的なデータ分析に必要不可欠な統計学の考え方と、様々な統計分析手法の知識について、徹底してわかりやすく、かつ網羅的に解説しました。記述については最大限に読みやすく、数学的な説明をできるだけ減らし図を多用することで、数学に自信のない読者の方でも読み通せるように工夫しています。私は、統計学を学んだことのない生物学や心理学、農学など様々な専攻の学部生・大学院生を対象に、統計学入門の講義を行ってきました。本書は、その講義の内容をベースにしつつ、講義での経験から得られた初学者がつまずきやすいポイント（例えば仮説検定の考え方、データ分析手法の選択の仕方）を丁寧に重点的に解説することで、わかりやすい入門書に仕上げています。

　もちろん本書は、統計学を学んだことのない方だけでなく、
・統計学を勉強してみたけれど、いまひとつわかった気になれず苦手意識がある
・論文でp値を使って結果を記述したけれど、意味をきちんと理解していない
・たくさんの統計分析手法があって混乱するので、全体像を把握したい

といった、統計学に関して困っている方に対しても大いに役立つと期待しています。また、最近では機械学習の手法が盛んに使われるようになったため、「機械学習については理解しているけれど、統計学はあまりよく理解していない」という方もいるかと思います。本書では機械学習と統計のつながりについても触れているので、そういった方にも読んでいただきたいです。

　本書は「統計学入門」と銘打っていますが、本格的で現代的なデータ分析のための必須な知識がふんだんに詰め込まれています。特に、統計学の基礎的な考え方から仮説検定、統計モデリング、さらに因果推論、ベイズ統計、機械学習、数理モデルまでと、幅広いトピックを扱っているので、この一冊で統計学の全体像および統計学と関連するデータ分析手法を眺め、実践的なデータ分析に向けた基礎づくりができます。

　本書は13章から構成されています。1〜3章でデータ分析の目的から統計分析に必要な基礎的な知識・考え方を解説しているので、統計学を学んだことのない方や統計学が苦手な方はここから読み進めるとよいでしょう。4〜5章で本格的な統計分析である推測統計の考え方を解説し、6〜8章ではデータの型や目的に応じた様々な推測統計の分析手法を網羅的に紹介しています。推測統計について復習したい、または様々な分析手法の使い分けを知りたい方は、これらの章を読むとよいと思います。そして9章では、昨今問題になっている仮説検定の使い方と科学における再現可能性についての議論について解説していますので、仮説検定を用いた分析をする方は必ず目を通すようにしていただきたいです。

　10章では、結果の解釈として重要な相関と因果の違い、および因果の推定手法について紹介しています。相関と因果を混同することは、重大な誤りにつながることがありますので理解するようにしてください。本書は主に、頻度主義統計と呼ばれる比較的古典的な枠組みを重点的に解説していますが、11章ではベイズ統計という考え方の異なる統計学の手法も解説し、より柔軟なデータ分析へとつながります。12章および13章では、統計学の外側の手法との関わりとして、機械学習と数理モデルについて解説しています。特に13章では、感染症の数理モデルの例が登場しますので、最近の身近な話題について理解が深まると思います。また、巻末には参考文献を挙げています。本書で登場した手法や考え方をより深く理解するために参照するとよいでしょう。

　本書が、多くの方のデータ分析・統計学の理解に役立てられれば幸いです。

目次

第3章 統計分析の基礎
データの種類・統計量・確率

第6章 様々な仮説検定
t検定から分散分析、カイ二乗検定まで

第7章 回帰と相関
2つの量的変数の関係を分析する

第8章 統計モデリング
線形回帰から一般化線形モデルへ

第 1 章

統計学とは
データ分析における統計学の役割

第1章では、統計学を学ぶにあたって、「データ分析の目的」について解説します。また、統計学がなぜデータ分析において重要なのかについて、統計学の役割を明らかにすることで紐解いていきます。統計分析の世界を概観することで、統計学の全体像を掴んでみてください。

1.1 データを分析する

● データと統計学

　私たちは、興味のある対象を観察し測定することで、対象にまつわる情報、すなわち**「データ」**を得ることができます。例えば、マウスを対象にした研究であれば、マウスの体サイズや遺伝子発現、さらに脳活動まで様々なデータを得ることができます。あるいはビジネスであれば、アンケートを集計することで顧客の商品に対する満足度データなどを得ることができます（図1.1.1）。

　データは数値のまとまり[1]であり、人が漠然と眺めただけではほとんど何もわからないといって良いでしょう。時にはデータが人によって歪められて解釈されてしまうことさえあります。そこで、データ分析の手法を道具として用い、適切にデータを分析することによって、初めてデータの性質を知ることができ、対象の理解や将来の予測が可能になります。

　近年の情報技術の発達により、これまで得られなかった領域のデータや、かつてないほど大量で高解像度のデータが得られるようになりました。生物・医学分野では、単一細胞レベルでの高精度な計測や、医療画像データの取得が可能になりました。ビジネス分野では、個々のユーザーの検索履歴といった、ウェブ上における詳細な行動データを大量に得ることが可能です。企業がこのような行動データを分析することで、ユーザーが興味を持ちそうな商品を予測し、自動的に提示するなど、ビジネス上の応用を試みていることは皆さんもご存知だと思います。このように、情報技術が発達した時代において、データ分析が極めて重要な役割を果たすことは明らかでしょう。

　データ分析の根幹をなす統計学は、確率論という数学を用います。数学が得意な方は数理的な統計学の書籍を読み進めることで学習できると思いますが、それ以外の方にとって、統計学を学ぶことは案外大変です。本書では、統計学の基礎

---

1)　文字列データの場合もあります。

的な考え方から応用まで広いトピックをカバーしながら、簡潔にわかりやすく解説していきたいと思います。

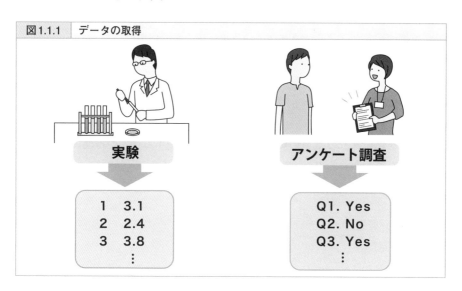

| 図1.1.1 | データの取得 |

生物実験によって得られるデータ例（左）と、アンケートによって得られる顧客満足度データ例（右）です。

● データ分析の目的

　統計学を学ぶ最初のステップとして、「データ分析の目的とは何か？」から考えていきましょう。データ分析の主な目的には、大きく分けて以下の3つがあります。

①データを**要約**すること
②対象を**説明**すること
③新しく得られるデータを**予測**すること

目的に応じてデータの取得方法や分析手法が異なるため、データを取得する前に、どの目的を達成したいのかを設定しておくことが大切です。
　では次に、それぞれの目的について解説していきましょう。

● 目的①：データを要約する

　何も処理を施していない生のデータは数値の羅列であり、人が眺めただけでは傾向を把握することすらできません（図1.1.2）。人間の脳は、こういった大量の数値を適切に対処できるように作られてはいないようです。そのため、データを要約して整理する手法が必要になります。

　統計学には、データを要約する様々な手法があります。最も身近な例としては、平均値の計算です。たくさんある数値を、平均値という1つの値に要約することで、データに含まれる数値の傾向をおおまかに把握することが可能になります。このような要約が目的の1つです。

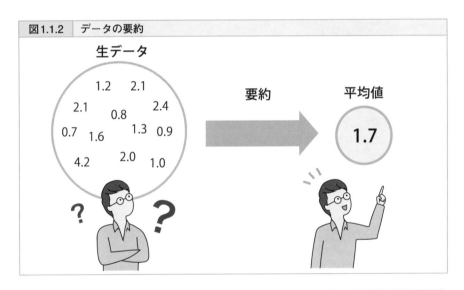

図1.1.2　データの要約

左の生データには12個の数値があり、眺めただけでデータの傾向を把握することは難しいでしょう。そこで、平均値という1個の数値に変換することで、全体の傾向を把握することができるようになります。

● 目的②：対象を説明する

目的の2つ目は対象を説明することです。「対象を説明する」というとわかりにくいかもしれないので、対象が持つ性質・関係性を明らかにし理解につなげる、と

言い換えると良いでしょう。統計学に基づくデータ分析に限らず、私たちは普段から自身の身の回りの事柄を観察し、関係性を見つけようとしています。例えば、赤いリンゴを食べたら甘く、青いリンゴを食べたらすっぱかった、という経験の後では、リンゴの色と味の間に関係性があるように思えます。これは日常生活で得た経験・知識（これも一種のデータと言える）から、リンゴの色と味の間の関係を説明する一例だと言えます。

　統計学に基づいたデータ分析は、データを定量的かつ客観的に評価することで、対象が持つ性質・関係性を正しく見つけようという試みです。図1.1.3左を見てください。これは、高血圧の患者を「新薬を与えるグループ」と「偽薬を与えるグループ」に分けて薬を与えた後、血圧を測定する実験を行った仮想の例です。新薬を与えたグループでは、血圧が下がる傾向が見てとれます。

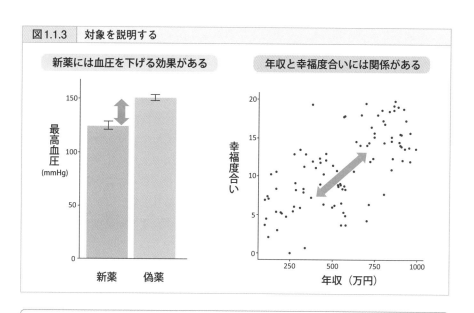

図1.1.3　対象を説明する

新薬には血圧を下げる効果がある

年収と幸福度合いには関係がある

（左）高血圧の患者を、新薬グループと偽薬グループの2つに分けて薬を与え、血圧を測定する実験を行った仮想のデータ。それぞれの棒グラフについている黒線のバーはエラーバーといい、その意味は第5章で解説します。

（右）アンケートで年収と幸福度合いを調査した仮想の例。各点が各人を表します。

図1.1.3右は、アンケートで年収と幸福度合いを調査した仮想の例で、年収が高い人は幸福度合いが高い傾向が見てとれます。しかし、目で見ただけでは、この傾向が「たまたま得られた」可能性を排除できませんし、傾向の強さの評価もできません。そこで、データ分析手法を用いることが必要になりますし、それによって初めて、客観的な証拠（エビデンス）を手にしたことになるのです。

あらゆる可能性を排除する

　図1.1.3左の例で偽薬を与える理由は、仮に偽薬を与えないグループを作って実験を行うと、新薬の内容物ではなく、薬を飲むという行為自体に効果があった可能性を排除できないからです。効果のない内容物に変更した偽薬を与えることで、薬の内容物の効果だけの影響を調べることが可能となります。このような実験での、効果が期待される処理を加えたグループ（ここでは新薬を与えるグループ）を処理群、それに対し比較対照のためのグループ（偽薬を与えるグループ）を対照群（またはコントロール群）といいます。

　もちろん、被験者は新薬と偽薬のどちらを飲んでいるかを知りません。知ってしまうと、思い込み等によって結果に影響する可能性があるからです。このように、被験者にどちらの薬を飲んでいるかを伝えないで実験を行う方法を、単盲検法と言います。さらに、研究者が無意識のうちに被験者に影響を与えてしまう可能性を排除するために、研究者側もどちらの薬が新薬なのか知らないで実験を実施するという、二重盲検法もあります。

　ここから得られる教訓は、データに見られる差が、薬の効果以外の可能性でも説明できるのでは？と疑問をもつことが大事だということです。あらゆる可能性を排除し、それでも残ることが強固な証拠となりうるのです。

● 説明にはレベルがある

　説明（または理解）にはレベルがあります。図1.1.3に示した例は、どちらも2つの事柄の関係を表しています（新薬の例では、新薬の有無と血圧の関係）。一般に、データ分析で登場する関係性には、**因果関係**と**相関関係**があります。詳しくは第10章で解説しますが、ここでも軽く触れておきましょう。

　因果関係とは、2つのうち一方（要因）を変化させると、もう一方（結果）を変えることができる関係のことです。つまり、「○○すると、△△となる」という関係です。因果関係がわかるということは、仕組み（メカニズム）に関する知見を与えるので、深い理解であると言えます。例えば、図1.1.3左の薬と血圧は、それぞれ要因と結果であり、薬に含まれる何らかの成分が血圧を下げる変化をもたらすことを示しています。

　さらに、因果関係がわかると嬉しいのは、私たちが要因を変化させることで、望ましい結果を得ることが可能になることです。このように、私たちが要因を変化させることを、介入と言います[2]。

　相関関係とは、一方が大きいともう一方も大きい（または、一方が大きいともう一方は小さい）という関係のことです[3]。片方を"変化させた"ときに、もう一方が"変化する"とは限らないという点で、因果関係とは異なります。仕組みに関するいくつかの可能性を区別できないので、浅い理解であると言えます。

　年収と幸福度合いの例で言えば、年収が上がると幸福度合いが上がるという可能性はもちろんありますが、幸福度合いが高まると性格がポジティブになり、仕事がうまくいくため高い年収が得られるという可能性もあります。また、育った家庭環境の良さが年収と幸福度合いの両方に影響している可能性も考えられます。相関関係は、これらの可能性を区別できないことに注意しましょう。ただし、相関関係があれば、次に説明する未知データの予測が可能になります。

● 目的③：未知データを予測する

　未知データの予測とは、すでに得られた手元にあるデータを元に、今後新しく得られるデータを予測することを表します。このような予測は、応用として医療やビジネスの現場で意思決定する際に重要になってきます。

　図1.1.3右では、新たに得られた年収のデータから、その人の幸福度合いをある程度予測することができます。逆に、幸福度合いのデータから年収を予測することも可能です。同様に、図1.1.4は、統計分析によって各年の夏の平均気温と秋の農作物収穫量の間に見られた関係を用い、今年の夏の平均気温から、今年の秋の

---

2)　または、望ましい結果を得るように要因を変化させることを、制御と言います。
3)　ここでは、解説のために線形な相関に限定しています。

収穫量を予測する例を示しています。

　実際、予測した値と実際の値にはズレが生じますが、統計分析することで、できるだけズレが少ない（つまり予測が当たりやすい）関係性を見出すことが可能になります。そして、ズレがどの程度なのかを評価することも重要です。

　ここで示した例は、図に描いたような2つの要素間の直線的な関係で予測を行いました。直線的な関係は、人間にとって扱いやすい、解釈しやすいという特徴があります。一方、解釈が難しいような複雑な関係を抽出し予測する**機械学習**の手法もあります（本書では第12章で登場します）。

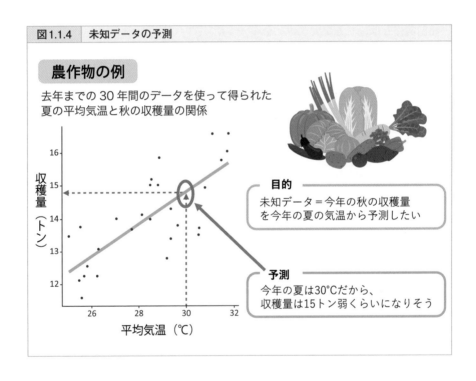

図1.1.4　未知データの予測

農作物の例

去年までの30年間のデータを使って得られた
夏の平均気温と秋の収穫量の関係

収穫量（トン）

16
15
14
13
12

26　　　28　　　30　　　32

平均気温（℃）

目的
未知データ＝今年の秋の収穫量
を今年の夏の気温から予測したい

予測
今年の夏は30℃だから、
収穫量は15トン弱くらいになりそう

1.2　統計学の役割

● 統計学は、ばらつきの多い対象に対して力を発揮する

　データ分析における統計学の重要な役割は、**ばらつき**のあるデータに立ち向かい、説明や予測を行うことです。ここで言う「ばらつき」とは、データに含まれる一つ一つの値の差異を指します。周りを見るとわかるように私たちの住む世界はばらつきに満ちています。一人一人の人間は遺伝的に異なりますし、育った環境も違います。そのため、身長、体重等、あらゆる性質が個人間で異なります。ある人に効く薬が、別の人には効かないこともあるでしょう。

　このようなばらつきは、対象が持つ性質・関係性の本当の姿をぼかし、あいまいにしてしまいます。ばらつきによって、薬の効果が本当はないにもかかわらず、効果があると判断する誤りや、逆に、効果があるのに効果がないと判断する誤りが生じることがあります。統計学は、このようなばらつきを「不確実性」として評価し、統計学の目的である「対象の説明と予測」を行います。

| 図1.2.1 | ばらつきがあると理解が難しくなる |

ばらつきがなければ

新薬	偽薬
125	150
125	150
125	150
125	150
125	150
⋮	⋮

125　　150　　血圧

血圧を25下げる効果

ばらつきがあると

新薬	偽薬
125	130
145	170
105	135
140	165
110	150
⋮	⋮

125　　150　　血圧

？？

例として、血圧を下げる新薬について、もしもの世界を想像してみましょう。高血圧の患者全員が血圧150で、新薬を与えたら全員が血圧125になるようなばらつきのない世界では、新薬の効果の理解は容易です（図1.2.1左）。一方、現実に見られるような、ばらつきがある場合にはどうでしょうか（図1.2.2右）。実は、平均値は125と150であり、左の例と同一です。しかし、このようにばらつきがあると、本当に薬の効果があるのか、それとも薬の効果は無くただのばらつきなのかが不明瞭になります。

　また、新たな患者に新薬を投与した際に血圧がいくつになるかを予測することを考えてみましょう。ばらつきがない場合、それまでの患者のデータと同様に125となり、高い精度で予測できそうです。一方、ばらつきがある場合、110かもしれないし140かもしれない、といったように予測が難しくなりそうなことがわかります。

● 確率を使う

　統計学は、ばらつきや不確実性に対処する方法を与えてくれます。その根底にあるのは、ばらつきや不確実性を確率として表現する確率論です。そのため、統計学を学ぶにあたって確率の考え方が必須になります。第2章では、本書で必要となる確率論の基礎について解説していますので、基礎的な知識が不足していると感じる読者は目を通すようにしてください。

● ばらつきが小さい現象

　私たちの周りには、ばらつきが大きい現象がたくさんありますが、一方で、ばらつきが極めて小さい現象もあります。物理現象である物体の運動が、その一例です。

　例えば、ボールの軌道は、（風の影響などを無視すれば）質量と初速によってのみ決定されるため、毎回得られる軌道のばらつきはほとんどありません。そして、ボールの運動を支配する方程式（運動方程式）を使うことで、高い精度でボールの行き先を予測することができます。これは、微分方程式という数理モデルを使った予測です（詳しくは、第13章を参照してください）。

1.3 統計学の全体像

● 記述統計と推測統計

　ここまで、データ分析の目的と統計学の役割について述べました。次はそれら
を踏まえながら、統計学を概観してイメージをつかんでいただきたいと思います。

　得られたデータを整理し要約する手法を、**記述統計**と呼びます（図1.3.1）。こ
れによって、データそのものの特徴や傾向を把握することができます。記述統計
では、得られているデータだけに注目し、データ自体の性質を知ることが目的で
ある点に注意しましょう。

　一方、得られたデータからデータの発生元の対象を推測する手法を、**推測統計**
と呼びます（図1.3.1）。対象の理解や未知データの予測のためには、データその
ものではなく、データの発生元を知ることが必要です。よって、推測統計は統計
学の中で最も重要な地位を占めるといって良いでしょう。データからデータの発
生元を推測するにあたって、そもそもデータを得るとはどういうことかを考える
必要があります（第4章で詳しく解説します）。

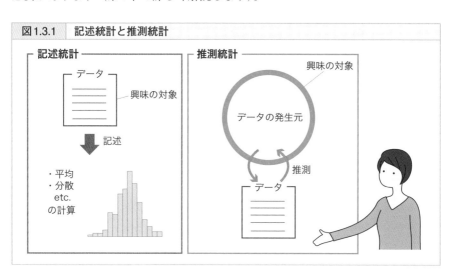

図1.3.1　記述統計と推測統計

● 確率モデル

データの発生元の性質を推測する際には、次のように考えます。

データは対象を観察することによって得られましたが、この対象の性質自体は直接観察することができませんし、扱うことも困難です。そこで、データが比較的単純な、確率的な装置から生成されたと仮定してみます。この確率的な装置を、確率モデルと呼びます。一旦、数学の世界に話を持ち込めば、データと確率モデルの間の関係を、計算といった客観的な手続きによって明らかにしていくことができます。

具体例で考えてみましょう。現実のサイコロは物理的な法則に従い、ほんの少しの動きの違いが、どの目が出るかを不確実にします。サイコロを投げる手の動きから空気の流れまで精度よく観測し、どの目が出るかを記述するのは極めて困難です。そこで、私たちは普段から確率を使って、サイコロを各目が確率1/6で現れる確率モデルとして表現しています。

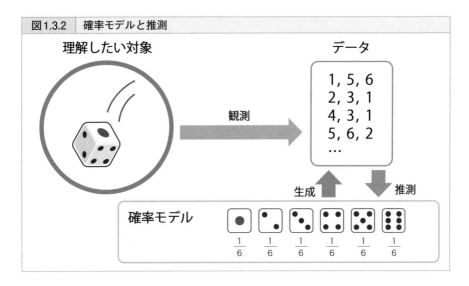

図1.3.2 確率モデルと推測

あるサイコロ（対象）の性質を知りたいけれど、観測できるのはどの目が現れたかというデータだけです。そこで、それぞれの目が現れる確率を表す確率モデルからデータが生成されたと仮定し、データから確率モデルの性質を推測します。

24

● 統計的推定と仮説検定

　推測統計には、主に以下の2つがあります。1つは、データから仮定した確率モデルの性質を推定する手法である**統計的推定（statistical inference）**です。例えば、少し角が欠けてしまったサイコロは、1/6ずつで各目が現れないかもしれません。そこで統計的推定を用いると、各目がどの程度の確率で出るサイコロなのかを、得られたデータから推測することができます。

　もう1つは、立てた仮説と得られたデータがどれだけ整合するかを評価し、仮説を支持するかどうかを判断する手法である**仮説検定（statistical test）**です。
　再び少し角が欠けたサイコロを例にとり、角が欠けても各目が均等に1/6で各目が出るという仮説を立ててみます。そして、100回投げたら1の目が50回も出たというデータが得られたとしましょう。その場合、立てた仮説が正しいと仮定すると、そういった偏りのあるデータが現れることはほとんどなさそうです。よって、その仮説は誤りであると判断できます。

統計学を学ぶポイント

　推測統計は、データ分析において頻繁に現れます。しかし、推測統計の考え方は、統計学を学ぶ上で最もつまずきやすいポイントです。統計学には様々な手法が登場しますが、統計的推定と仮説検定の考え方が理解できていれば、スムーズに学習できるでしょう。

● 様々な分析手法

　統計分析には様々な手法があります。その理由は、データのタイプや変数（ある属性のデータ）の数、仮定する確率モデルなどによって用いる手法が異なるからです。さらに、データ分析の目的によっても手法が異なることがあります。
　第3章で詳しく述べますが、データのタイプには、血液型のようなカテゴリとして扱えるカテゴリ変数と、身長のような数値として扱える量的変数があります。

変数の数は、ある属性に関するデータのまとまりを1つと数えます。例えば、身長だけのデータあれば一変数、身長と体重のデータであれば二変数です。二変数以上のデータになると、変数間の関係に注目することになります。例として登場した新薬or偽薬と血圧、収入と幸福度合いはそれぞれ二変数の関係です。

　3つ以上の変数の分析も可能です。例えば、身長を決定する要因として、遺伝子や食事量、運動量などの要素を導入して分析することができます。

　本書では、これらの違いに合わせた様々な手法が登場しますが、考え方は前述した推測統計の考え方に基づいていますので、特に身構える必要はありません。

第 2 章

母集団と標本
データ分析の目的と対象を設定する

第2章では、データ分析の目的と対象を設定し、統計学の重要なコンセプトである母集団と標本について解説します。また、母集団を知るための全数調査と標本調査についても、簡単に概要をまとめます。これらの手法とその考え方は、統計学における多くのデータ分析に共通なので、必ず理解するようにしましょう。

2.1 データ分析の目的と興味の対象

● データ分析の目的を設定する

　第1章では、データ分析の主な目的は対象の要約や説明、予測であると述べました。データ分析を始めるにあたって、○○を説明する、□□を予測するといった**具体的にデータ分析の目的を定めることは、重要な最初のステップになります。**データ分析の目的によって、どのような実験・観測を通してデータを得るべきか、どのようなデータ分析するべきかが変わってくるためです。研究やビジネスのデータ分析の現場において、目的を明確にしないまま得られたデータに対し、いいかげんなデータ分析手法を適用して何か重要な発見をする、成果を出すというのは困難を極めると言えます。

データ分析の目的の設定例

・新薬の効果の有無、効果の大きさを知りたい
・年収と幸福度合いの間に、どのような関係があるかを知りたい
・気温から、今年の農作物収穫量を予測したい

● 興味の対象を設定する

　データ分析の目的を定めたら、次は**興味の対象を明確にすること**が重要になります。第1章でも登場した「血圧を下げる新薬」を例に考えてみましょう。

　ここでのデータ分析の目的は、新薬の効果を知ることです。すると、**興味の対象は、あらゆる高血圧の人（の血圧）**になります。ここで「あらゆる」と書いたのがポイントです。例えば、実際に新薬の効果を調べる治験で80人の高血圧の人を集め、半分の40人に新薬、もう半分の40人に偽薬を与えて調べたとしましょう。この場合、興味の対象はこの治験に参加した80人だけではありません。なぜなら、実際に薬を使うことになるのは、治験に参加していない、無数に存在する高血圧の人だからです。そのため、興味の対象は、あらゆる高血圧の人になりま

す（図2.1.1左）。

　一方、高校のクラス対抗で英語のテストの点数を競うとしましょう。40人ずつ学生がいる3年1組と3年2組の2つのクラスがあるとして、英語のテストで平均点が高かったクラスが勝利するとします。ここでのデータ分析の目的は、どちらのクラスの平均点が高いかを知ることなので、**興味の対象は1組と2組の合計80人の学生だけ**になります。他の高校や、来年の3年1組と2組には興味がありません。そのため、この80人の点数を調べ、クラス間で比較すれば、データ分析の目的は達成されます（図2.1.1右）。

　この2つの事例は似たようなデータと結果になりますが（図2.1.1）、興味の対象の規模は全く違うことがわかります。

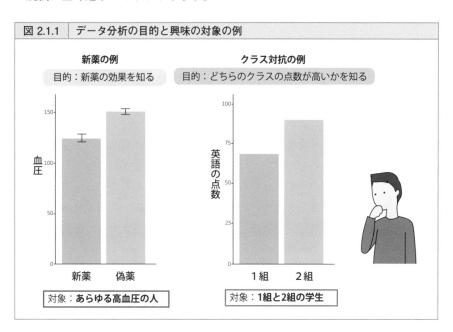

図 2.1.1　データ分析の目的と興味の対象の例

左の例は興味の対象の規模が非常に大きく、右の例は小さいと言えます。興味の対象の規模によって、データを全て取得できるかどうかが異なります。左の棒グラフに描画されているエラーバーについては、第5章で解説します。

2.2 | 母集団

● 母集団を考える

　統計学では、興味の対象全体のまとまりを、**母集団（population）**と言います。日本人の成人男性の身長に興味があれば、今存在している日本人の成人男性の全員を母集団として設定するのが良さそうです（図2.2.1）。前述の新薬の例では、あらゆる高血圧の人を対象に、新薬を与えられた人たちが含まれる母集団と、偽薬を与えられた人たちが含まれる母集団の2つを想定すると良いでしょう。この場合薬の種類といった条件の違いがあり、その違いを知りたいからです。

　他の例としては、あるサイコロが正しく均等に目が出るサイコロなのか、それとも特定の目が出やすいイカサマのサイコロなのかに興味がある場合、そのサイコロを無限回投げたときの目を集めたまとまりを母集団と考えることが可能です。

　母集団は、データ分析をするにあたって、データ分析の目的と興味の対象に基づいて、自分で設定するものです。ただし、興味の対象全体であっても、実際にデータを得る可能性がない要素を含む母集団は適切ではありません。例えば、あらゆる高血圧の人を対象としたいけれども、何らかの理由で女性のデータを取ることができないのであれば、母集団は、高血圧の男性と設定するのが適切でしょう。これは、分析結果の一般化にも関わる重要なポイントです。

　これから、本書では多くの統計分析手法が登場しますが、どの手法であっても、今、何を興味の対象としているのか、そして何を母集団として設定しているのかを意識するようにしましょう。

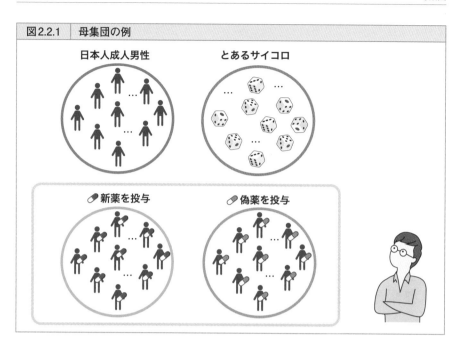

図2.2.1 母集団の例

日本人成人男性

とあるサイコロ

新薬を投与

偽薬を投与

統計分析をするにあたって、興味の対象を母集団として設定します。図中では円が母集団を表し、その中に多数の要素が含まれています。

● 母集団サイズ

母集団には、興味の対象の要素が多数含まれています。母集団に含まれる要素の数を、母集団の大きさ、または母集団サイズと言います[1]。母集団はそのサイズによって、次のように有限母集団と無限母集団に分けることができます。

● 有限母集団

母集団のうち、含まれる要素数が有限であるものを**有限母集団**と言います。

図2.1.1右のクラス対抗の例では、1組と2組の学生だけが興味の対象で、それ

---

1) 日常的に母数という語が使われることがありますが、統計学における母数は母集団の性質（例えば平均値）を表す値を指します。

ぞれ40人ずつという有限の要素数であるため、有限母集団になります。ただし、これは例外的に小さい母集団であると言えます。実際のデータ分析の現場では、このような1組と2組の計80人といった限定的な対象ではなく、一般性のある結果を得るために、大きな母集団を扱うことがほとんどです。

　他の例として、日本人が母集団であるとすると、2020年1月1日時点では1億2369万人という有限の要素数であるため、有限母集団です。有限母集団であれば、全ての要素を調べ尽くすことは原理的に可能ですが、金銭的・時間的な多大なコストがかかるため、現実的ではないという問題があります。また、この日本人の例では、有限と言えども出生と死亡によって人の数は刻々と変化しているため、厳密に有限な母集団を規定できず、調べ尽くすことが困難になる問題もあります。

● 無限母集団

　母集団のうち、含まれる要素数が無限であるものを、**無限母集団**と言います。新薬の効果の例では、未来において高血圧で新薬を服薬する人も対象に含まれるため、要素数に際限はないと考えることができます。サイコロも、いつか壊れるかもしれないことを無視すれば何度も振れるので、出る目に際限はないと考えられます。

　このような無限母集団では、有限母集団と違って、含まれる要素を調べ尽くすことは原理的にできません。

2.3 母集団の性質を知る

● 母集団の性質

　ここまで、母集団の設定について解説してきました。母集団は、データ分析における興味の対象全体のまとまりであるため、**母集団の性質を知ることができれば、対象の説明や理解ができたことになりますし、未知データの予測も可能になります**。母集団の性質とは、以下に示すように、母集団に含まれる要素を特徴づける値です。

母集団の性質の例

- 日本人成人男性の平均身長は、167.6cmである
- 日本人成人女性の平均身長は、154.1cmである
- 新薬を投与された人の最高血圧の平均は、120mmHgである
- このサイコロは、全ての目が均等に出る
- このサイコロは、6の目が1/4の確率で出る

　では、このような母集団の性質を知るためには、何をすればいいのでしょうか？

● 全数調査

　母集団の性質を知る方法の1つに、母集団に含まれる全ての要素を調べ尽くす**全数調査**があります。これは、母集団に含まれる要素の数が有限である、有限母集団に対して実行可能な調査方法です。日本の成人男性の平均身長を知りたければ、その全員の身長を測定し、データとして取得したのち、その平均値を計算すれば良いでしょう。実際の例としては、国民全員について調査する国勢調査があります。

　全数調査の場合、分析するデータ＝母集団です。そのため、得られたデータの特徴を捉え、記述するだけで、母集団の性質を説明・理解できることになります。第1章で触れましたが、このようなデータそのものの特徴を記述し要約する枠組みを、**記述統計（descriptive statistics）**と言います。

● 全数調査は困難

　全数調査をすることは、そのまま母集団の性質の理解につながるので、データ分析の目的が達成され、とても良い方法だと思われるかもしれません。しかし、全数調査を実施するためには金銭的・時間的に多大なコストがかかるため、実現不可能であることがほとんどです。金銭コストがかかる例として、約1億2369万人の日本人に対し、全員の身長を測定することを考えてみましょう。仮に、1人の測定に10円の金銭コストがかかるとすれば、1000人の測定は1万円の費用で済みますが、全数調査には12億円以上の費用が必要になります。これは、大きな組織で潤沢な予算がないと不可能でしょうし、その金銭的コストをかけてまでそのデータを得る価値があるかどうかは、データ分析の目的によっても異なるでしょう。

　また、時間的なコストが問題になる例として、大学での卒業研究において、10万人の有限母集団を対象にアンケート調査をすることを想定してみます。仮に、1日100人のデータしか得られないのであれば、全数調査が完了するには1000日かかるため、明らかに卒業までに調査は終わりません[2]。

　さらに、母集団が無限母集団であれば、原理的に全数調査は不可能です。新薬の効果を調べる例では、今存在している患者だけでなく、将来の患者にも効果があるかを知る必要があるため、母集団には際限がありません。そのため、母集団に含まれる人の全てを調べ尽くすことはできないのです。同様に、サイコロの出目であれば、母集団には無限回分の目が含まれるので、調べ尽くすことはできません。

● 標本調査

　今述べたように、有限母集団であっても無限母集団であっても、母集団全体を調べ尽くすことは多くの場合難しいと言えます。そこで、母集団全体を調べ尽くさなくても、母集団の性質を知ることができるようなデータ分析の手法が必要になってきます。

---

2)　一方、最近ではWeb調査といったインターネットベースの調査法が使えるため、比較的安価で短時間で、大きめの規模のデータを得ることも可能になってきました。

　統計学には、**母集団の一部を分析することで、母集団全体の性質を推測する推測統計（inferential statistics）**という枠組みがあり、これが統計学の真骨頂と言えます（図2.3.1）。推測統計で調べる**母集団の一部のことを標本（サンプル）**といい、標本を母集団から取り出すことを、**標本抽出（サンプリング）**と言います。そして、標本から母集団の性質を調べることを**標本調査**と言います。

　標本から母集団の性質を知る身近な例として、選挙の開票速報において、一部の票だけから当選確実がわかることがあります。他にも、TVの視聴率を調べる際に、一部の世帯を対象としてモニタリングし、全世帯の視聴率を推測しているという事例があります。

　推測統計は、「推測」という語が表すように、母集団の性質について100%言い当てることはできず、不確実性をともなって評価することになります。記述統計と推測統計についての分析方法の詳細は第3章で解説しますので、ここでは統計学における位置づけと、得られる結果のイメージだけを持ってもらえればと思います。

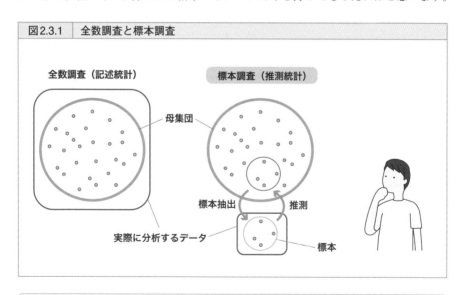

図2.3.1　全数調査と標本調査

全数調査（記述統計）　　標本調査（推測統計）

母集団

標本抽出　　推測

実際に分析するデータ

標本

全数調査では母集団をまるごと調べるのに対し、標本調査では母集団から一部抽出した標本を調べることで母集団の性質を推測します。

・対象の説明（理解）・予測のためには、母集団の性質を知ること
・通常、母集団を調べ尽くす全数調査は難しい
・標本を調べることで、母集団の性質を推測することができる

● 標本の大きさ

　母集団から抽出された標本は、有限の数の要素を含んでいます。統計学では、**標本に含まれる要素の数を、標本の大きさ（サンプルサイズ，標本サイズ）**と呼び、通常アルファベットのnで表記します。例えば、標本として30人を抽出したのであれば、$n = 30$と表記します（図2.3.2）。ちなみに、統計学でサンプル数という話は、標本の数を意味します。例えば、20人からなる標本Aと、別に得られた30人からなる標本Bがある場合、標本A, Bの2つがあるためサンプル数は2になります。サンプルサイズとサンプル数は混同されやすいので、注意しましょう。

　サンプルサイズは、母集団の性質を推測したときの確からしさや、仮説検定の結果にも関わるため、統計分析において重要な要素の1つです。実験では、サンプルサイズをいくつにするかを自分で決定することが可能です。一方、観察・調査では、得ることができるサンプルサイズがあらかじめ決められている場合があります。例えば、ある商品を購入した人を対象とした調査であれば、すでに人数は決まっています。サンプルサイズの決め方や、サンプルサイズのデータ分析結果に対する影響については、第5章と第9章で解説します。

図2.3.2 サンプルサイズ*n*=30の標本を抽出した推測統計の例

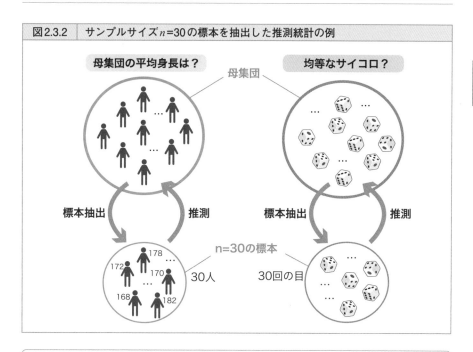

第2章

母集団と標本

左は、母集団の一部である標本（*n*=30）を抽出し、そのデータを分析することで、母集団である成人男性の平均身長を推測しようとしています。

右は、サイコロを30回（*n*=30）投げて出た目を分析することで、このサイコロが均等に出るサイコロなのかを推測しようとしています。

第**3**章

統計分析の基礎
データの種類・統計量・確率

この章では、統計学を学ぶにあたっての基礎知識として、データの種類についてと統計量、そして確率の考え方について解説します。統計学は確率論の上に成り立っているため、適切な分析手法の選択や分析結果の適切な解釈のためには確率の考え方を理解しておく必要があります。とはいえ、一般的な統計分析の範囲であれば、高校数学で学ぶ確率の考え方＋αで十分なので、心配する必要はありません。

3.1 データのタイプ

● 母集団と標本

　第2章では、データ分析を実施するにあたって、その目的と興味の対象に基づいて母集団を設定することが重要だと述べました。そして、母集団にはたくさんの要素が含まれていて、全数調査をすることが多くの場合難しいために、母集団の一部である標本を調べることで母集団の性質について知るという推測統計の方針を説明しました。全数調査での対象である母集団であっても、また、統計的推測における標本であっても、それらをデータとして扱い分析していきます。

　第3章では、分析に必要なデータについての基本知識と、確率の考え方について解説し、統計学の内容に本格的に入っていきます。

● 変数

　まずは、統計学で頻繁に使われる「変数」という語について説明します。

　データのうち、共通の測定手法で得られた同じ性質をもつ値を**変数**と言います。例えば、身長は1つの変数です（図3.1.1）。変数は、各々異なった値を取りうるために変数と呼ばれます。

　データに身長だけが含まれる場合、1変数のデータと言います。各人から身長と体重の2つを測定したデータであれば、2変数です。それに、例えば性別のデータが加われば、3変数のデータとなります。

　複数の変数がある場合、変数同士の関係を明らかにするというデータ分析の方針が考えられます。例えば、身長と体重にはどのような関係があるのかといった解析です。この場合、それぞれの人から各変数のデータを得るというのがポイントです。Aさんからは身長だけを、Bさんからは体重だけを、Cさんからは性別だけの情報を得たデータは、3つの別々の1変数データになってしまい、変数同士の関係性については何もわかりません。

　統計学では、変数の数を「次元」と表現することもあります。1つの変数を1つ
の軸で表すと、1変数であれば1次元の数直線上、2変数であれば2次元平面上に
各値をプロット（点を打つこと）することができます（図3.1.1）。こう考えると、
変数の数を次元と呼ぶことが自然だと感じると思います。

　3次元までは可視化することでデータがどのあたりに存在するかを把握するこ
とができますが、4次元以上になるとイメージすることすら難しくなります。ま
た、多数の変数が含まれるデータを高次元データと言いますが、高次元データを
解析する場合、データ分析の難易度は上がると思っておくと良いでしょう。高次
元データの扱いについては、第12章で触れます。

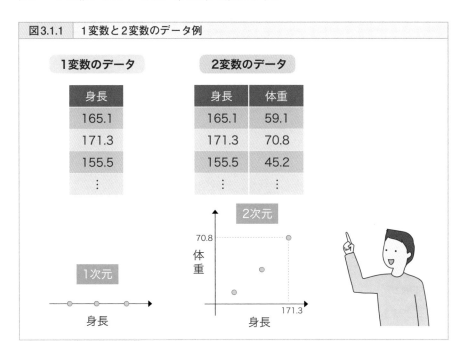

図3.1.1　　1変数と2変数のデータ例

1変数のデータ
身長
165.1
171.3
155.5
⋮

2変数のデータ

身長	体重
165.1	59.1
171.3	70.8
155.5	45.2
⋮	⋮

各人から得られた値は、1変数のデータの場合は1次元の直線上に、2変数の
データの場合は、2次元の平面上の点で表すことができます。

● 様々なデータのタイプ

　具体的なデータを思い浮かべると、変数にはいくつかのタイプ（種類）がある
ことがわかります。例えば、売上は100万円といったように数値で表されますが、
ラーメンの種類は数値ではなく、醤油/味噌/塩/豚骨のようなカテゴリで表され
ます。変数のタイプごとに分析手法が異なるため、データを取得する際や、分析
を実施する際に変数がどういったタイプなのかを意識しておくことが重要です（図
3.1.2）。まず、変数は量的変数と質的変数の2つのタイプに大別することができ
ます。

● 量的変数

　変数が数値で表される場合、量的変数と言います。数値であるため大小関係が
存在し、平均値といった量を計算することができます。量的変数はさらに、離散
型と連続型に分類できます。

＜離散型＞

　取りうる値が飛び飛びである変数を、**離散型の量的変数**（離散変数）と言いま
す。例えば、サイコロは取りうる値が1から6までの整数であるため、離散型の量
的変数です。他には、回数や人数といったカウント数のデータも、離散型の量的
変数です。

＜連続型＞

　身長173.4cmや体重65.8kgといった連続値で表される変数を、**連続型の量的変
数**（連続変数）と言います。これは、飛び飛びの値ではなく、精度の良い測定法
を用いれば原理的にはいくらでも小数点以下に値が続くという点で、離散型とは
異なります。

　これら離散型と連続型の違いは、後述する確率分布の種類に密接に関係します
ので、データを扱う際には意識しましょう。

● 質的変数（カテゴリ変数）

　変数が数値ではなく**カテゴリで表される場合、質的変数またはカテゴリ変数**と言います。例えば、アンケートのYes/Noや、コインの裏/表、晴れ/曇り/雨/雪といった天気、前述のラーメンの種類等があります。数値である量的変数とは違って、変数間に大小関係はありません。例えば、醤油ラーメンはとんこつラーメンより大きい/小さいといった比較はできません（もちろん、塩分量といった量的変数として扱えば比較は可能です）。また、カテゴリ変数は数値ではないので、平均値といった量は定義されません。

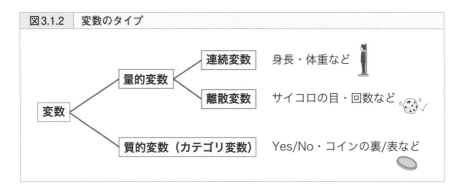

図3.1.2　変数のタイプ

　変数は、量的変数とカテゴリ変数に分けられます。さらに量的変数は、連続値である連続変数と離散値である離散変数に分けられます。

3.2 データの分布

● データの分布を可視化する

　では、データがどんなタイプの変数であるかを意識した上で、データの全体的な傾向を把握することから始めていきましょう。第1章でも述べましたが、生データは値の羅列であって、目でそれらを眺めても、全体像の把握や対象の説明・理解はできません。そのため、グラフを用いて「データが、どこにどのように分布しているか」を可視化し、おおまかにデータの傾向を把握することが、データ分析の最初のステップになります。

　データの分布を可視化するには、ある値がデータ中に何個含まれるか（度数、カウント数）を表すグラフである、**度数分布図（ヒストグラム）**がよく使われます（図3.2.1）。前節で説明した変数のタイプによって、ヒストグラムの定義が少し異なるので注意してください。

図3.2.1　ヒストグラムの例

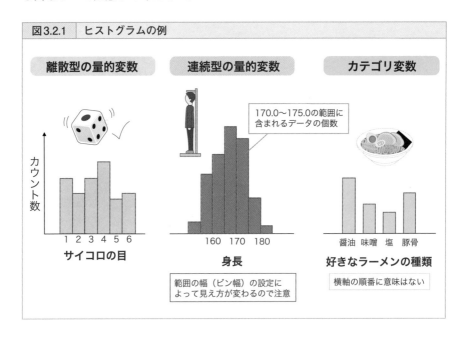

離散型の量的変数

連続型の量的変数

カテゴリ変数

170.0〜175.0の範囲に含まれるデータの個数

カウント数

1 2 3 4 5 6
サイコロの目

160　170　180
身長

醤油　味噌　塩　豚骨
好きなラーメンの種類

範囲の幅（ビン幅）の設定によって見え方が変わるので注意

横軸の順番に意味はない

● 離散型の量的変数のヒストグラム

　横軸は数値、縦軸はその数値がデータに現れた個数（度数、カウント数）を表します。サイコロであれば、横軸にサイコロの目をとり、縦軸に出た目の回数を棒の高さとして表します。図3.2.1左図のサイコロのヒストグラムの例を見ると、1〜6までの目がおおむね均等に出ていますが、4の目が比較的多いことや、5の目が少ないことが見てとれます。

● 連続型の量的変数のヒストグラム

　変数が連続型の量的変数である場合は、厳密には小数点以下がいくらでも続くので、同じ値は起こりえません[1]。そのため、ある範囲を設定し、その範囲に含まれる数値の個数をカウントして、縦軸とします。この範囲の幅のことを、ビン幅と言います（ビン幅についてはコラム「連続変数のヒストグラムの注意点」参照）。

　図3.2.1中央のヒストグラムでは、ビン幅は5.0cmに設定してあり、165.0〜170.0の範囲に含まれるカウント数、170.0〜175.0の範囲に含まれるカウント数…といったように、縦軸の棒の高さを決めています。このヒストグラムを見ると、山型に分布していることや、165.0〜170.0の範囲に山のピークがあること、155cm以下や180cm以上は非常に少ないことが視覚的にわかります。

● カテゴリカル変数のヒストグラム

　変数がカテゴリカル変数である場合は、横軸は各カテゴリ、縦軸は各カテゴリのカウント数を表します。カテゴリ変数の値には大小関係はないので、横軸の順番に特別な意味はありません。例えば、図3.2.1右図の横軸の醤油・味噌・塩・豚骨を、味噌・塩・豚骨・醤油といった順番に変更しても問題ありません。

---

1)　実際には、測定機器の精度によって細かい離散的な値になりますが、通常、連続型として扱って実用上問題ありません。

第3章　統計分析の基礎

連続変数のヒストグラムの注意点

　連続変数のヒストグラムでは、ビン幅の設定値次第で、印象が変わってしまうという問題があります。図3.2.2は、同じデータに対して、ビン幅を変えて描いたヒストグラムを示しています。

　狭すぎるビン幅（=0.05）では、各範囲に含まれるデータはほとんど0で、まれに1つか2つあるという状態になります。そのため、ヒストグラムは細かい情報を持つものの、スカスカな見栄えになり、どこにどの程度の数のデータがあるかが不明瞭になります。

　一方、広すぎるビン幅（=15）では、どのように分布しているかの情報の多くが抜け落ちてしまいます。データに合わせて適切なビン幅を決めるような公式がいくつか提案されてはいますが（例えば、スタージェスの公式）、「正しいビン幅」というものは存在しません。そのため、ヒストグラムは大雑把にデータを捉えることを目的としていること、そして、何かを結論づけるものではないことを念頭に置いておきましょう。

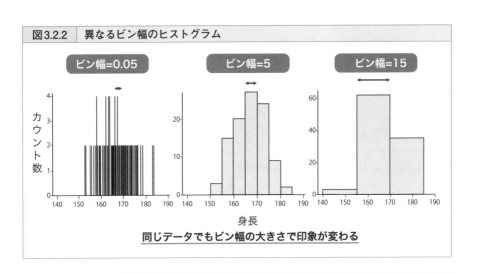

図3.2.2　異なるビン幅のヒストグラム

同じデータでもビン幅の大きさで印象が変わる

　ビン幅が狭すぎると、細かく描画されるのでどのような形状の分布なのか読み取りにくく、一方ビン幅が広すぎると分布の形状の情報が失われてしまいます。そのため、ほどよいビン幅で描画する必要があります。通常、統計用のソフトを使うと、自動でビン幅を決めて描画してくれます。

● ヒストグラムは可視化にすぎない

　このように、ヒストグラムを用いた分布の可視化を通して、データにどのような値がどの程度の頻度で含まれているかを大まかに把握することができました。これは後述する分布の形状のチェックや、次の外れ値のチェックのためにも重要です。

　その一方で、可視化だけではグラフを見た人の主観的な判断に委ねられてしまい、データの正確な記述や、対象の理解といった目的は達成されません。そこで、データに対して様々な計算を施し、数値的に扱う統計分析が必要になってきます。このように、ヒストグラムによる可視化と数値的な分析で相補的にデータを眺めることが大切です。

3.3 統計量

● データを特徴づける

前節では、大まかにデータの分布を視覚的に把握するヒストグラムを紹介しました。しかし、それだけではデータを客観的かつ定量的に評価・記述したことにはなりません。そこで、データを数値に変換し、データを特徴づけるための手法が必要になります。

得られたデータに対して何らかの計算を実行して得られる値を、一般に**統計量**と言います。様々な統計量の計算を通して、対象を理解していくプロセスがデータ分析であると言えます。

ヒストグラムの作成は、データがどこにどのように分布しているかを把握することを目的としていました。同様の目的に対し、データからいくつかの統計量を計算し要約することで、データがどこにどのように分布しているかを定量的に特徴づけることができるようになります。このような、**データそのものの性質を記述し、要約するための統計量を、記述統計量または要約統計量と言います**（図3.3.1）。

例えば、日常生活でもよく耳にする平均値は、1つの記述統計量です。生のデータにはたくさんの要素が含まれていますが、それを平均値という1つの値に要約することで、分布のおおまかな位置を特徴づけることができます。

記述統計量は、主に量的変数に対して計算されます。カテゴリ変数の場合、あるカテゴリの値が何個あるかというカウント数（または割合）だけでデータを記述・要約できてしまいます。

● 統計量と情報

1つまたは少数の統計量に要約するということは、データの持つ情報のうち、捨てている情報があることに注意しましょう。例えば、平均値には、どの程度デー

タがばらついているかの情報は含まれていません。他の例としては、データに含まれる最も大きな値である最大値も1つの統計量ですが、それにはデータ全体の傾向についての情報は含まれていません。そのため、最大値は、分布の中心的位置や分布の形についての情報は与えてくれず、分布の把握には適さない統計量ということになります。

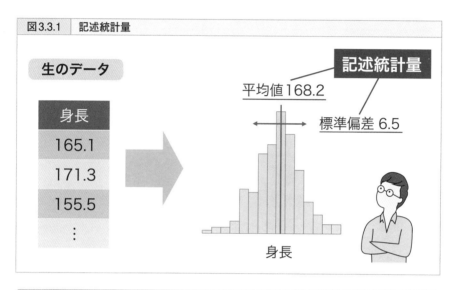

図3.3.1　記述統計量

量的変数を平均値と後述する標準偏差という記述統計量で特徴づけることで、分布の位置と分布の幅の広さがわかるようになります。

● 様々な記述統計量

　ここからは、いくつかの重要な記述統計量について解説していきます。よく使われる記述統計量には、分布のおおまかな位置を表す代表値である平均値、中央値、最頻値、それからデータのばらつき程度を表す、分散または標準偏差があります。前述のように、それぞれの統計量には集約している情報と、捨てている情報があるので、それらを補うように統計量を用いることで、少数個の記述統計量だけでデータ全体を特徴づけることができるようになります。

● 代表値

　最初に興味があるのは、ヒストグラムで可視化したように、分布がどのあたりにあるのかについてです（図3.3.2）。分布のおおまかな位置、つまり代表的な値を定量化するために使われる統計量を、**代表値（representative value）** と言います。代表値には**平均値、中央値、最頻値**があり、それぞれ次のように定義されます。

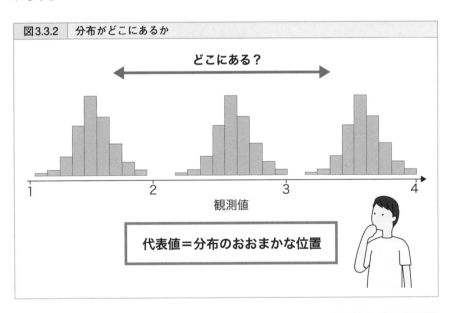

図3.3.2　分布がどこにあるか

どこにある？

観測値

代表値＝分布のおおまかな位置

　データの特徴を捉える最初のステップとして、分布がどのあたりにあるかを知りたいですが、生のデータを見ただけではデータがどのあたりに分布しているのか、代表的な値はいくつなのか、といったことを把握することは困難です。そこで、代表値という値で分布の大まかな位置を数値化します。

● 平均値

最も頻繁に使われ、よく知られている代表値は、**平均値（mean）**です。標本の平均値である場合、標本から得られたことを強調して、標本平均とも言います。サンプルサイズnの量的変数の標本$x_1, x_2, ..., x_n$が得られたとします。平均値$\bar{x}$は

$$\bar{x} = \frac{1}{n}\left(x_1 + x_2 + \cdots + x_n\right) = \frac{1}{n}\sum_{i=1}^{n} x_i \qquad \text{(式3.1)}$$

と定義されます。$x_1, x_2, ..., x_n$というデータの平均値であることを強調するために、その変数のアルファベットの上にバーをつけた文字を用いて表すことが多いです。

● 中央値

他の重要な代表値として、**中央値（median）**があります。中央値は、大きさ順に値を並べたときに、中央に位置する値で定義されます。サンプルサイズnが奇数であれば、中央に位置する値は1つなので、その値が中央値です。一方、サンプルサイズnが偶数である場合には、中央に位置する値は2つあるので、その2つの平均値が中央値になります。

中央値は、数値の値そのものの情報は使わず順番だけに着目するので、極端に大きい（または小さい）値があったとしても影響を受けることはないという特徴があります。例えば、データが、$\{1, 2, 5, 10, 15\}$の場合と、$\{1, 2, 5, 10, 1000\}$の場合では、中央値はどちらも5になります。

● 最頻値

他にも代表値として、データの中で最も頻繁に現れる値として定義される**最頻値（mode）**があります。例えば、サイコロを8回振ったときの目が$\{1, 2, 3, 3, 3, 5, 6, 6\}$であれば、最頻値は最も多く現れた3になります。連続変数の場合は、ヒストグラムと同様に、ある幅を持たせ、その間に入るデータの数とする必要があります。最頻値はあまり多く使われませんが、全体としてどういった値が典型的に現れるのかを把握する際に役立ちます。

● 代表値のイメージ

　分布が左右対称に近い山型になっていれば、平均値、中央値、最頻値はだいたい一致し、一方で左右非対称な分布であると、図3.3.3のように異なった値をとる傾向があります。

　例えば、国民の収入分布は左右非対称な分布であり、右側に分布が長く続きます[2]。この場合、平均値は中央値よりも右側に現れます。これは、極端に高い収入を得ている人が少数存在することによって平均値が押し上がるためです。中央値は、収入を大きさ順に並べた際に中央に位置する値なので、国民の50%がその収入以上で、もう50%がその収入以下であることを表します。実際に、どのくらいの収入の人が多いのかは最頻値に反映され、この場合、平均値や中央値よりも低い値であることがわかります（図3.3.3）。

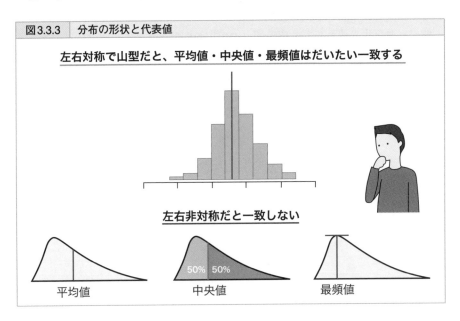

図3.3.3　分布の形状と代表値

左右対称で山型だと、平均値・中央値・最頻値はだいたい一致する

左右非対称だと一致しない

平均値　　　　　中央値　　　　　最頻値

　元々、n個あったデータを代表値という値に集約することで、分布の位置を定量的に特徴づけることができました。もちろん、代表値に集約することで、こぼれ落ちてしまう情報もあります。例えば、どの程度データがばらついて分布して

---

2)　裾が長い、または裾が重いと表現することもあります。

いるかや、データに含まれる最大/最小の値はいくつか等の情報は、代表値からは読み取れません。そのため、他の統計量も併せて確認することが重要です。

外れ値の代表値に対する影響

データには、まれに極端に大きい値、または小さい値である**外れ値（outlier）**が含まれる場合があります。平均値は、計算する際に全ての値を考慮しているため、外れ値に影響されやすい特徴があります。一方、中央値は相対的な大きさから求め、中央の値だけを参照するため、外れ値に影響されにくいという特徴があります。

図3.3.4は、100人の大人がいる村の年収のデータを仮想的に描いたものです。元々、平均値、中央値ともに約509万円の年収である村に、年収1億円の社長が1人引っ越してきたとすると、平均値は603万円にまで増加しますが、中央値はほとんど影響を受けていないことがわかります。また、外れ値は低頻度であるため、最頻値も影響を受けないことがわかります。

| 図3.3.4 | 平均値と中央値 |

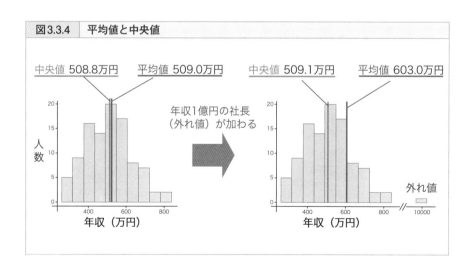

元々の100人の村（左）に、年収1億円の社長（外れ値）が加わると（右）、平均値は大きく変化する一方で中央値はほとんど変化しません。

● ヒストグラムの重要性

　代表値は非常に便利ですが、代表値だけでデータを把握するのには注意が必要です。例えば、分布が一山ではない場合、平均値を計算すると実際のデータからかけ離れた値が得られることがあります。

　図3.3.5の例は、平日午前におけるある公園の利用者の年齢分布です。平均値は31.6歳で、ヒストグラムを見ずに、この値だけからデータを把握しようとすると、平日の午前に主に大人がいる公園だということになります。しかし実際は、30代は1人もおらず、子供とその親、そして高齢者が公園を利用しているのです。

　中央値は12.0歳で、大半が子供であることがわかる程度で、実際の分布の形まではわかりません。ここで示したような極端に二山な事例は、実際のデータ分析では多く見られませんが、最初にヒストグラム描いて大まかに把握し、代表値で適切に分布を特徴づけられるかを確認することは、重要なデータ分析の作業であることを覚えておきましょう。

図3.3.5	代表値が捉えにくい分布の例

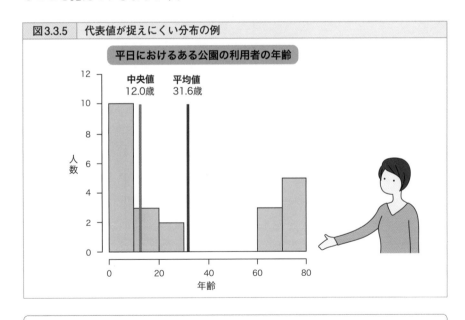

　左右それぞれにピークがあるような二山の場合、平均値は分布の特徴を捉えることができません。

● 分散と標準偏差

　代表値を用いて、データがどのあたりを中心に分布しているかの情報を得ることができました。次は、分布の形を評価してみましょう。そのために、分布の幅、言い換えるとデータがどの程度散らばっているか（ばらついているか）を捉えるのが良さそうです。

　データのばらつきを評価するためには、**分散（variance）または標準偏差（standard deviation, S.D.）** という統計量を計算します。標本から求め、標本について評価していることを強調して、標本分散（sample variance）や標本標準偏差（sample standard deviation）と呼ぶことがあります。

　標本分散は、標本の各値と標本平均がどの程度離れているかを評価することで、データのばらつき具合を定量化する統計量です。標本分散$s_n{}^2$は、次のように計算されます。

$$s_n{}^2 = \frac{1}{n}\left\{\left(x_1 - \bar{x}\right)^2 + \left(x_2 - \bar{x}\right)^2 + \cdots + \left(x_n - \bar{x}\right)^2\right\} = \frac{1}{n}\sum_{i=1}^{n}\left(x_i - \bar{x}\right)^2 \quad \text{(式3.2)}$$

　各値と平均値の差の二乗$(x_i - \bar{x})^2$を足し上げ、サンプルサイズnで割ることで、各値と平均値の距離の二乗を平均化した値としてばらつき度合いを評価しています[3]。標本分散の性質は、次の通りです。

・$s_n{}^2 \geqq 0$
・すべての値が同一であるとき0
・ばらつきが大きいと、$s_n{}^2$は大きくなる

　標本標準偏差は、標本分散のルートを取った値です。

$$s_n = \sqrt{s_n{}^2} = \sqrt{\frac{1}{n}\sum_{i=1}^{n}\left(x_i - \bar{x}\right)^2} \quad \text{(式3.3)}$$

　計算上、分散と標準偏差はルートを取るかどうかの違いしかないので、有する情報に違いはありません。分散の単位は、元の値の単位の二乗になりますが、標準偏差は平方根をとっているため元の単位と一致します。そのため、ばらつきの

3）　$n-1$で割る不偏分散は第4章で登場します。

度合いを定量化する指標としては、標準偏差の方が感覚的にわかりやすいと言えるでしょう。

● 分散・標準偏差の例

　図3.3.6は、具体的な分散と標準偏差の例として、1000人分の学力テスト（100点満点）の点数を元にしたヒストグラムを示したものです。比較のため、平均値が同一であるデータを例にしています。

　どの場合でも平均値は50ですが、データの散らばり方、または分布の幅が異なります。これは、平均値にはデータのばらつき度合いの情報が入っていないことを示しています。そして、分布の広がりが大きくなるに伴って、分散と標準偏差が大きくなっていることがわかります。入試テストのような、学力の差を測りたい場合には、図3.3.6右上のような「0点から100点まで様々な値を取るテスト」の方が良いテストであると言えるでしょう。

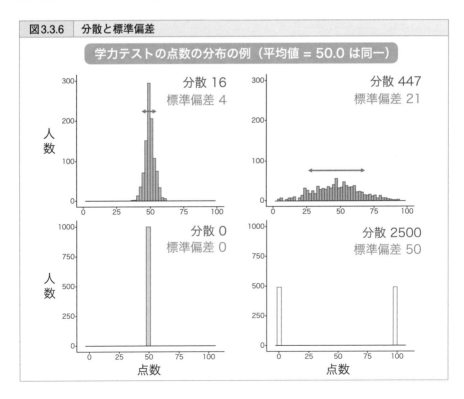

図3.3.6　分散と標準偏差

　図3.3.6左下や右下は、極端な例を示しています。左下の全員同一の点数の場合には、分散と標準偏差はともに0となります。この場合、学力の差が測れないことになり、入試テストとしては機能しません。右下は、半分が100点、もう半分が0点の極端な例です。このような二山になると平均値から離れた値がほとんどになり、分散や標準偏差は著しく大きな値になります。

● 分布を可視化する箱ひげ図

　前節では分布を可視化するためにヒストグラムを紹介しましたが、他にもデータがどのように分布しているかを示すグラフがあります。よく使われるのが、**箱ひげ図（box plot）** です。図3.3.7は、同一のデータを90°回転したヒストグラムと箱ひげ図で表したものです。

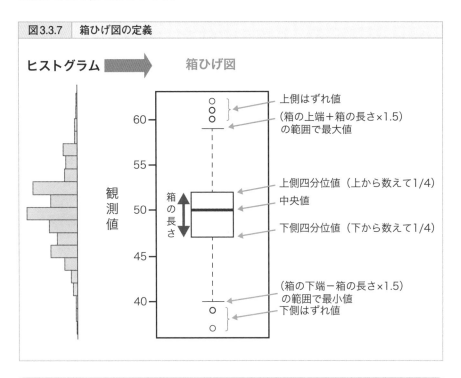

図3.3.7　箱ひげ図の定義

箱ひげ図との対応をわかりやすくするため、ヒストグラムを90度回転させて表示しています。箱ひげ図は、中央値や四分位値といった統計量を指し示すことでデータがどのように分布しているかを可視化します。

箱ひげ図は名前の通り、箱とひげから構成され、それぞれデータの分布を特徴づける統計量を示しています。上側四分位値は、大きい方から数えて1/4に位置する値、下側四分位値は、小さい方から数えて1/4に位置する値です。上位半分または下位半分のデータの中での中央値と言い換えることもできます。ひげは、箱の長さ（上側四分位値と下側四分位値の差）の1.5倍の長さを箱から伸ばした内側での最大値、または最小値を表します。その範囲に含まれなかった値は、外れ値（図3.3.7の丸プロット）として定義されます。

なお、箱ひげ図は中央値や四分位値、最大値、最小値といった統計量を指し示す一方、ヒストグラムに見られるような、分布の形の詳細な情報は含まれていません。

● 分布を可視化する様々な手法

他にもいくつかの、分布の可視化手法があります。図3.3.8は、同一のデータを5つの手法で可視化したものです。一番左は、平均値を棒グラフの高さで示し、標準偏差（略してS.D.と表記します）の値を平均値から上下に伸ばす**エラーバー**を描いた図です。これは、平均値と標準偏差という2つの統計量を可視化していることになり、箱ひげ図と同様に、分布の形の詳細まではわかりません。推測統計ではS.D.ではなく、標準誤差（Standard Error, 略してS.E.）という値（第4章で登場します）をエラーバーとして描くことが多いため、エラーバーが何を示しているのかを図のキャプション（図の説明文）に必ず書くようにしましょう。

最近では、より詳細な分布の形状を可視化するための、バイオリンプロットやスウォームプロットといった手法が提案されています（図3.3.8）。バイオリンプロットはヒストグラムを滑らかにしたようなグラフで、どのあたりにデータが存在しやすいかを推定し、表示します[4]。スウォームプロットは値が重ならないようにプロットすることで、各データ点がどこにあるかを詳細に示す手法です。これらには、平均値や中央値といった統計量は示されていませんが、分布の形状やデータの各位置についての詳細な情報が可視化されています。そのため、例えば箱ひげ図と重ねて描くことで、情報を補完して描くことが可能です（図3.3.8右端）。一

---

4)　カーネル密度推定という手法が使われています

方、情報が増えすぎると見づらくなるので、何を伝えたいグラフかを明確にした上で、どの可視化手法を用いるかを決めるのが良いでしょう。

図3.3.8　その他の分布の可視化法

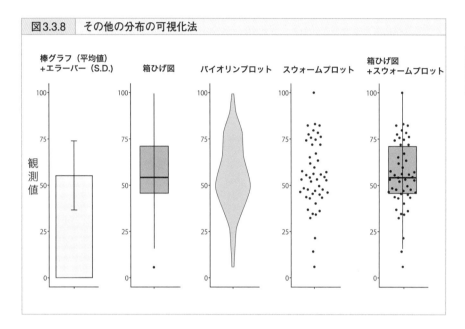

同一のデータに対して、5種類の手法で可視化した例です。それぞれのグラフが持つ情報が異なることがわかります。

● 外れ値

　データにはまれに、極端に大きな値または小さな値である外れ値が含まれることがあります。外れ値の明確な定義はありませんが、平均値から標準偏差2つ分または3つ分以上離れている数値を、外れ値とみなすことがあります。

　例えば、平均50点、標準偏差15の分布であるテストの点数データを考えてみます。標準偏差2つ分であれば、20点以下または80点以上が外れ値になり、標準偏差3つ分であれば、5点以下または95点以上が外れ値になります。

　他には、図3.3.7に示した箱ひげ図における外れ値の定義もあります。

実際のデータ解析においては、外れ値が本来の値ではなく、測定やデータ記録におけるミスである可能性も考慮する必要があります。この場合は、**異常値**と言います。

　データ分析の実践の場では、可視化を通して、外れ値が含まれているかを確認し、それが本来の値であるのか、またはミスである異常値なのかを判断することが重要です。そして、異常値であるならデータから取り除き、それ以降の分析には使わないようにする等の扱いが必要です。平均値などの統計量は、前述したように外れ値の影響を受けるため、測定やデータ記録のミスによって、データ分析の結果全体に影響を及ぼすことがあるからです。

3.4 確率

● 確率を学ぶにあたって

　ここでは、確率の基礎について解説します。第1章で述べたように、統計学（特に推測統計）では確率論が活躍します。これは統計学が、観察されるデータを母集団から確率的に発生した値であると想定することで、データそのものやデータの背後の法則を理解しようとする試みであるからです。

　データ取得方法および統計解析の適切な選択や、解析結果の正しい解釈のためには、確率論の基礎を理解することが必須です。しかし、理解するにあたって難しい数式を紙と鉛筆で計算するようなことは必要なく、概念として理解していただければ十分です。すでに確率について理解している方は、飛ばしていただいて問題ありません。

　なお、ここからの確率の解説は、3.3までに解説してきた現実に観察されるデータについての話とは混同しないようにしましょう。あくまで、数学の世界の話であることを忘れないようにしてください。

● 確率の基本的な考え方

　まずは、確率の考え方から解説していきます。確率とは、不確実な事象の起こりやすさを数値で表したものです。確率は一般にアルファベットのPで表記し、事象Aの確率は$P(A)$と表します。各事象に対応した各確率Pは、0以上1以下の実数値で、大きな値ほど起きやすいことを表します。そして、全ての事象の確率を足し合わせると1になります。

　具体例として、袋の中に赤玉4つと白玉1つが入っていて、中を見ずにランダムに玉を1つ取り出すことを考えましょう（図3.4.1）。この場合、起こりうる事象は、取り出した玉が「赤玉である」か「白玉である」の2つです。そして、高校数学の範囲では赤玉である場合の数は4、白玉である場合の数は1、全事象の起こる場合の数は5なので、赤玉である確率$P(赤玉)=4/5$、白玉である確率$P(白玉)=1/5$となります。実は、このように場合の数から確率を定義するのは、どの玉も

等しい確率で取り出すという仮定が入っています。現代確率論では、事象に対し実数値を割り当てて確率を定義する測度論的確率論の考えにもとづいています[5]。

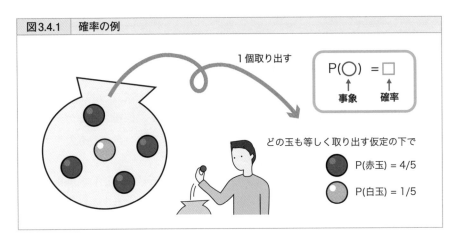

図3.4.1　確率の例

1個取り出す

$P(\bigcirc) = \square$
　　　↑　　　↑
　　　事象　　確率

どの玉も等しく取り出す仮定の下で

P(赤玉) = 4/5

P(白玉) = 1/5

> どの玉も等しく選ばれるのであれば、取り出した玉が赤玉である確率は4/5、白玉である確率は1/5となります。

● 確率変数

前述の例で、変数 $X = \{赤玉, 白玉\}$ と置くと、$P(X=赤玉) = 4/5, P(X=白玉) = 1/5$ のように表すことができます。この X のように確率的に変動する変数を、**確率変数**と呼びます[6]。一方、確率変数が実際に取る値（ここでは赤玉または白玉）を、**実現値**と言います。

確率変数が、赤玉/白玉のようなカテゴリやサイコロの目のような離散的な数値である場合は離散型確率変数、身長のような連続値の場合は連続型確率変数と言います。両者の違いは、次の確率分布に現れてきます。

---

5) 測度論的確率論の入門には「統計学への確率論、その先へ」著・清水泰隆などがわかりやすいです。
6) 測度論的確率論では、確率変数 X とは事象を表す集合の要素をある実数値に変換する関数と定義されます。例えば、赤玉が出ると100円、白玉が出ると500円もらえるくじ引きだとすると、$X(\{赤玉\})=100, X(\{白玉\})=500$ となります。本書では、素朴な理解の仕方として、確率的に変動する変数を確率変数として話を進めます。

● 確率分布

　確率分布とは、横軸に確率変数を、縦軸に確率変数の起こりやすさを表わした分布です。確率変数が離散型である場合には、縦軸が確率そのものを表します（図3.4.2）。ヒストグラムと同様に、確率変数がカテゴリカルである場合には、横軸の順番には意味はありません。

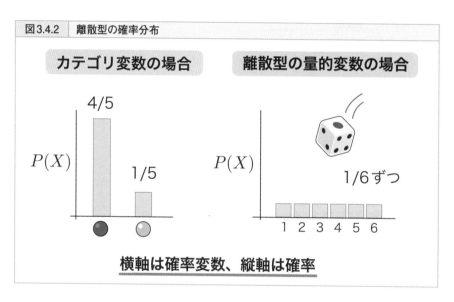

図3.4.2　離散型の確率分布

カテゴリ変数の場合　　　離散型の量的変数の場合

4/5

$P(X)$　　　1/5

$P(X)$　　　1/6ずつ

1 2 3 4 5 6

横軸は確率変数、縦軸は確率

　確率変数が連続型である場合の確率分布は、離散型と少し異なります。確率変数が実数値であると、小数点以下は無限に続き、確率変数がある1つの値である確率は0になってしまいます。そこで、連続型確率変数の場合には、値に幅を持たせて確率を求めます（連続変数のヒストグラムと似た考え方です）。その確率を導出するための関数を、**確率密度関数**と言います（図3.4.3）。

　確率密度関数の縦軸は、確率そのものの値ではなく、相対的な起こりやすさを表す値であることに注意してください。そして、確率変数がある値からある値の範囲に入る確率を求めるには、確率密度関数の積分を計算し、x軸と確率密度関数で囲まれる面積を求めます。この面積が確率に相当します。確率変数の定義域全体で積分を実行すると1になり、全事象のうちいずれかが起こる確率が1であることに対応しています。

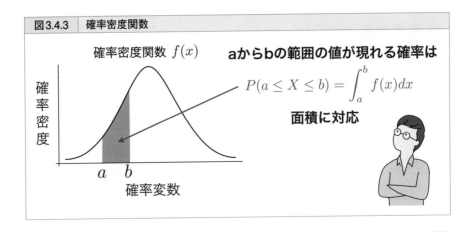

図3.4.3 確率密度関数

確率密度関数 $f(x)$

aからbの範囲の値が現れる確率は

$$P(a \leq X \leq b) = \int_a^b f(x)dx$$

面積に対応

確率密度

a　b

確率変数

連続変数の場合は、確率密度関数とx軸で囲まれた面積が確率に対応しています。

● 推測統計と確率分布

　確率分布を学んだところで、統計学における確率分布の重要性を説明します。先ほど、データのことを忘れて数学的な話として確率を考えて欲しいと言いましたが、一旦ここでデータのことを思い出しましょう。

　第2章で述べたように、推測統計では、母集団の一部である標本から母集団の性質を推測しようとします。しかし、母集団は直接観測できませんし、捉えがたい対象なので、標本から推測することは困難のように思えます。そこで、図3.4.4のように、現実の世界の母集団を数学の世界の確率分布と仮定し、標本のデータはその確率分布から生成された実現値であるという仮定のもとに分析を進めていきます。こうすることによって、**「母集団と標本データ」という扱いづらい対象が、「確率分布とその実現値」という数学的に扱える対象に置き換えられるのです。**
　そして、以下に紹介するような確率分布を特徴づけるような数値を標本から推定することで、母集団について理解していくという方針になります。詳しくは、第4章で解説していきます。

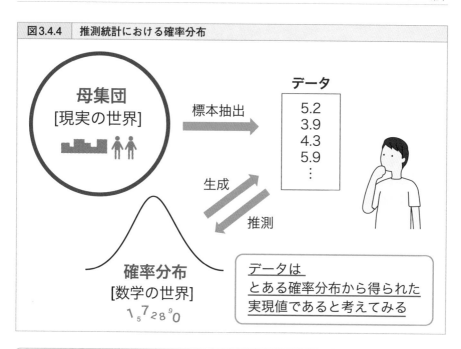

図3.4.4　推測統計における確率分布

母集団から抽出された標本を、ある数学的な確率分布から生成された値だと仮定することによって分析を進めていくことが可能になります。そして、統計的推測とは、データからその生成元がどのような確率分布であるかを推測することに他なりません。

● 期待値

　量的な確率変数である場合、確率分布を特徴づける量を計算することができます。

　1つ目は、変数の確率的な起こりやすさを考慮した平均的な値を表す、**期待値（expected value）**です。これは平均と呼んでも問題ありません。

　一般に、確率変数Xの期待値は$E(X)$で表記され、以下のように定義されます。

離散型

$$E(X) = \sum_{i=1}^{k} x_i P\left(X = x_i\right)$$ (式3.4)

ここでkは、確率変数が取りうる実現値の個数です。各実現値とその値が起こる確率を掛けて足します。ゆがみのないサイコロであれば、確率変数の各実現値は$x_i = \{1, 2, 3, 4, 5, 6\}$で、確率$P(X = x_i)$はどの$x_i$についても1/6なので、期待値は1×1/6+2×1/6+3×1/6+4×1/6+5×1/6+6×1/6=3.5となります。

連続型

$$E(X) = \int x f(x) dx$$ (式3.5)

確率変数が連続値である場合は、実現値xとそれに対応した確率密度$f(x)$を掛け算し、積分した値になっています。積分の範囲は、確率変数の定義される全範囲です。

● 分散と標準偏差

確率分布が期待値の周りにどの程度広がっているかを表す値は、統計量の計算でも登場した**分散**で、$V(X)$と表記します。

・**離散型**

$$V(X) = \sum_{i=1}^{k} \left(x_i - E(X)\right)^2 P\left(X = x_i\right)$$ (式3.6)

・**連続型**

$$V(X) = \int \left(x - E(X)\right)^2 f(x) dx$$ (式3.7)

それぞれ、期待値との差の二乗を用いることで、期待値からどの程度離れているかを評価しています。

標準偏差は、分散 $V(X)$ の平方根をとった値として定義されます。分散、標準偏差の性質は、次の通りです。

・0以上であること
・全て同じ値が現れる場合には0
・期待値から離れた値が出やすいほど大きくなる

これらはデータに対して計算した分散、標準偏差と同様です。

● 歪度と尖度

期待値と分散（または標準偏差）以外にも、確率分布を特徴づける値があります。例えば、歪度（わいど, skewness）、尖度（せんど）といった値があります。歪度は、分布が左右対称からどの程度歪んでいるか、尖度は分布の尖り度合いと分布の裾の重さ（分布の裾の方における確率の大きさ）を評価します。一般的な統計解析ではあまり登場しないので、本書では詳しく説明しませんが、それらの値があることは知っておくと良いでしょう。

● 2つの確率変数を考える

ここまでは、1つの確率変数について解説してきました。次は、2つの確率変数 X, Y を考えます。複数の確率変数がある場合、それらの間の関係性について考えることができます。

2つの確率変数を同時に考えた場合の確率分布を、同時確率分布 $P(X, Y)$ と言います。例えば、2つのサイコロA、Bを想定し、サイコロAの出る目を X、サイコロBの出る目を Y とすると、サイコロAが1の目かつサイコロBが2の目である確率は、$P(X=1, Y=2)$ と表せます。

さて、ここで2変数間の関係における重要な「**独立**」という概念を導入しましょう。X と Y の2つの確率変数が独立であるとは、X と Y の同時確率分布 $P(X, Y)$ が、

各々の確率 $P(X)$ と確率 $P(Y)$ の積と等しいことを意味します。

数式で表記すると、次のようになります。

$$P(X,Y) = P(X)P(Y)$$

（式3.8）

　これは一方がどんな値を取ろうと、もう一方が起こる確率は変わらないことを意味しています。何も細工がない普通のサイコロであれば、2つのサイコロの出る目は独立です。片方がどんな目であっても、もう一方の出る目は1/6ずつの確率で現れます。そのため、サイコロAが1の目でサイコロBが2の目になる確率は $P(X=1, Y=2) = P(X=1) \times P(Y=2) = 1/36$ となります。

　別の例として、服の上下（トップスとボトムス）を確率的に選ぶことを考えてみましょう（図3.4.5）。白、黒、ピンクのTシャツをそれぞれ1/3の確率で選択し、それとは無関係に、青、白、緑のパンツをそれぞれ1/3の確率で選択するのであ

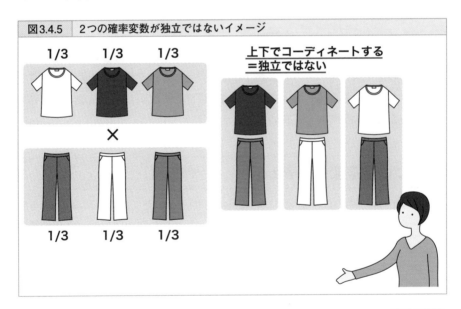

図3.4.5　2つの確率変数が独立ではないイメージ

白、黒、ピンクのTシャツをそれぞれ1/3の確率で選択し、それとは無関係に、青、白、緑のパンツをそれぞれ1/3の確率で選択するのであれば独立です。一方、上下で何らかの傾向がある場合、独立ではないことになります。

れば独立です。これはつまり、服に無頓着で、コーディネートを全く考えていないことに相当し、例えば白T×白パンツの組み合わせも1/9の確率で現れることになります。

独立ではない例として、黒Tシャツには緑のパンツを、ピンクTシャツには白パンツを、白Tにはデニムを合わせる等、少しでもコーディネートするのであれば、つまり上下で何らかの関連性を持たせる場合、独立ではないことになります。

● 条件付き確率

一方の確率変数Yの情報が与えられたときの（言い換えると、Yについて知っているときの）、もう一方の確率変数Xの確率を、**条件付き確率**$P(X|Y)$と言い、縦棒の右に条件を、左に確率変数を記入します。

先ほどの例で、Xがトップス、Yがボトムスとして、必ず緑のパンツには黒Tシャツを、白のパンツにはピンクのTシャツを、青のパンツには白のTシャツを、合わせる人がいるとすると、次のようになります。

$P(X=$ 白 $|Y=$ 緑$)=0, P(X=$ 黒 $|Y=$ 緑$)=1, P(X=$ ピンク $|Y=$ 緑$)=0$

$P(X=$ 白 $|Y=$ 白$)=0, P(X=$ 黒 $|Y=$ 白$)=0, P(X=$ ピンク $|Y=$ 白$)=1$

$P(X=$ 白 $|Y=$ 青$)=1, P(X=$ 黒 $|Y=$ 青$)=0, P(X=$ ピンク $|Y=$ 青$)=0$

すなわち、Yの情報を得ればXがわかるということになります。一方、XとYが独立である場合は、$P(X|Y)=P(X)$が成り立ちます。つまり、Yがどのような値であっても、Xが起こる確率には関係ありません。

3.5 理論的な確率分布

● 確率分布とパラメータ

この章の締めくくりとして、統計学で頻繁に使われる理論的な確率分布について解説します。**理論的な確率分布は数式で表され、分布の形を決める数値であるパラメータ（parameter）を持ちます。**パラメータを知ることは、確率分布の形状を知ることに相当します。

データ分析の目的は母集団の性質を知ることであったことを思い出してください。すると、この母集団は○○といったパラメータを持つ□□という確率分布で表される（近似できる）とわかることは、母集団の性質を知ることであるため、データ分析の目的そのものです。

それでは、統計学で最も頻繁に登場する確率分布である正規分布を例にとって、解説していきたいと思います。

● 正規分布

統計学で最も頻繁に登場する重要な確率分布は、**正規分布（normal distribution）、別名ガウス分布（Gaussian distribution）**です（図3.5.1）。これは連続型の確率変数に対して定義され、確率密度関数は次のように表されます。

$$f(x) = \frac{1}{\sqrt{2\pi\sigma^2}} \exp\left(-\frac{(x-\mu)^2}{2\sigma^2}\right)$$ **（式3.9）**

式は一見複雑に見えますが、重要なのは、確率分布が**平均μと標準偏差σという2つのパラメータで決まる**点です。正規分布を$N(\mu, \sigma^2)$と表記し、平均$\mu = 0$、標準偏差$\sigma = 1$の正規分布$N(0, 1)$を標準正規分布と言います。

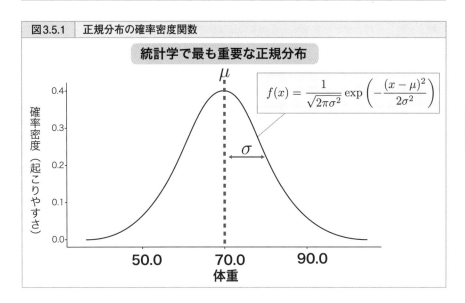

図3.5.1 正規分布の確率密度関数

統計学で最も重要な正規分布

$$f(x) = \frac{1}{\sqrt{2\pi\sigma^2}} \exp\left(-\frac{(x-\mu)^2}{2\sigma^2}\right)$$

正規分布は、平均μと標準偏差σという2つのパラメータを持ちます。この図では、μ=70, σ=10の正規分布を示しています。

図3.5.2は、μとσを様々に変えた場合の正規分布を示しています。μは分布の位置に、σは分布の幅の広さに対応することがわかります。

正規分布には次のような特徴があります。

・平均μを中心とした釣り鐘型であり、左右対称の分布である
・平均μ付近の値が最も現れやすく、平均μから離れるほど現れにくくなる
・身長や体重など、正規分布で近似できる現象が多い

さらに、正規分布には次のような性質があります（図3.5.3）。

・$\mu-\sigma$から$\mu+\sigma$までの範囲の値が起こる確率が約68%
・$\mu-2\sigma$から$\mu+2\sigma$までの範囲の値が起こる確率が約95%
・$\mu-3\sigma$から$\mu+3\sigma$までの範囲が起こる確率が約99.7%

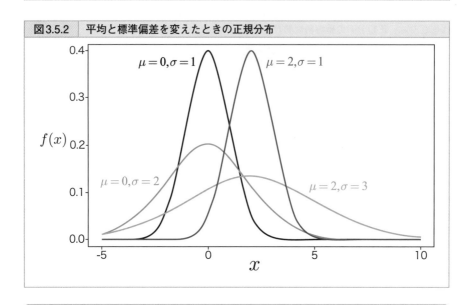

図3.5.2　平均と標準偏差を変えたときの正規分布

正規分布のパラメータ μ は、分布の位置に対応します。一方、パラメータ σ は分布の幅の広さに対応します。

これらの特徴や性質は、μ や σ の具体的な値を変更しても変わらない性質です。

具体例を見てみましょう、成人男性の身長が、平均 $\mu = 167.6$（cm）、標準偏差 $\sigma = 7.0$ の正規分布に従うとすると、ランダムに成人男性を選んで測定した場合の身長は、次の確率で存在することになります。

- $\mu - \sigma = 160.6$ から $\mu + \sigma = 174.6$ の範囲に約68%
- $\mu - 2\sigma = 153.6$ から $\mu + 2\sigma = 181.6$ の範囲に約95%
- $\mu - 3\sigma = 146.6$ から $\mu + 3\sigma = 188.6$ の範囲に約99.7%

逆に、その範囲の外側が現れる確率もわかります。例えば153.6cm以下または181.6cm以上の身長の人は約5%程度しかいないことがわかります。また、ある値が分布の平均からどの程度離れているかを表すために、○σ 離れているなどと表現することもあります。例えば、188.6cmは平均から3σ離れていると表現することで、約0.3%（上位0.15%）の稀な値だと伝えることができます。

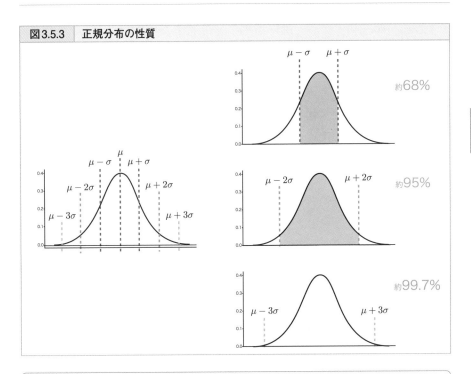

図3.5.3 正規分布の性質

色で示した面積が、その範囲の値が起こる確率に対応しています。

● 標準化

一般に、確率変数xあるいはデータに対し平均$\mu(\bar{x})$と標準偏差$\sigma(s)$を用いて

$$z = \frac{x - \mu}{\sigma}$$

とすることで、平均0標準偏差1の値に変換することができます。これを**標準化**（standardizing, normalizing）といい、変換された新しい値を**z値**と呼ぶことがあります。平均からの距離が標準偏差で何個分あるかを表しているため、元のμやσによらず、分布の中でどこに位置するかを知ることができます。特に、元の値が正規分布に従うのであれば、z値は、前述の○σの○に相当します。

　具体例として、成人男性の身長分布が平均167.6 cm、標準偏差7.0の正規分布だ

とすると、180cmの人は $z = (180 - 167.6)/7 = 1.77$ となり、成人女性の身長分布が平均154.1 cm、標準偏差6.9の正規分布だとすると、170cmの人は $z = (170 - 154.1)/6.9 = 2.3$ となります。よって、男性の180cmよりも女性の170cmの方が珍しいことがわかります。

　余談ですが、受験で登場する偏差値は、平均を50で標準偏差を10に変換した値（つまり $10z + 50$）です。例えば、平均50、標準偏差15のテスト点の分布において80点を取れば偏差値70ですが、平均30、標準偏差10のテスト点の分布では50点で偏差値70になります。このように、平均と標準偏差に基準を設けてデータを揃えることで、もとの点数そのものではなく、分布の中での位置で評価できるようになります。

● 様々な確率分布

　ここでは、正規分布を例にとって理論的な確率分布について解説しました。統計学において他の重要な分布には、一様分布（連続型または離散型）、二項分布（離散型）、ポアソン分布（離散型）、負の二項分布（離散型）、指数分布（連続型）、ガンマ分布（連続分布）等があります。また、推測統計の計算で現れる検定統計量と呼ばれる統計量が従う確率分布（t分布、F分布、χ^2分布など）もあります。

　本書では次章以降、登場した際に詳しく解説します。

第 4 章

推測統計～信頼区間
データから母集団の性質を推測する

この章では、統計分析の山場である推測統計の考え方について解説します。まずは、推測統計においてデータを得るとは何かについて考え、それから平均値を例に母集団の平均と標本平均の間の誤差を考えることで、平均値の信頼区間を得る手法を紹介します。信頼区間の考え方は、第5章の仮説検定に直結するので理解しておきましょう。

4.1 推測統計を学ぶ前に

● 全数調査と標本調査

　第2章と第3章で説明した、興味の対象である母集団を知るための2つの方法を
おさらいしておきましょう（図4.1.1）。

　1つは、母集団の全ての要素を調べ尽くす全数調査でした。全数調査は、記述
統計の手法を用いて全ての要素から知りたい性質（例えば平均値）を計算・評価
すれば知りたいことがわかるので、母集団を知るという目的はそれで達成したこ
とになります。

　もう1つは、母集団の一部である標本から母集団の性質を推測する標本調査で
した。多くの状況で使われる標本調査は、これから解説する少々複雑な推測統計
の手法を用いて母集団を推測する分析に基づいています。推測統計は統計学を学
ぶ上で大きな山場であり、最初に統計学を学習する際には多くの方がつまずきま
す。本書では、なるべくイメージを大事にしながら、一方、ロジックも正確に追
いながら解説していきたいと思います。

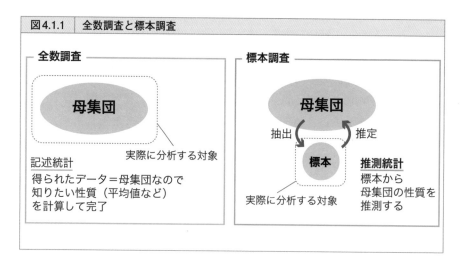

図4.1.1　全数調査と標本調査

● データを得るとは

　まずは、推測統計の手法を学ぶにあたって「データ（標本）を得るとはどういうことか？」を解説します。

　たくさんの要素が含まれている母集団の中から一部を標本として抽出することは、母集団に含まれる全ての値から構成される分布（第2章のヒストグラムを参照）から、一部を抽出していると考えることができます（図4.1.2）。無限母集団の場合には、要素の数に際限がないので少々イメージしづらいですが、膨大な数の要素を集めてヒストグラムを描くことを想像してください。このような母集団を表す分布のことを、**母集団分布**と言います。

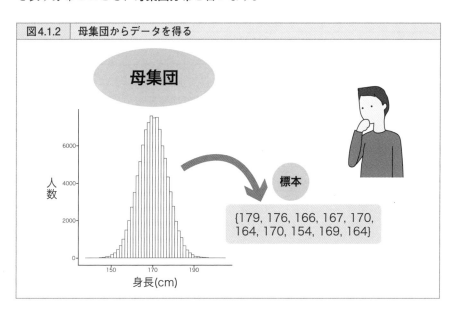

| 図4.1.2 | 母集団からデータを得る |

　日本人成人男性を母集団として考えると、日本人成人男性全員の身長から構成される母集団分布を考えることができ、標本はこの分布から一部抽出したものと考えることができます。

母集団に関する用語

　母集団分布が量的変数の分布である場合、平均や分散を定義できるので、それぞれを母平均、母分散と呼びます。そして一般に、このような母集団分布を特徴づける量を、**母数またはパラメータ**と言います。

　統計学では母数を知ることが目標ですが、前述のように母集団を調べ尽くすことは困難なので、標本から母数を推測します。ちなみに、日常では母集団に含まれる要素数として母数という語が使われることもあるので、混同しないように注意しましょう。

● 確率分布と実現値

　ここで一旦、第3章で登場した確率分布を思い出してください。確率分布は、横軸に確率変数の値、縦軸にその確率（または確率密度）を表す分布でした。図4.1.3に示すように、確率分布の形を決めると、その**確率分布に従う実現値**を発生させることができます。そして、確率分布をわかっていれば、そこから発生した実現値がどのように確率的に振る舞うかを理解できるようになります。

　ただし、複数の実現値を発生させるときは、簡単に扱えるようにするため、毎回、独立に確率分布から発生させることを考えます。例えば、サイコロの1の目が出た後は1の目が出にくくなるようなことは考えず、いつでも1の目は1/6の確率で現れる、といった具合です。

　ここで気づくことは、実現値はまるでデータのように見えること、そして、確率分布と実現値の関係は母集団と標本の関係によく似ているということです。

　もちろん、表面上似ているというだけではありません。母集団のヒストグラムで、含まれる全ての要素数で縦軸のカウント数を割った値は割合になり、これを確率と見なすことができます。そのため、母集団分布を確率分布として考えることが可能です。さらに、母集団からランダムかつ独立に一つ一つのデータを抽出することは、確率分布として見た母集団分布から、その確率分布に従う実現値を発生させていることに相当します。

　このように、母集団と標本という実世界の話を、確率分布と実現値という数学

の世界の言葉で記述できるようになります。

では、ここから「母集団＝確率分布」、「標本＝確率分布に従う実現値」として考えていきましょう。

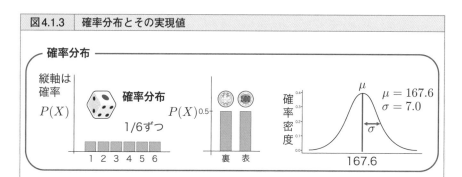

図4.1.3　確率分布とその実現値

確率分布↔実現値の関係は、母集団↔標本の関係によく似ている
「母集団＝確率分布」，「標本＝確率分布に従う実現値」として考えよう！

● データから、その発生元である確率分布を推測する

　母集団と標本の関係を、確率分布と実現値の関係に置き換えてみると、「得られた標本から母集団について推測する」という元々の目標を、「得られた実現値から、その実現値を発生させた確率分布について推測する」という目標に言い換えることができます。これが推測統計の最も重要な考え方であり、これから本書を通して学んでいく様々な手法に共通する概念です。例えば、成人男性の身長という母集団の平均値に興味がある場合、標本のデータから、成人男性の身長の確率分布における平均値を推測することで母集団を推測します。

● 母集団分布のモデル化

現実の世界の母集団分布の真の姿は、多少いびつであったりデコボコしていたりします。例えば、成人男性の身長の分布は正規分布に非常によく似ていますが、厳密に正規分布であることはあり得ないでしょう。しかし、そのままでは数学的に扱いづらいことが多いので、第3章で学んだような数式で記述でき、数学的に扱える確率分布（モデル）で近似して話を進めることで、母集団の推定が容易になります（図4.1.4）。数学的な確率分布で母集団分布を近似することを、ここではモデル化と呼びましょう。

例えば、正規分布で近似できれば、平均と標準偏差というたった2つのパラメータだけで分布を記述できることになり、扱えるようになります。本章の後半で登場するt分布は、まさに母集団が正規分布であるという仮定の下で用いられる分布です。

このような理論的な確率分布で近似することは、現実の世界をモデルを通して眺めることだと自覚しておく必要があります。モデルに関しては、第13章でも改めて解説します。

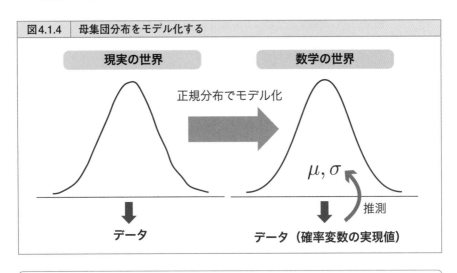

図4.1.4	母集団分布をモデル化する

現実の世界の母集団分布は、多少なりともいびつな形をしていると考えられるため、直接扱うことは困難です。そこで、数学的に理想的な分布（モデル）として近似することで扱うことができるようになります。

● 無作為抽出

　母集団から標本を得る際に重要なのが、**無作為抽出（ランダムサンプリング）**です。これは、データを得る際に、母集団に含まれる要素を一つひとつランダムに選ぶという取り出し方です。前述のように、データの実現値は確率分布からランダムかつ発生させた値として考える必要があるためです。小さい値が得られたから標本として不採用、大きい値だと採用など、ランダムではない選び方をしてはいけません。

　また、一旦大きな値が得られたら、次の値として似た値が得られるように選ぶなど、独立でない選び方も適切ではありません。例えば、日本人の身長を知りたいときに、バレーボール選手がランダムにたまたま選ばれることは問題ありませんが、バレーボール選手の集団が歩いていたので、まとめて測定し標本とするのは適切ではありません。

● 無作為抽出の方法

　無作為抽出するための最も理想的な方法は、標本になりうる全ての要素のリストを用意し、乱数を用いてサンプリングする手法です。これを**単純無作為抽出法**と言います。この手法は、労力と時間コストがかかることがあります。

　それに対し、実践的によく使われるのが、**層化多段抽出法**です。これは、母集団をいくつかの層（グループ）にあらかじめ分けておき、各層の中から必要な数の調査対象をランダムに抽出する方法です。他にも、系統抽出、クラスター抽出など様々な手法が提案されています。

● 偏った抽出の場合、適切な推測は難しい

　偏った標本抽出の場合、標本から母集団を推測することはうまくいきません。これは母集団の設定の仕方とも密接に関わります。例えば、日本人全体の年収に興味があり、日本人全体を母集団と設定したにもかかわらず、東京に住む人にだけ調査を実施し、標本を得た場合を考えましょう。この場合、東京に住む人は他の地域より年収が高いため、東京に住む人だけから得た年収の標本は、日本人全

体の年収という母集団を反映してないことになります。

　統計学で登場する統計手法では、仮に無作為抽出できていなくても解析は実行でき、何らかの結果が得られてしまいます。その場合、適切な推定になっていないため、注意が必要です。

偏りのある調査

　2018年、世論調査において、約800人の電話調査で安倍政権の支持率が28%だった一方で、10万人のネット調査では支持率が80%を超えたというニュース記事がありました。そして、これに対し「旧来的な電話調査は信頼性に疑問がある」という記者のコメントが掲載されていました。

　しかしこれは誤りで、ネットは年齢層などの偏りが大きく、世論を調べるという目的に対しては適していません。10万人という大規模なデータだとしても、このような偏った標本は、母集団の性質を正しく反映しないのです。

● データの取り方

　第2章では、母集団を興味の対象に合わせて設定すれば良いと述べました。しかし、標本は母集団から取り出す必要があるため、母集団を広く設定しすぎると、ランダムサンプリングではなくなることがあります。例えば、ワクチンの効果を知りたい時に、母集団はあらゆる人種の人を含んでいるにも関わらず、日本人からだけ標本を得るような場合には、母集団を考え直す必要があります。その一方で、薬の作用機序が人種間に差異がなさそうであるような知見が知られているならば、母集団および標本が日本人だけであっても、他の人種にもワクチンの効果があることが期待されます。

　こういった、母集団について推定した結果をどの程度、一般性を持たせるかについては、それぞれの分野特有の知識（ドメイン知識）に依存します。他にも、大学の卒業研究において心理学のアンケート調査をする際に、自分の所属している大学の学生を対象にデータを取得し分析すると、明らかに日本の大学生全体を反映しているものとは言えなくなります。これは、各大学が異なる学力レベルの

集団を集めているからです。しかし、大学のレベルといった性質には依存しないような、例えば健康状態といったデータであれば、一部の大学でのデータから大学生全体に一般化できるかもしれません。先行研究を踏まえつつ、結果からわかることをどの程度一般化できるのか、またはその限界や制約については丁寧に議論するべきでしょう。

● 推測統計を直感的に理解する

「データを得ること」の次は、推測の考え方に移りますが、その前に、我々も日常生活において推測統計に近いことを無意識に行っていることを紹介しましょう。図4.1.5に、お味噌汁の味見の例を示しました。ここで、鍋に入っているお味噌汁全体が母集団で、お玉で少量をすくい小皿に取り分けたのが標本です。そして、その小皿の少量のお味噌汁を味見することで、鍋のお味噌汁の味を調べようとしています[1]。

図4.1.5 推測統計の直感的イメージ

標本

推定

母集団

例えば、味見（推測統計）は、小皿の味噌汁（標本）の味を調べることで、お鍋に入った味噌汁（母集団）の味を推定していると言える

このお味噌汁の例で直感的にわかる、推定における重要ポイント・教訓がいくつかあるので、統計学の解釈とともに列挙してみます。

---

1) この例は、数学者の秋山仁先生が言ったとされていますが、大元の拠出は不明です。

本当に興味があるのは、小皿のお味噌汁ではなく、鍋のお味噌汁である。
→本当に興味があるのは、標本のデータではなく、母集団である。

ここでの目的は、お鍋のお味噌汁の味を知ることです。いくら小皿のお味噌汁の味を味わっても、お鍋の味を評価しないのであれば意味がありません。

・ポイント2

鍋のお味噌汁を飲み干して調べ尽くすことは困難である。
→母集団の全ての要素を調べ尽くす全数調査は困難である。

お鍋のお味噌汁の味を知ることが目的ですが、お鍋のお味噌汁をすべて飲み干して味を確認することは困難です。

・ポイント3

小皿程度の少ない量のお味噌汁で、鍋のお味噌汁の味を「ほぼ」確認できる。
→小さいサンプルサイズの標本から母集団を推測できる。

味見する量はなぜ小皿程度なのでしょうか。これより少ない、例えば1滴程度であれば、うまく母集団のお味噌汁の味を反映していないことが考えられます（少ないと舌が感覚器として十分に反応しないという問題もありますが、ここでは置いておきます）。

一方、お椀一杯分で味見することに意味はあるでしょうか。お椀一杯の方が、より正確に鍋のお味噌汁の味を反映すると考えられますが、そこまでしなくても、小皿程度の量で、鍋のお味噌汁の味を十分正確に表していると考えられます。

・ポイント4

お玉でお味噌汁をすくうときに、よくかき混ぜること。
→標本を抽出するときには、ランダムサンプリングする必要がある。

　お味噌汁は放っておくと底の方に味噌がたまり、上層は味が薄くなります。そのような場合に、お玉で上層だけをすくって味見をし味が薄いと判断するのは、味見として適切ではありません。なぜなら、標本が偏っているために、母集団の性質を正確に反映しないからです。偏った標本抽出から得られた標本から母集団を推測することが、いかに誤った推測につながるかがわかります。

4.2 信頼区間

● 母集団とデータの間の誤差を考える

　ここからは、推測統計の具体的な手順と、その背景にあるロジックを解説していきます。例として、実際のデータ解析において最も頻繁に登場する、母集団の平均値μについて考えてみましょう。なお、「本当に知りたいこと」＝母集団の平均値μですが、母集団を直接知ることはできないので、母集団の一部であるサンプルサイズnの標本$x_1, x_2, ..., x_n$を母集団から無作為に抽出し、標本（データ）から母集団の平均値μについて推測する方針を考えていきます。

図4.2.1　問題設定

目的：成人男性の平均身長が知りたい

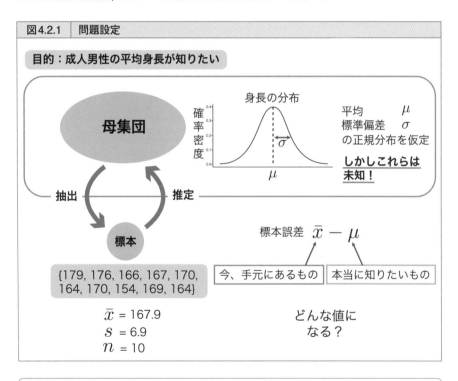

標本から母集団の平均を推定する問題設定。標本として実際に手に入る値から、母集団の性質を推定するために、手元にあるデータ（標本平均）と知りたい値（母集団の平均）の誤差がどのような値になるかを考えていきます。

　図4.2.1に、身長の例を題材に問題設定をまとめてみました。知りたいこと、未知である値、実際に得られる値、そして得られた値から計算される統計量、これらを意識しておくことが重要です。また、以下の解説を読み進める上で、母集団の平均μや標準偏差σといった値は固定されている値であること、一方、母集団の分布から得られる標本$x_1, x_2, ..., x_n$は確率的に変動する確率変数であることを念頭に置いておきましょう。

● 標本誤差

　平均がμである母集団から標本を得たとします。ここで、第3章で登場した標本平均を計算してみます。もし、標本平均が母集団の平均μにピッタリ一致するのであれば、標本から母集団の平均を言い当てることができることになり、母集団を知ることができたことになります。

　しかし、話はそう簡単ではありません。標本平均は通常、母集団の平均μに一致しないのです。つまり、「本当に知りたいこと」と「実際に手元にあるデータ」にはズレ（誤差）が生じるのです。このズレのことを、**標本誤差（sampling error）**と言います（図4.2.1）。

　標本誤差は、標本抽出における人為的なミスや誤りから生じる誤差ではなく、ばらつきを持つ母集団から、確率的にランダムに標本を選ぶために生じる、避けられない誤差であることに注意してください。また、標本誤差は、平均値に限らず母集団の様々な性質に対し、一般的に生じるものと考えてください。

● サイコロにおける標本誤差

　例えば、理想的なサイコロを母集団と考えると各目が1/6ずつ均等に現れるため、母集団の平均値は$1×1/6+2×1/6+\cdots+6×1/6 = 3.5$です。では、6回サイコロを投げて（つまり、サンプルサイズ$n=6$）、出た目を記録し標本としましょう。この標本の平均を計算すると、どうなるでしょうか。また、そのサイコロを6回投げて標本平均を計算するという作業を2回、3回と繰り返すと、どうなるでしょうか。

　図4.2.2では、私が実際にサイコロを投げて得た標本を示しています。

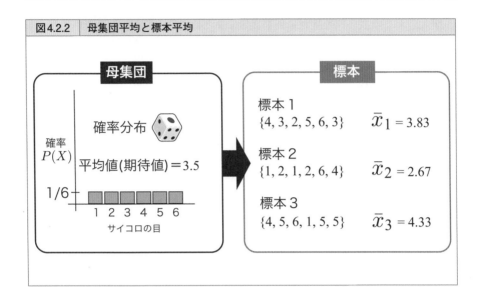

図4.2.2　母集団平均と標本平均

母集団

確率
$P(X)$

確率分布

平均値(期待値)=3.5

1/6

1 2 3 4 5 6
サイコロの目

標本

標本1
{4, 3, 2, 5, 6, 3}　　$\overline{x}_1$ = 3.83

標本2
{1, 2, 1, 2, 6, 4}　　$\overline{x}_2$ = 2.67

標本3
{4, 5, 6, 1, 5, 5}　　$\overline{x}_3$ = 4.33

均等に目が現れるサイコロ（母集団）と、実際に投げたときに得られる目（標本）の例です。サンプルサイズn=6で標本を作る作業を3回繰り返しています。1つ目の標本を標本1と名前をつけ、標本平均には$\overline{x}_1$というように、下付きで1と書いています。

　このサイコロの例からわかることは、6回投げた中に、複数回現れる目や、1度も現れない目があること、そして母集団平均μ（=3.5）と標本平均$\overline{x}$（=3.83や2.67や4.33）は一致していないということです。特に、サイコロを6回投げてその標本平均を計算するという作業を3回行ったときに、それらの標本平均は異なる値を示し、母集団平均より大きかったり小さかったりします[2]。

　これがなぜ起こるかというと、1/6ずつの確率で各目が現れるサイコロで6回投げたとしても、毎回独立に確率分布から実現値が発生するため、均等に各目が1回ずつ現れるわけではないからです。もちろん、1回ずつ均等に現れる場合も確率的には起こりえますが、多くの場合、そうではありません。

---

2) 離散変数の場合（特にサンプルサイズが小さい場合）、同じ値になることや、母集団平均と一致することも、確率的には起こりえます。

● 標本誤差は確率的に変わる

他にも、表と裏がそれぞれ1/2ずつの確率で現れるコイントスを母集団として考えると、理解しやすいかもしれません。コインを2回投げると、実際に起こる現象には、ちょうど表と裏が1回ずつ現れる場合だけでなく、表が2回または裏が2回の場合もあるわけです。具体的には、表と裏が1回ずつ現れるのが1/2、表が2回出るのが1/4、裏が2回出るのが1/4の確率で起こります。

このように、標本は母集団の性質とピッタリと一致せず、確率的な誤差を伴います。そのため、標本から母集団の性質をピッタリと言い当てることはできないのです。しかし、ここで諦めず、この誤差について掘り下げて考えていくことが重要で、統計学は誤差の学問と言っても過言ではありません。

では次に、誤差に関する統計学の最も有名な法則と定理を紹介します。

● 大数の法則

標本平均と母集団平均の間の関係には、**大数の法則 (law of large numbers)** が成り立ちます。これは、サンプルサイズnを大きくしていくと、標本平均$\bar{x}$が母集団平均μに限りなく近づくという法則です。これを言い換えると、標本誤差 $= \bar{x} - \mu$ が限りなく0に近づくということでもあります。

図4.2.3は、母集団の分布（左がサイコロの一様分布、右が正規分布）から1つランダムに値を発生させ、標本に追加し、標本平均$\bar{x}$を計算するという作業を、サンプルサイズnを2から5,000まで増やしたシミュレーションの実行例です。サンプルサイズnが小さい場合は、標本平均は母集団平均からブレブレで、特にnが極めて小さい段階では、母集団平均から大きくズレていることがわかります。

しかし、サンプルサイズnを大きくすると、標本平均が母集団平均に収束していく様子が見てとれます。最終的に、$n = 5,000$ では、標本平均$\bar{x}$は母集団平均μとかなり近い値になっていることがわかります。

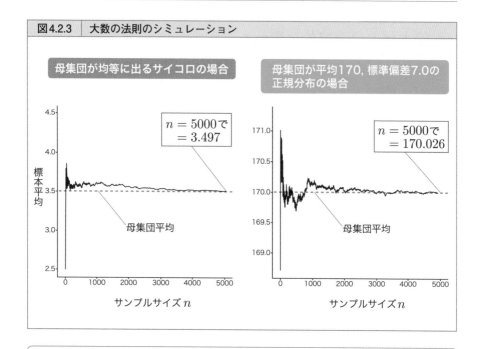

図4.2.3　大数の法則のシミュレーション

母集団が均等に出るサイコロの場合

$n = 5000$ で
$= 3.497$

標本平均

母集団平均

サンプルサイズ n

母集団が平均170, 標準偏差7.0の正規分布の場合

$n = 5000$ で
$= 170.026$

母集団平均

サンプルサイズ n

黒の実線が標本平均 $\bar{x}$ を、青い点線が母集団の平均 μ を表します。母集団の分布から1つランダムに値を発生させ、標本に追加し標本平均を計算するシミュレーションを、サンプルサイズ n を2から5,000まで増やして実行した結果を示しています。サンプルサイズ n を増やすと、標本平均 $\bar{x}$ は母集団平均 μ に近づくことがわかります。

● 標本誤差の確率分布を知る

　サンプルサイズ n を大きくしていくと、標本平均 $\bar{x}$ が母集団平均 μ に近づいていくことが大数の法則からわかりました。しかし、n を無限大にしない限り、標本平均 $\bar{x}$ と母集団平均 μ は一致しません。では、あるサンプルサイズ n のときに、標本平均 $\bar{x}$ または、標本誤差＝$\bar{x} - \mu$ はどのような値を取り得るのでしょうか。

　サイコロの例で見たように、標本平均 $\bar{x}$ も確率変数です。なぜなら、$\bar{x} = (x_1 + \cdots + x_n) / n$ であり、各要素 x_i が確率変数であるからです。標本誤差＝$\bar{x} - \mu$ も、μ という定数が引き算されただけなので、同様に確率変数です。そのため、標本誤差の

確率分布を考えることができます。標本誤差の確率分布がわかれば、どの程度の大きさの誤差が、どの程度の確率で現れるかを知ることができるようになります。

● 中心極限定理

標本誤差の分布に関して重要な情報を与えてくれるのは、**中心極限定理（central limit theorem）** です。これは、母集団がどのような分布であっても[3]、サンプルサイズnが大きいときに、標本平均$\bar{x}$の分布が正規分布で近似できることを意味しています。

さて、「標本平均$\bar{x}$の分布」というところで、だんだんややこしくなってきたと感じると思います。これは、サンプルサイズnで標本を抽出し、標本平均$\bar{x}$を計算するという作業を何度も繰り返し、標本平均$\bar{x}$を集めてヒストグラムを描くということです。図4.2.2では、サンプルサイズ$n=6$で3つの標本を抽出し、3つの標本平均$\bar{x}_1, \bar{x}_2, \bar{x}_3$を計算しましたが、これを膨大な回数、繰り返すイメージです（図4.2.4）。実際にデータ分析において、このような作業をすることはありませんが、標本平均や標本誤差の分布を理解する上で重要なので、このような仮想的な状況を考えます。

第3章で解説した正規分布の性質について思い出しましょう。正規分布は、平均μと標準偏差σ（または分散）の2つのパラメータがわかれば分布の形状・位置が1つに定まり、各値がどの程度の確率で現れるかを知ることができました。

標本平均$\bar{x}$の分布が正規分布で近似できると述べましたが、この正規分布の2つのパラメータである平均と標準偏差はどうなっているのでしょうか。これがわかれば、どの程度の大きさの標本平均が現れるのかを確率として知ることができます。証明は省略しますが、平均は母集団平均μ、標準偏差は母集団の標準偏差σとサンプルサイズnを用いて、$\sigma/\sqrt{n}$と表されます（図4.2.4）。

ここから、標本平均$\bar{x}$は母集団平均μを中心として分布すること、そして左右に標準偏差1つ分でカウントして、$\sigma/\sqrt{n}$の幅で広がって分布することがわかります。サンプルサイズnを大きくすると、$\sigma/\sqrt{n}$は小さくなり、これは標本平均$\bar{x}$と

---

3) 分散が無限大に発散してしまう裾の厚い分布は除きます。

母集団平均 μ の間のズレが平均的に小さくなることを意味しています。

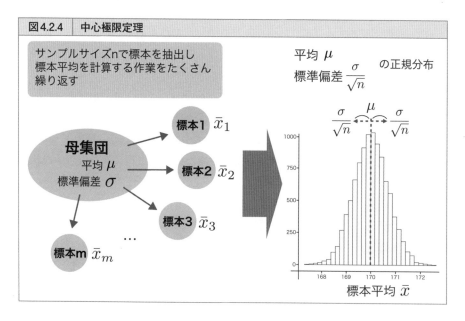

図4.2.4　中心極限定理

　図4.2.4は、平均170、標準偏差7の母集団から、サンプルサイズ n=100で標本を抽出する作業を独立に m=10,000回繰り返すことで、10,000個の標本平均を得た例を示しています（m は大きければ良いので、10万でも100万でもOKです）。

　得られた標本平均をヒストグラムとして描くと、平均170で、標準偏差 $7/\sqrt{100}=0.7$ の正規分布に近似的に従います。これが、中心極限定理です。

● 推定量

　ここまで、標本平均という統計量を使って、母集団平均になんとか迫れないかということを考えてきました。先に進む前に、ここで一旦、推定量という語と定義に関して少し説明します。

　一般に、母集団の性質を推定するために使う統計量を、**推定量**と言います。推定量は確率変数であるため、中心極限定理で見たような確率分布を考えることができます。そして、サンプルサイズnを無限大にしたときに、推定量が母集団の性質に一致する推定量を**一致推定量**と言い、推定量の平均値（期待値）が母集団の性質に一致する推定量を、**不偏推定量**と言います。

　不偏推定量は、毎回得られる度に確率的に異なった値を取りうるけれど、平均的に見て、母集団の性質を過大でもなく過小でもなく表す量を意味します（図4.2.5）。母集団の性質を推定する時に、偏った推定は望ましくありません。そのため、不偏推定量であることは望ましい推定量だということになります。

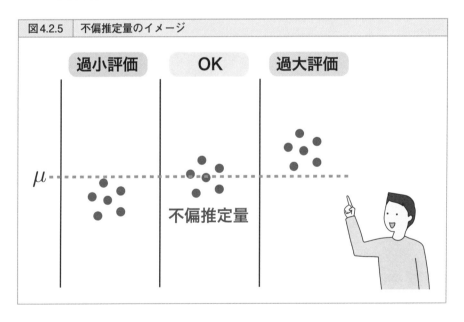

図4.2.5　不偏推定量のイメージ

過小評価　　　　OK　　　　過大評価

μ

不偏推定量

　図4.2.5は、1つの丸が標本から求めた推定値を表します。推定値一つ一つは母集団の性質（ここではμ）から外れますが、それらをかき集めて平均をとった値がμに一致する場合、不偏推定量と呼ばれます。左や右の場合は、μを過小評価ま

たは過大評価していることになるので、良い推定量ではありません。

中心極限定理で見たように、標本平均の分布の平均は母集団の性質であるμに一致するため、標本平均は母集団平均μを偏り無く推定する不偏推定量です。

一方、第3章で紹介した標本分散s_n^2は少し事情が変わってきます。第3章で定義した標本分散s_n^2の分母はnでした。記述統計として、データのばらつき度合いを評価する場合には問題ありません。しかし、これは母集団の分散σ^2を過小評価してしまうという問題があります。正しくは、分母を$n-1$とする標本分散s^2

$$s^2 = \frac{1}{n-1}\sum_{i=1}^{n}\left(x_i - \overline{x}\right)^2 \tag{式4.1}$$

が、母集団の分散σ^2の不偏推定量になります（本書では$n-1$で割った標本分散を添字なしのs^2と表記します）。これを不偏分散と呼ぶこともあります。また、この標本分散s^2の正の平方根である標本標準偏差sは一般に、母集団の標準偏差の不偏推定量にはなりません。

以下、nで割った標本分散s_n^2はなぜ、母集団の分散σ^2を過小評価してしまうのかを簡単に説明します。

各値x_iを標本平均$\overline{x}$との差を取って二乗し、ばらつき度合いを測っていましたが、本来、$(x_i-\mu)^2$として計算したいところを、μは未知なので、$(x_i-\overline{x})^2$で代用しています。そして、図4.2.3や図4.2.4で見たように、$\overline{x}$はμと一致せず、各値x_iとμの位置関係、および各値x_iと$\overline{x}$の位置関係を考えると、x_iはμよりも$\overline{x}$に近いところにあるのです。そのため、$(x_i-\overline{x})^2$の和は$(x_i-\mu)^2$よりも小さめの値になります。そこで、nで割るのではなく、$n-1$で割ることで、過小評価を補正しているのです。

実際のデータ分析ではさほど意識する必要はありませんが、最初に統計学を学んだ時に、なぜ$n-1$で割るのかは腑に落ちないところだと思いますので、簡単に説明しました[4]。

● 標本誤差の分布

標本平均$\overline{x}$の分布の話に戻りましょう。標本平均$\overline{x}$の分布の平均が母集団の平均μであるということが、中心極限定理からわかりました。ここから、標本誤差$=\overline{x}-\mu$の分布は、平均0になります。なぜなら、分布全体をμだけ、平行移動し

---

4) 厳密な証明が知りたい方は、例えば「Rで学ぶ統計学入門」嶋田・阿部を参照してください。

ただけだからです。一方、標準偏差は$\sigma/\sqrt{n}$のままです。

　よって、サンプルサイズnが大きいとき、標本誤差$\bar{x}-\mu$の分布は次の正規分布で近似できます。

平均：0

標準偏差：$\sigma/\sqrt{n}$

　結論は非常にシンプルで、標本誤差$=\bar{x}-\mu$の分布は、母集団の標準偏差σとサンプルサイズnの2つの値だけで決まることがわかります。この$\sigma/\sqrt{n}$を、**標準誤差（standard error）**と言います。

　σは母集団の性質で、通常、私たちは知ることのできない未知の数値です。そのため、先ほど登場した、標本から計算した標本標準偏差sをσの代わりに用い、$s/\sqrt{n}$を標準誤差とします。この場合、標本誤差（ただし、$s/\sqrt{n}$で割った）は正規分布ではなく、後述する正規分布によく似たt分布に従うことになります。しかし、理解のためにまずは正規分布のまま話を進め、それからt分布を紹介したいと思います。

● 信頼区間の定義

　さて、ついに標本誤差の確率分布を手にすることができました。これを使うことで、どのくらいの大きさの誤差が、どのくらいの確率で現れるかを知ることができるようになります。誤差を簡単に定量化するために、**信頼区間（confidence interval）**という考え方を導入しましょう。

　正規分布の性質を思い出すと、平均値$\pm 2 \times$標準偏差の範囲に約95%の値が含まれるのでした。つまり正規分布から1つ値をランダムに取り出すと、約95%の確率でその範囲に含まれるということです。この考え方をそのまま、標本誤差の正規分布に対して適用してみましょう。図4.2.6の中央の式から、標本誤差$\bar{x}-\mu$の約95%がどの程度の大きさで起こるかを範囲で表すことができます。

　そして今、実現値として$\bar{x}$が得られているので、図4.2.6の最後の式のように、μに関する範囲として変形しましょう。すると、サンプルサイズnで得られた標本から計算した$\bar{x}$とsから、μの範囲が出てきました。これが、約95%の信頼区間です。

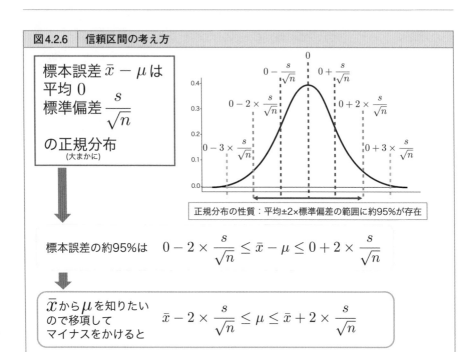

図4.2.6　信頼区間の考え方

標本誤差 $\bar{x} - \mu$ は
平均 0
標準偏差 $\dfrac{s}{\sqrt{n}}$
の正規分布
（大まかに）

正規分布の性質：平均±2×標準偏差の範囲に約95%が存在

標本誤差の約95%は　$0 - 2 \times \dfrac{s}{\sqrt{n}} \leq \bar{x} - \mu \leq 0 + 2 \times \dfrac{s}{\sqrt{n}}$

$\bar{x}$ から μ を知りたい
ので移項して
マイナスをかけると　$\bar{x} - 2 \times \dfrac{s}{\sqrt{n}} \leq \mu \leq \bar{x} + 2 \times \dfrac{s}{\sqrt{n}}$

● 信頼区間の解釈

　○○％信頼区間の解釈は、「○○％の確率で、この区間が母集団平均 μ を含んでいる」となります。ただし確率変数であるのは、母集団平均 μ ではなく標本平均 $\bar{x}$（および信頼区間）であるため、μ が確率的に変化してその区間に含まれるのではなく、母集団から標本を取ってきて○○％信頼区間を求める、という作業を100回行ったときに平均的に○○回、その区間が μ を含むということです。1つの標本から得られた信頼区間は、μ を含むか、含まないかのどちらかとなります。ここは直感的にわかりにくいかもしれません[5]。

　信頼区間は、標本から求めた母集団 μ の推定値が、どの程度、信頼に足るのかを表していると言えます。信頼区間が狭いということは、推定値のすぐ近くに μ があることが考えられるため、推定値は信頼できる値だということです。一方、

---

5)　第11章で登場するベイズ統計には、μ を確率変数として考えて求める信用区間があります。こちらの方が直感的にわかりやすいかもしれません。

信頼区間が広いということは、推定値と母集団平均 μ の誤差は大きな値になる傾向があるため、信頼度が低いということになります。

　○○％信頼区間の「○○％」には、一般的に95％が使われます[6]。この数値は、科学業界の慣例として使われてきただけで必然性はありません。しいて言えば、20回に1回外れるくらいの感覚が人間にとってわかりやすいから、くらいでしょう。次の章で解説する仮説検定における有意水準5％は、95％信頼区間と表裏一体の関係になっています。

● 信頼区間の具体例

　ここまで抽象的な話が続いたので、具体例で考えてみましょう。

　図4.2.7のように、サンプルサイズ n=10で身長（cm）の標本を得たとします。ここから、$\bar{x}$ と s を計算することができ、さらに標準誤差である $s/\sqrt{n}$ も計算ができます。すると、先ほどの正規分布の性質から、母集団平均 μ は、$\bar{x} \pm 2 \times s/\sqrt{n}$ の区間、つまり163.54 cmから172.26 cmの範囲に約95％の確率で含まれることがわかります。

図4.2.7	信頼区間の例

標本 {179, 176, 166, 167, 170, 164, 170, 154, 169, 164}

サンプルサイズ $n = 10$
標本平均　　$\bar{x} = 167.9$　　標準誤差 $\dfrac{s}{\sqrt{n}} = 2.18$
不偏標準偏差 $s = 6.89$

$$167.9 - 2 \times 2.18 \sim 167.9 + 2 \times 2.18$$
$$(163.54 \sim 172.26)$$

約95％信頼区間

6)　分野によっては他の値、例えば99％信頼区間を使うこともあります。

タネ明かしをすると、この標本はμ=170の正規分布から得られたもので、たしかに信頼区間に含まれています。もちろん、これはいつでも含まれるわけではなく、外れることがあります。それを示したのが図4.2.8です。μ=170の母集団から、サンプルサイズn=10で標本を抽出し、95%信頼区間を描くという作業を20回繰り返してみました。18番目の標本から描いた95%信頼区間は、母集団平均μ（青点線）を含みません。つまり、95%信頼区間とは、平均的に20回中1回外れる、逆に言えば、20回中19回、母集団平均を含む区間であると言えます。

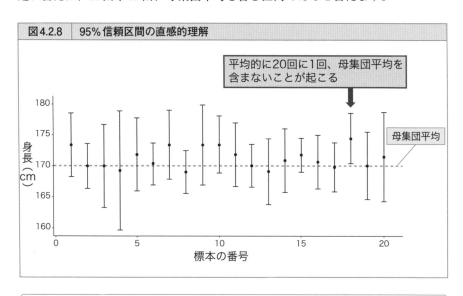

図4.2.8　95%信頼区間の直感的理解

平均的に20回に1回、母集団平均を含まないことが起こる

母集団平均

μ=170の母集団から、サンプルサイズn=10で標本を抽出し、95%信頼区間を描くという作業を20回繰り返しました。黒丸が標本平均で、上下に伸びているバーが95%信頼区間を表しています。18番目の標本から描いた95%信頼区間は、母集団平均μ（青点線）を含みません。

● t分布と95%信頼区間

　ここまで、約95%という表現でごまかしたまま話を進めていましたが、ここでは厳密に、95%の信頼区間を考えてみましょう。正規分布の性質として、平均±2×標準偏差に約95%と大まかに言ってきましたが、正確には、平均±1.96×標

準偏差の範囲が95%になります。1.96なので、ざっくりと覚えておくために2というキリの良い数字を使っていたわけです。しかし、これはここでは問題ではありません。

より重要なのは、中心極限定理はサンプルサイズnが大きいときに近似的に成立するために、実際のデータ分析で見られるような小さいサンプルサイズの場合には、標本誤差が正規分布に従うとは言えなくなること、そして母集団のσをsで代用しなければならないことです。そこで活躍するのが、**t分布**です。t分布は、1908年に、ギネスビールに勤務していたウィリアム・ゴセット氏によって考案されました。ビールの酵母に関するデータを分析する際に、小さなサンプルサイズの標本で母集団全体を推測しようとして導出された分布です。

t分布は、母集団が正規分布であるという仮定の下、未知である母集団の標準偏差σを、標本から計算した標本標準偏差sで代用したときに、$(\bar{x}-\mu)$を標準誤差$s/\sqrt{n}$で割って、標準化した値、

$$\frac{\bar{x} - \mu}{s/\sqrt{n}}$$

(式4.2)

が従う分布です。この値は、標本誤差$\bar{x}-\mu$が標準誤差$s/\sqrt{n}$を単位として何個分かを示します（第3章の標準化と同じ考え方です）。

ややこしく感じられるかもしれませんが、t分布自体は正規分布とよく似た形状であることと（図4.2.9）、サンプルサイズnに依存して形状が少し変化するというだけで、信頼区間を求めるロジックは今まで解説した通りです。難しく考える必要はなく、95%という厳密な値を得るために微調整しているくらいに思っておくといいでしょう（図4.2.9）。ちなみに、サンプルサイズnが大きくなるにつれて、t分布は正規分布に近づいていきます。

図4.2.7の約95%信頼区間に対し、厳密な95%信頼区間を求めたのが図4.2.9です。下側2.5%点や上側2.5%点というのは、中央の95%のエリアと外側との境目の点を表します。平均0標準偏差1の正規分布であれば、前述したように-1.96と$+1.96$です。t分布で、サンプルサイズ$n=10$の場合は少し広がって、-2.26と$+2.26$です（この値自体は、コンピュータで求めます）。

そこで、信頼区間を求める式では、±2でも±1.96でもなく、±2.26を$s/\sqrt{n}=2.18$に掛け算しています。最終的に、95%信頼区間が162.97〜172.83と得られました。

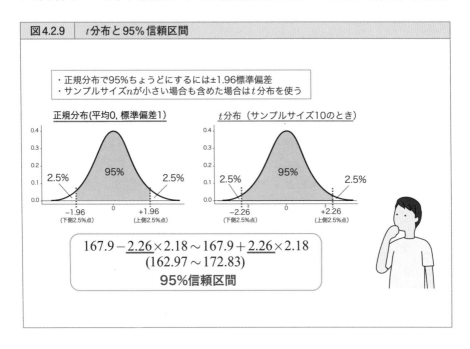

図4.2.9　t分布と95%信頼区間

・正規分布で95%ちょうどにするには±1.96標準偏差
・サンプルサイズnが小さい場合も含めた場合はt分布を使う

正規分布(平均0, 標準偏差1)

t分布（サンプルサイズ10のとき）

95%

2.5%　　　2.5%

−1.96　　　+1.96
（下側2.5%点）（上側2.5%点）

95%

2.5%　　　2.5%

−2.26　　　+2.26
（下側2.5%点）（上側2.5%点）

$$167.9-\underline{2.26}\times 2.18 \sim 167.9+\underline{2.26}\times 2.18$$
$$(162.97 \sim 172.83)$$

95%信頼区間

● 精度を高めるためには

　より信頼できる平均値の推定をしたいときには、どうすればいいでしょうか。誤差の分布の幅の広さを表す、標準誤差$s/\sqrt{n}$に注目しましょう。これを小さくするためには、分子の本標準偏差sを小さくするか、分母のサンプルサイズnを大きくするかの二通りあります。

　s（またはσ）は、母集団のばらつきの大きさという母集団そのものの性質に由来するため、小さくすることは通常難しいですが、できることとしては、測定のばらつき（変動）を減らすことがあります。測定にばらつきが加わると、結果的にs（またはσ）が大きくなるため、測定をより精度良くおこなう等で対処することが可能になる場合があります。

　サンプルサイズnに関しては、nを大きくすることで、より高い精度の推定が可能になります。しかし、全数調査の難しさについて述べたように、大きな標本を

抽出することにはコストがかかりますので、nを大きくすることは容易ではないでしょう。また、標準誤差の分母は$\sqrt{n}$であるため、信頼区間を$1/a$に狭めたければ、サンプルサイズnをa^2倍しないといけないという点でも労力がかかります。

　図4.2.10には、σとnを変えたときの信頼区間の大きさの例を示しています。σを小さくする、またはnを大きくすることで、いかに標本平均が母集団平均に近い値をとるか、そして信頼区間が短くなるかが見て取れます。

図4.2.10　信頼区間の大きさ

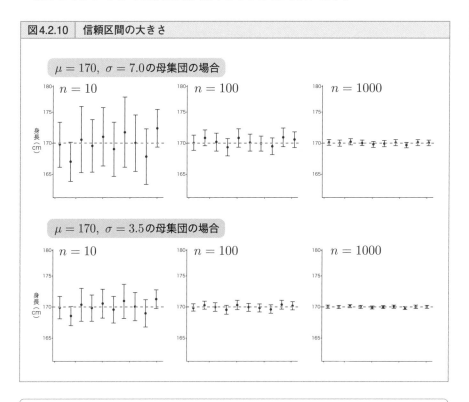

$\mu=170$は共通で、上の段は$\sigma=7.0$、下の段は$\sigma=3.5$の正規分布を母集団とした場合の標本平均（黒丸）と95％信頼区間（上下のバーの長さ）。サンプルサイズnは左から$n=10, 100, 1000$。各条件で、標本を抽出し信頼区間を算出する作業を10回行った結果を示しました。横軸は、1〜10の各標本を表します。

● t分布を使う際の注意点

　サンプルサイズnが小さくても適用できるt分布では、「データが正規分布から得られた」という仮定を置く必要があります。つまり、t分布は、データ$x_1, x_2, ...,$ x_nが正規分布というモデルから得られた場合の（標準化された）標本誤差が従う分布です。データの背後にある母集団の分布が完璧に正規分布であることはないでしょうから、得られた95%信頼区間は、完全に正確な95%ではないことには注意しましょう。特に問題になるのは、データが正規分布から著しく異なった分布から得られた場合です。その場合、95%信頼区間を求めても95%からずれることが考えられるため、注意が必要です。ただし、サンプルサイズnが大きいときには、中心極限定理のおかげで母集団が正規分布でなくとも標本平均が正規分布で近似できるため、信頼区間は正確になります。

● 信頼区間と仮説検定

　ここまで、推測統計の手法として信頼区間を得る手順について解説してきました。信頼区間は非常に重要で、研究の論文などの実践的な場面で頻繁に使われます。そして次の第5章では、もう1つ推測統計の手法としてよく使われる仮説検定について解説します。

　仮説検定は信頼区間を得ることと表裏一体なので、この章で学んだことを忘れずに次章を読むようにしてください。

仮説検定
仮説の検証とp値

この章では、統計学で最もよく用いられる仮説検定の
基礎について解説します。仮説検定は、例えば「2つ
のグループの平均値に差がある」といった仮説を検証
する際に使われます。仮説検定では、重要なp値とい
う指標が登場しますが、p値を理解しないまま仮説検
定を実施することは誤った結論につながる恐れがあり
ますので、正しく理解しておきましょう。

5.1 仮説検定の仕組み

● 推測統計のもう1つの手法

　第4章では、推測統計の基本的な枠組みと信頼区間について解説しました。そして第5章では、推測統計におけるもう1つの重要な枠組みである仮説検定について解説します。仮説検定は、分析する人が立てた仮説を検証するための手法です。仮説検定では、**p値**（*p*-value）という数値を計算し、仮説を支持するかどうかを判断します。

　*p*値は科学論文で頻繁に用いられますが、定義がわかりにくいため、きちんと理解せずに使っている方が多く、科学業界における様々な問題を引き起こす原因となっています。ここでは例を挙げながら、できるだけ簡単に仮説検定の枠組みと*p*値について解説します。第9章では、昨今議論が起きている仮説検定と*p*値の問題について紹介し、適切な仮説検定の使い方を解説するので、目を通すようにしてください。

● 仮説の検証

　研究やビジネスなどのデータ分析の現場において、実験や観察の前に仮説を立て、その仮説が正しいかどうかを検証する作業は、対象を理解する上で重要なプロセスです。例えば、「新しく打った広告が商品の売上を伸ばした」と仮説を立て検証することで、広告の効果の有無を明らかにすることができます。

　このような、事前に立てた仮説を検証するアプローチを、**仮説検証型データ分析**（確証的データ分析）と言います（図5.1.1）。一方、あらかじめ仮説を立てずに網羅的にデータを探索的に解析するアプローチを、**探索型データ分析**と言います。探索型は、データの特徴の傾向を掴むことや、仮説の候補を探すことを目的としたデータ分析と言えます。

　仮説検証型と探索型の2つのアプローチの違いについては、第9章で触れますので、まずはそういった2つのアプローチがあるのだと思ってもらえれば大丈夫で

す。この章では、仮説検証型のデータ分析を念頭に置いて読み進めてください。

図5.1.1　仮説検証型と探索型のデータ分析

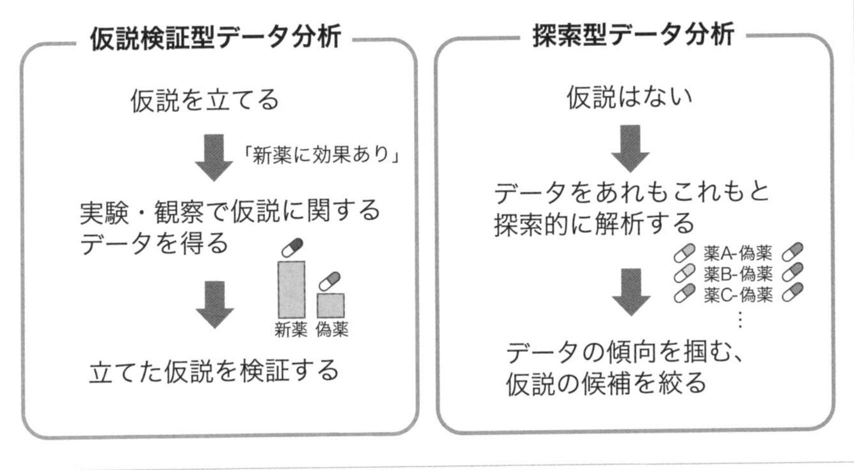

＿ **仮説検証型データ分析** ＿

仮説を立てる

「新薬に効果あり」

実験・観察で仮説に関する
データを得る

新薬　偽薬

立てた仮説を検証する

＿ **探索型データ分析** ＿

仮説はない

データをあれもこれもと
探索的に解析する

薬A-偽薬
薬B-偽薬
薬C-偽薬
︙

データの傾向を掴む、
仮説の候補を絞る

仮説検証型データ分析（左）では、新しく開発した新薬1種に注目し「新薬
に効果がある」という仮説をあらかじめ立てた上で実験を行い、検証します。
一方、探索型データ分析（右）は、どの薬に効果があるかについて仮説を持
たず、さらに新しく作った異なる種類の薬をどんどん追加してデータを得て
います。この場合、探索的にデータを分析することになり、その目的はデー
タの特徴をつかむことや、仮説の候補を見つけることにとどまります。詳し
くは第9章を参照してください。

● 仮説検定

　統計学には、データに基づいて統計的に仮説を検証するための手法である、**仮
説検定（hypothesis testing, 統計的仮説検定; statistical hypothesis
testing）**があります。仮説検定は、科学業界のデータ分析の中で最も頻繁に使
われてきた手法なので、必ず理解するようにしましょう。理解せずに仮説検定を
実施し、結果を解釈すると、誤った結論を導くおそれがあるので注意してくだ
さい。

まずは例を眺めながら、仮説検定の問題設定と考え方を見ていきましょう。仮説検定で最も代表的でわかりやすい例は、実験によって薬を投与したグループと、偽薬を投与したグループを比較することで、薬の効果を検証するデータ分析です（薬ではなく前述の広告を考えても同じことなので、薬を広告と読み替えてもらっても問題ありません）。そして、ここで「薬に効果がある」という仮説を立て、検証していくことになります（図5.1.2）。

比較するということは、2つ（またはそれ以上）のグループがあります。統計学では、ある同一条件のグループのことを群と言います。第1章でも述べましたが、薬など何らかの処理を施した群を処理群（treatment group）、偽薬のみなどの比較対照のための群を対照群（control group）と言います。

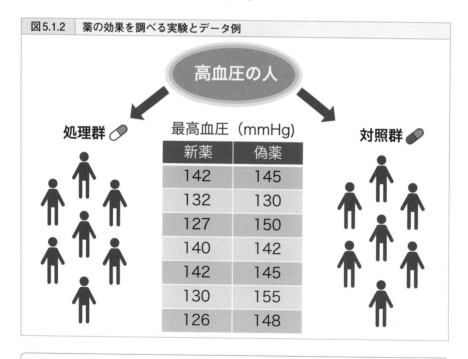

図5.1.2　薬の効果を調べる実験とデータ例

高血圧の人

処理群　　　最高血圧（mmHg）　　対照群

新薬	偽薬
142	145
132	130
127	150
140	142
142	145
130	155
126	148

新薬の効果を調べるためには、新薬を与える処理群と偽薬を与える対照群に分けて比較する必要があります（その理由は、第1章の18ページ参照）。

● 統計学における仮説とは

さて、ここで立てた「薬に効果がある」という仮説を検証したいわけですが、これを統計学の枠組みで捉えてみましょう（図5.1.3）。ここでは、薬を投与された場合の血圧の母集団Aと、偽薬を投与された場合の血圧の母集団Bの2つを考えます。そして、「薬に効果がある」という仮説は、薬を投与された母集団Aにおける平均値μ_Aが、偽薬を投与された母集団Bの平均値μ_Bとは異なること、つまり、$\mu_A \neq \mu_B$と表すことができます。もしも薬に効果がないのであれば、2つの母集団の平均値が等しい、つまり、$\mu_A = \mu_B$ということになります。立てる仮説は母集団に関する仮説であって、標本（データ）に関してではないことに注意してください。

図 5.1.3　示したい仮説

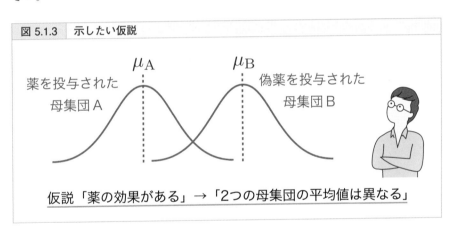

仮説「薬の効果がある」→「2つの母集団の平均値は異なる」

● 帰無仮説と対立仮説

ここで「薬に効果がある；$\mu_A \neq \mu_B$」と「薬に効果がない；$\mu_A = \mu_B$」という2つの仮説が登場しました。仮説検定では、示したい仮説の否定命題を**帰無仮説**（null hypothesis）、示したい仮説を**対立仮説**（alternative hypothesis）と言います。

この例では、次のようになります。

・帰無仮説：「薬に効果がない（$\mu_A = \mu_B$）」
・対立仮説：「薬に効果がある（$\mu_A \neq \mu_B$）」

つまり、帰無仮説が正しければ対立仮説は誤っていて、帰無仮説が誤っていれば対立仮説が正しいという関係にあります。また通常、帰無仮説はある1点の状態を考えます[1]。ここでは、$\mu_A = \mu_B$という一点の状態です。

　一方、対立仮説$\mu_A \neq \mu_B$は、例えば$\mu_A=10, \mu_B=10.1$や$\mu_A=10, \mu_B=100$といったような、様々な状態が考えられます。

　仮説検定では、想定している「薬に効果がある」という仮説を示すために、その否定命題である帰無仮説を考え、帰無仮説が誤っていることを主張することで、対立仮説を支持するという流れになります（図5.1.4）。示したい命題が誤っていることを仮定し、矛盾を見つけることで命題を証明する背理法に似たロジックとも言えます。ただし、帰無仮説と対立仮説には非対称性があるため、今述べた逆の流れ、すなわち対立仮説を否定して帰無仮説を支持することはできません。これについては、第9章で詳しく述べます。

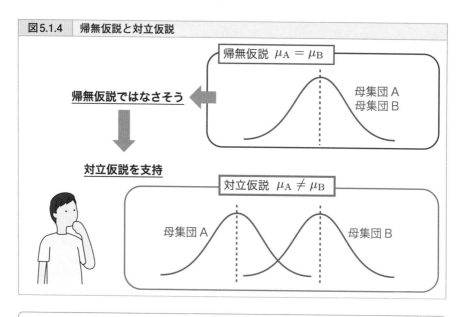

図5.1.4　帰無仮説と対立仮説

帰無仮説 $\mu_A = \mu_B$

帰無仮説ではなさそう

母集団A
母集団B

対立仮説を支持

対立仮説 $\mu_A \neq \mu_B$

母集団A　　　　　　　　　母集団B

> 仮説検定は、帰無仮説$\mu_A = \mu_B$と対立仮説$\mu_A \neq \mu_B$を立て、データから帰無仮説を否定することで対立仮説を支持するという流れになります。

---

1)　一点であることで、後述の帰無仮説の世界を仮想的に考え、様々な量を計算できるようになります。一点ではないようにするためには、ベイズ統計を考える必要があります。詳しくは第11章で紹介します

● 母集団と標本の関係再び

　これまで推測統計について解説してきたように、本当に知りたいことである母集団の性質（ここではμ_Aとμ_B）を直接観測することはできません。そこで、母集団から抽出した標本を分析することで、母集団の性質について推測するというのが推測統計の方針でした。この方針は、仮説検定でも変わりません。

　母集団から得られた標本平均$\bar{x}_A$, $\bar{x}_B$は通常、母集団の平均μ_A, μ_Bからそれぞれズレることは、第4章で学びました（図5.1.5）。このズレは、ばらつきのある母集団から、ランダムに標本を抽出する際に生じる避けられない誤差です（これを標本誤差と言いました）。そのため、仮に帰無仮説$\mu_A = \mu_B$が正しかったとしても、$\bar{x}_A \neq \bar{x}_B$になることがわかります。

　これは、薬に何ら効果がなかったとしても、$\bar{x}_A - \bar{x}_B \neq 0$であり、標本平均に差が生まれることを意味しています。そのため、現実に得られた標本平均の差$\bar{x}_A - \bar{x}_B$が、帰無仮説の下でも生じる単なるばらつきから生じる差なのか、それとも本当に薬の効果なのかを区別する必要があり、この考え方が仮説検定のベースになっています。

図5.1.5	母集団平均と標本平均は一致しない

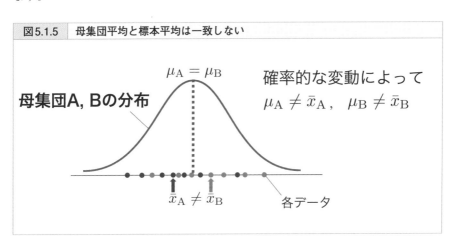

同一の分布から2つの標本が得られた例です。母集団AとBの平均が等しくても、標本平均$\bar{x}_A$や$\bar{x}_B$はμ_Aとμ_Bからズレて、$\bar{x}_A \neq \bar{x}_B$となってしまいます。

● 帰無仮説が正しい世界を想像してみる

　では次に、現実に見られた標本平均の差が単なるばらつきなのか、それとも薬の効果なのかを調べる手順について解説していきます。つまずきやすいポイントですが、考え方さえ理解できれば、仮説検定の手法全般をマスターできます。

　まずは一旦、帰無仮説が正しいと仮定してみます。つまり、2つの母集団の平均値が等しい$\mu_A = \mu_B$である世界を想像してみます。そういった世界で、母集団Aと母集団Bからそれぞれ標本を抽出してみることを考えてみましょう。すると、図5.1.5に示したように、標本平均は標本を得る度に確率的に変動し、標本平均の差は例えば、$\bar{x}_A - \bar{x}_B = 0.5$であるとか、$\bar{x}_A - \bar{x}_B = -1.2$であるといったように差が生じます。これは、$\mu_A = \mu_B$であるにもかかわらず生じてしまう差です。

　そこで、この作業を何度も繰り返したとして、標本平均の差$\bar{x}_A - \bar{x}_B$のヒストグラムを描いてみましょう。これは、帰無仮説が正しい世界で、標本平均の差が確率的にどのように現れるかを分布として表していることになります。図5.1.6を見ると、$\bar{x}_A - \bar{x}_B$は平均的には0であること、そして0に近い値が起きやすく、＋10といった大きな値や、−10といった小さい値は比較的起きにくいことがわかります。

図5.1.6　標本平均の差の分布

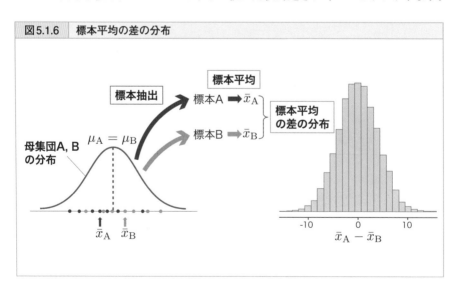

図5.1.6右は、同一の母集団から2つの標本を抽出し、標本平均の差を計算するという作業をコンピュータ上で1万回行い、標本平均の差のヒストグラムです。これは理解のために行った作業であり、実際のデータ分析では後述の理論的なt分布を用いて計算します。

● p 値

では、ここで一旦現実に戻って、実際のデータから計算された標本平均の差を思い出してみましょう。この現実の値は、帰無仮説が正しい仮想の世界では、どの程度起きうるのでしょうか。これが、仮説検定で最も重要な考え方です。

もしも実際に得られたデータが、仮想世界では非常に稀だとしたらどうでしょうか（図5.1.7）。その場合、仮想世界が間違っている、つまり、仮想世界における「帰無仮説が正しい」という仮定が間違っていると考えられそうです。逆に、実際に得られたデータが仮想世界でもよく起こるのであれば、仮想世界が間違っているとは言えなさそうです。

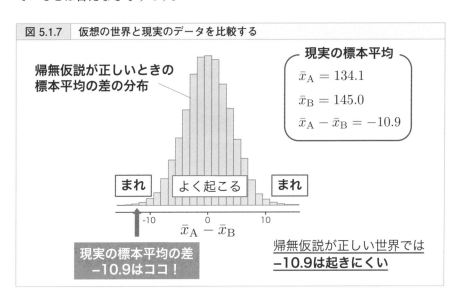

図 5.1.7　仮想の世界と現実のデータを比較する

ここで、帰無仮説が正しい仮想世界において現実に得られているデータがどの程度起きやすいか、または起きにくいかを評価するために、**p 値**（**p-value**）という値を計算します。定義は、図5.1.8に示しました。この値は、確率なので、0

以上1以下の値になります。この値が小さいことは、帰無仮説が正しい世界では、現実に得られたデータは起きにくいことを意味しています。例えば、現実に得られた平均値の差が+10で$p = 0.01$であれば、帰無仮説が正しい世界では、平均値の差が+10以上、または−10以下になる確率は1%ということになります。

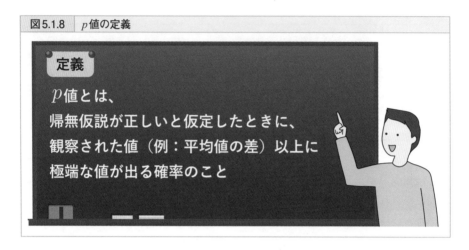

図5.1.8　p値の定義

定義

p値とは、
帰無仮説が正しいと仮定したときに、
観察された値（例：平均値の差）以上に
極端な値が出る確率のこと

● p値と有意水準 α に基づいて仮説を判断

p値が小さいことは、帰無仮説が正しい世界では、現実のデータは起きにくいことを意味するので、p値は帰無仮説と現実のデータの乖離度合いを評価していることになります。ではここから、対立仮説を支持するかどうかの判断をしていきましょう。

一般に、p値が0.05以下の場合、帰無仮説の下では現実のデータは起きにくいと考え、帰無仮説を捨て（棄却すると表現します）、対立仮説を採用（採択すると表現します）します。この時、平均値の差であれば、「**統計的に有意な (statistically significant) 差が見られた**」と表現します。注意として、対立仮説が絶対的に正しいことがわかったのではなく、対立仮説を支持する1つの証拠が得られた、ということを意味しています。

一方、p値が0.05を上回っていた場合、帰無仮説を棄却することはできず、「統計的に有意な差は見られなかった」という結果になります。これは帰無仮説が正

しいという意味ではなく、誤っているとは言えないという意味であることに注意しましょう。すなわち、どちらの命題が正しいかの判断を保留するということになります。

ここで登場した、帰無仮説を棄却するかどうかの判断の境目に用いる値を、**有意水準α**と言います。科学業界では通常、$\alpha=0.05$が用いられます。分野によっては異なる値を使うこともあります。有意水準αについては、5.2で詳しく解説します。

● 仮説検定の流れのまとめ

さて、ここまでの仮説検定の流れを一旦まとめましょう（図5.1.9）。まず、母集団に関して帰無仮説と対立仮説を設定します。次に、実験や観察によって標本のデータを得ます。そして、帰無仮説が正しい世界を想定し、現実のデータの起こりやすさをp値で評価します。p値が有意水準0.05を下回っていれば、帰無仮説を棄却し、対立仮説を採択します。一方、p値が有意水準0.05を上回っていれば、帰無仮説を棄却せず、判断を保留します。

図5.1.9	仮説検定の流れのまとめ

帰無仮説が正しい世界を想定する

現実のデータが、帰無仮説が正しい世界でどの程度起きるかを表すp値を計算する

$p < 0.05$　　　　　　　　　　$p \geq 0.05$

帰無仮説を棄却し
対立仮説を採択する　　　　**帰無仮説を棄却せず**
判断を保留する

5.2 仮説検定の実行

● 仮説検定の具体的な計算

　仮説検定の流れがわかったところで、実際にp値をどのように計算するかを少し見てみましょう。仮説検定の考え方は、様々ある検定手法によって共通ですが、p値の計算方法は異なります。しかし、各検定手法に対して、p値を自分で導出できるようになる必要はありません。現代では、Rなどの統計解析ソフトが進歩し、細かい計算はコンピュータに任せることができるからです。

　重要なのは仮説検定の考え方です。ここでは、仮説検定の考え方の理解を深めるために、p値の計算の仕方を一例紹介したいと思います。

　代表的な例として、これまで登場した2つの群間の平均値を比較する検定をもとに解説していきます。これを、**2群間の比較のt検定**（二標本t検定, two-sample t-test）と言います。

　まず、第4章で信頼区間を描く際に登場した、母集団の平均と標本の平均の関係を思い出してください。図5.2.1のように、標本平均の差$\bar{x}_A - \bar{x}_B$と、母集団平均の差$\mu_A - \mu_B$を考えます。そして、その差$(\bar{x}_A - \bar{x}_B) - (\mu_A - \mu_B)$は第4章で中心極限定理から導出したのと同じロジックで、近似的に正規分布に従います（$\Delta x = \bar{x}_A - \bar{x}_B$, $\Delta \mu = \mu_A - \mu_B$と置くと、$\Delta x - \Delta \mu$となり、第4章と似た形になります）。

　帰無仮説が正しいという仮定を置くので、$\mu_A - \mu_B = 0$を代入します。すると、帰無仮説が正しい世界での標本平均の差$\bar{x}_A - \bar{x}_B$の近似的な分布が得られます。ここで言う近似的とは、第4章でも見たようにサンプルサイズが小さく、母集団の標準偏差として標本から推定した値を使う場合には、正規分布から少しずれるという意味です。そのため、これまで主役だった$\bar{x}_A - \bar{x}_B$を$s\sqrt{1/n_A + 1/n_B}$で割って、標準化した値であるt値を新しい主役にして、t分布を考えれば良いことになります（sは式5.1参照）。

　これが、帰無仮説が正しい場合の分布です。そこで、帰無仮説を棄却するかどうかを判断するために、現実のデータがこの分布の中のどこに位置するかを考えていきます。

図5.2.1　仮説検定（2群間の平均値の比較）の計算

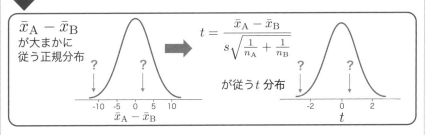

―― **母集団と標本の関係** ――

$(\bar{x}_A - \bar{x}_B) - (\mu_A - \mu_B)$ は

平均 0
標準偏差 $s\sqrt{\dfrac{1}{n_A} + \dfrac{1}{n_B}}$ （・ここでの s は2群を考慮したバージョン
・n_Aとn_BはそれぞれA群, B群のサンプルサイズ）

の正規分布に（大まかに）従う

帰無仮説が正しい世界 $\mu_A = \mu_B$ を考えるので、$\mu_A - \mu_B = 0$を代入

$\bar{x}_A - \bar{x}_B$
が大まかに
従う正規分布

-10　-5　0　5　10
$\bar{x}_A - \bar{x}_B$

$t = \dfrac{\bar{x}_A - \bar{x}_B}{s\sqrt{\dfrac{1}{n_A} + \dfrac{1}{n_B}}}$

が従う t 分布

-2　0　2
t

計算について補足すると s は標本標準偏差ですが、この場合二群あるので、若干計算方法が変わります。s_A, s_B をそれぞれA群, B群の標本標準偏差とすると、二群を考慮した標本標準偏差 s は次のようになります。

$$s = \sqrt{\frac{\left(n_A - 1\right)s_A^2 + (n_B - 1)s_B^2}{n_A + n_B - 2}}$$ **（式5.1）**

少々複雑に見えますが、データ分析の実践上は特に気にする必要はありません。

● 棄却域と p 値

図5.1.7で見たように、分布の山の中心はよく起こることであり、一方、右の端の方や左の端の方は起きにくいまれな現象です。これを数値的に扱うために、左右の端の2.5%ずつで起きる範囲を考え、合わせて5%としましょう。この端の2.5%ずつの領域を、有意水準5%での**棄却域**と言います（図5.2.2）。また、2.5%になる t 値の値を2.5%点と言います。これは信頼区間で登場した2.5%点で同じです。

棄却域に現実の値が含まれるとき、$p < 0.05$になり、さすがに帰無仮説の下では現実のデータは起きにくいだろうと考え、帰無仮説を棄却することになります。

　また、実際の値が、この帰無仮説が正しいときのt分布の中でどこに位置するかを求め、それ以上に極端な値が出る確率（図の面積）を求めると、これがp値になります。もし現実の値が$t = -2.3$であれば、tが-2.3以下になる確率（面積）と、$+2.3$以上になる確率（面積）を求めることになります。このプラスとマイナス側を両方考えて仮説検定を行う手法を、**両側検定**と言います。一方、片側だけを考えて面積を計算する場合を、**片側検定**と言います。特に理由がなければ、通常は両側検定を用います。

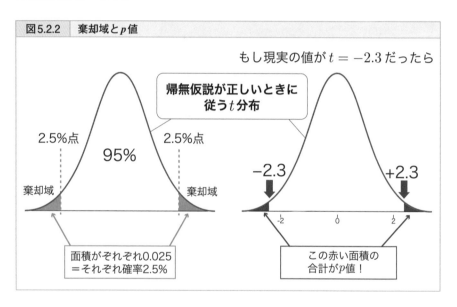

図5.2.2　棄却域とp値

● 信頼区間と仮説検定の関係

　p値の計算の出発地点は、信頼区間の計算に非常によく似ています。実は、$\mu_A - \mu_B$の95%信頼区間が0をまたぐかどうかと、p値が0.05を下回るかどうかは等価です。現実の値である標本平均から母集団平均を推定するのが信頼区間であり、帰無仮説を仮定し、母集団平均を$\mu_A - \mu_B = 0$と固定したときに標本平均がどのような値を取るかを求めるのが仮説検定です（図5.2.3）。そのため、それら2つの手法は表裏一体の関係であり、母集団と標本のどちらを中心に考えるかの違いでしかないことがわかります。

図 5.2.3　信頼区間と仮説検定

約95%で

$$-2 \times s \sqrt{\frac{1}{n_A} + \frac{1}{n_B}} \leq (\bar{x}_A - \bar{x}_B) - (\mu_A - \mu_B) \leq +2 \times s \sqrt{\frac{1}{n_A} + \frac{1}{n_B}}$$

帰無仮説 $\mu_A - \mu_B = 0$ を代入する

現実の標本の
値 $\bar{x}_A - \bar{x}_B$ を
代入する

仮説検定

$$-2 \times s \sqrt{\frac{1}{n_A} + \frac{1}{n_B}} \leq \bar{x}_A - \bar{x}_B \leq +2 \times s \sqrt{\frac{1}{n_A} + \frac{1}{n_B}}$$

$\mu_A - \mu_B$の信頼区間

$$\bar{x}_A - \bar{x}_B - 2 \times s \sqrt{\frac{1}{n_A} + \frac{1}{n_B}} \leq \mu_A - \mu_B \leq \bar{x}_A - \bar{x}_B + 2 \times s \sqrt{\frac{1}{n_A} + \frac{1}{n_B}}$$

厳密には t 分布を用いる必要がありますが、ここではわかりやすさのため、正規分布のまま"約"95%で考えています。

● 仮説検定の具体例

　ここまで、仮説検定の仕組みについて解説してきました。後半は数式が登場して難しく感じたかもしれませんが、これで仮説検定の仕組みについてはおしまいです。ここではより実感してもらうために、仮説検定の具体例を見て理解を深めていきましょう。

例1

　図5.2.4に示したデータは、図5.1.2と同一です。ここから実際に、二群間の平均値を比較する t 検定を実施してみましょう。

　データから標本平均 $\bar{x}_A$, $\bar{x}_B$ を計算でき、標本平均の差は-10.9あることがわかります。これが単なるばらつきから起きているのか、それとも新薬の効果なのかを判断したいわけです。

　さて、仮説検定で使うための値、サンプルサイズ n_A, n_B、それから二群を考慮した標本標準偏差 s（式5.1を参照）をデータから計算することができます。それら

の値から、t検定に用いるt値を計算し（図5.2.1）、$t = -2.73$を得ます。これが現実の値です。

　一方、帰無仮説が正しい下でt値が従うt分布を描きます。これは手で求めることは難しいので、コンピュータを使います。そのt分布の中で、現実の値である$t = -2.73$の位置を調べ、$t = -2.73$以下になる確率および、$t = +2.73$以上になる確率を求めます。これは図5.2.4の赤い面積の合計であり、これも手で計算することはできずコンピュータで求めます。

　最終的には、p値$= 0.018$が得られます。すなわち、帰無仮説が正しいという仮定の下では、実際に見られた標本平均の差$= -10.9$以上に極端な標本平均の差が得られる確率は、たった1.8%ということです。まれな現象であることがわかると思います。

　そして仮説検定では、p値が有意水準$\alpha = 0.05$と比較して大きいか小さいかによって、仮説について判断したのでした。この場合、$p < 0.05$であるので、統計的に有意な差が見られ、新薬の効果があると判断します。論文などへ記載する際には、「統計的に有意な差が見られた（$p = 0.018$）」のように、p値を添えて記述します。

図5.2.4　二群間の平均値の比較例①

薬	偽薬
142	145
132	130
127	150
140	142
142	145
130	155
126	148

$\bar{x}_A = 134.1$　$\bar{x}_B = 145.0$
$n_A = 7$　$n_B = 7$

$s = 7.44$

計算 ⬇

$t = -2.73$

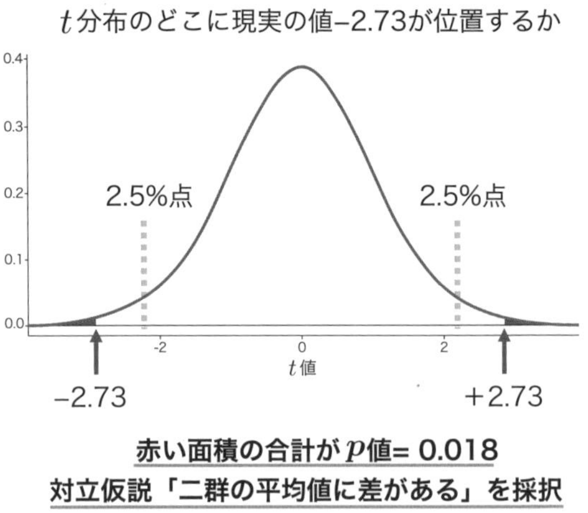

t分布のどこに現実の値−2.73が位置するか

2.5%点　　　2.5%点

−2.73　　　+2.73

赤い面積の合計がp値$= 0.018$
対立仮説「二群の平均値に差がある」を採択

例2

別のデータセットを見てみましょう（図5.2.5）。今度は、例1と比べて、新薬を与えた処理群（A群）の各値が6ずつ大きい例で、標本平均の差は−4.9です。それ以外は、例1と同一です。この場合、$t = -1.22$で、p値は0.246となります。つまり、帰無仮説が正しいときに、標本平均の差−4.9以上に極端な値が現れる確率は24.6%であり、標本平均の差−4.9は珍しくないことを意味しています。そして、$p \geqq 0.05$であるため、帰無仮説を棄却することはできません。

論文などへ記載する際には、「統計的に有意な差は見られなかった（$p = 0.246$）」のように記述します。くり返しますが、有意な差が見られないことは、帰無仮説を支持するのではなく、帰無仮説と対立仮説のどちらを支持することもできず、結論を保留するという判断であることに注意してください。

図5.2.5　二群間の平均値の比較例②

薬	偽薬
148	145
138	130
133	150
146	142
148	145
136	155
132	148

$\bar{x}_A = 140.1$　$\bar{x}_B = 145.0$

$n_A = 7$　$n_B = 7$

$s = 7.44$

計算

$t = -1.22$

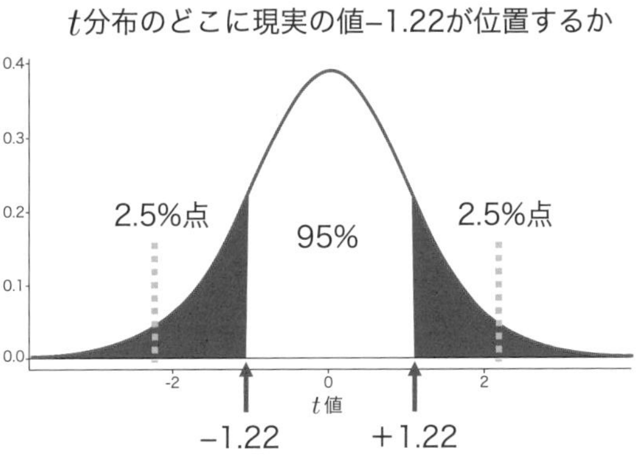
t分布のどこに現実の値−1.22が位置するか
0.4
0.3
0.2
0.1
0.0
2.5%点
95%
2.5%点
-2
0
2
t値
−1.22
+1.22

赤い面積の合計がp値= 0.246

帰無仮説「二群の平均値に差がない」を棄却しない

5.3 仮説検定に関わるグラフ

● エラーバー

ここで、仮説検定に関わるグラフの作り方・見方に関して解説します。

繰り返しがあるデータから平均値を計算し、棒グラフや点のプロットとして描くときには、平均値に加えて、その上下に**エラーバー（error bar）**を描きます（図5.3.1, 図5.3.2）。エラーバーは、目的に合わせて使い分けます。

平均値の確からしさを示したい場合、平均値±標準誤差(mean ± SE, standard error of the mean, SEM）を描きます。おさらいすると、平均値の標準誤差は標本標準偏差をサンプルサイズnの平方根で割った値、つまり$s/\sqrt{n}$でした。

信頼区間を示したい場合、平均値を中心として95%信頼区間を描きます。

データのばらつきを示したい場合、平均値±標準偏差（mean ± SD）を描きます。この場合、平均値の確からしさではなく、単に、データがどの程度散らばっているかを可視化しているに過ぎないことに注意しましょう。

エラーバーをグラフに描画した際には、エラーバーが何を表しているかをグラフのキャプション（グラフの下についている解説文章）に必ず記述するようにしましょう。

これまで見てきたような仮説検定では、平均値を比較したいので、平均値±標準誤差を描くことが一般的です。ただし、エラーバーだけで統計的に有意な差があるかどうかの判定はできません。大まかな解釈に関しては、図5.3.2で説明しています。エラーバーが被っているのであれば、統計的に有意な差はないと言っていいです。しかし、これらはあくまで目安なので、論文であれば本文や表のp値や、次に紹介するグラフ中の＊（アスタリスク）で確認します。

図 5.3.1　棒グラフのエラーバーの例

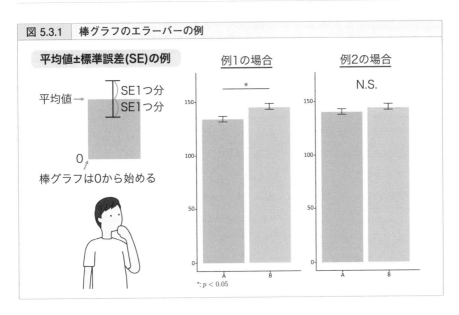

図 5.3.2　点プロットのエラーバーの例

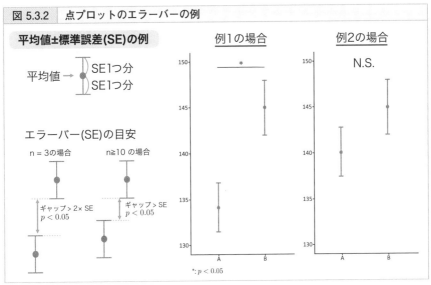

　図 5.3.2 の補足です。エラーバーとして SE を描いた場合のおおまかな解釈の仕方は、各群のサンプルサイズ n によって変わります（Cumming et al. 2007）。エラーバー 1 つを黒丸から上または下に伸びる長さとすると、サンプルサイズが小さいとき（$n = 3$）には、エラーバー 2 つ分（SE2 つ分）のギャップがあって、初めて

$p < 0.05$になります。一方、サンプルサイズが大きいと、ギャップがエラーバー1つ分程度で、$p < 0.05$になります。

● 「統計的に有意」を表すマーク

　図や表では、統計的に有意であることを示すために、＊（アスタリスク）をつけることが一般的です（図5.3.1、図5.3.2）。ただし、＊が何を表しているかを必ずキャプションに記載するようにします。

　よく使われる記法は、＊ : $p < 0.05$, ＊＊ : $p < 0.01$, ＊＊＊ : $p < 0.001$です。つまり、$0.01 \leqq p < 0.05$の場合はアスタリスク1つ、$0.001 \leqq p < 0.01$の場合はアスタリスク2つ、$p < 0.001$の場合は、アスタリスク3つということです。また、有意ではないことを示すために、N.S.（non-significant）と書くことがあります（図5.3.1、図5.3.2）。

5.4 第一種の過誤と第二種の過誤

● 真実と判断の4パターン

仮説検定を行うにあたって、帰無仮説と対立仮説を考えました。これら2つの仮説は互いに否定の関係なので、どちらか一方が正しければ他方は誤っていることになります。すると真実は、帰無仮説が正しく対立仮説が誤っている場合と、帰無仮説が誤っていて対立仮説が正しい2パターンがあり得ます。

仮説検定では、p値を計算し、有意水準αと比較することで、対立仮説に関して支持するかどうかの判断を下しました。判断は$p < \alpha$で帰無仮説を棄却し、対立仮説を採択する場合と、$p \geqq \alpha$で帰無仮説を棄却できない2通りあることがわかります。すると、真実と判断には合計2×2のパターンがあることがわかります（図5.4.1）。

図5.4.1	判断と真実のパターン	

		真実2パターン	
		帰無仮説が正しい	対立仮説が正しい
判断 2パターン	帰無仮説を 棄却しない	OK	第二種の過誤 確率 β
	帰無仮説を棄却して 対立仮説を採択	第一種の過誤 確率 α	OK

図5.4.1の見方は、以下の通りです。

・左上のマス目：帰無仮説が正しいときに、帰無仮説を棄却しないので正しい判断です。
・右下のマス目：対立仮説が正しいときに、対立仮説を採択するので、これも正しい判断です。
・左下のマス目：帰無仮説が正しいにも関わらず、帰無仮説を棄却し対立仮

説を採択してしまう、誤った判断であると言えます。これを第一種の過誤（Type I error）、または偽陽性（false positive）と言います。そして、第一種の過誤を起こす確率をαで表します。

・右上のマス目：対立仮説が正しいときに、帰無仮説を棄却しないという誤った判断です。これを第二種の過誤（Type II error）、または偽陰性（false negative）と言います。第二種の過誤を起こす確率を、βで表します。

● 第一種の過誤

平均値の比較の例で言えば、第一種の過誤は、本当は何ら効果がない（差がない）にもかかわらず、差があると判断を下してしまう誤りのことです。このような、本当は薬の効果がないのに、薬の効果があったと主張してしまうことは困りものです。

しかし、私たちは真実（母集団）について直接知ることができないので、解析結果として第一種の過誤を起こしたかどうかはわかりません。その代わり、p値と有意水準αから第一種の過誤を起こす確率をコントロールすることができます。

p値は、帰無仮説が正しいと仮定したときに、手元にあるデータ以上に極端な値が現れる確率でした。そのため、手元のデータが本当に帰無仮説から得られているならば、$p<\alpha$となる確率はαになります。そのため、αを境目に帰無仮説を棄却すると、帰無仮説が正しいときに、誤って帰無仮説を棄却してしまう誤りは確率αで起こることになります。すなわち、私たちがあらかじめ有意水準αの値を設定しておくことで、第一種の過誤を起こす確率をコントロールできるのです。

科学論文で頻繁に使われる$\alpha=0.05$では、帰無仮説が正しいときに、平均して20回に1回ほど帰無仮説を誤って棄却し、対立仮説を採択してしまうことになります。「帰無仮説が正しいときに」という条件付きであることに注意です。全く効かない薬を20種類用意して各薬の効果を検証したら、平均的に1種類の薬に、統計的に有意な差が現れ、薬の効果があると主張してしまうということです。$\alpha=0.05$として設定するということは、そのような誤りが20回に1回ほど起きることをリスクとして許容していると言えます。

● 第二種の過誤

第二種の過誤は、平均値の比較の例で言えば、本当は差があるにもかかわらず、差があるとは言えないと、帰無仮説を棄却しない判断を下してしまうことです。本当は薬の効果があるのに（$\mu_A - \mu_B \neq 0$）、効果があるとは言えないと判断してしまう誤りです。

第二種の過誤を起こす確率をβで表しましたが、第二種の過誤を起こさない確率、すなわち、本当に差がある時に正しく差があると判断する確率を、**検出力**（power of test）$1-\beta$と言います。

通常、検出力$1-\beta$を80%に設定することが多いのですが、β（または$1-\beta$）はαと違って、直接コントロールすることができません。後述するように、サンプルサイズnが大きくなるにつれ、βは小さくなる（$1-\beta$は大きくなる）性質があること、それから、どれくらいの差を差と見なすかを示す値である効果量（後述します）が大きくなるにつれ、βが小さくなるという性質を持ちます。それらの関係から、検出力$1-\beta$が80%になるようにサンプルサイズを設計することが、理想的な仮説検定の手順になります。これらは第9章で解説します。

● αとβはトレードオフの関係

私たちはできるだけ誤りを起こしたくないので、第一種の過誤を起こす確率αと、第二種の過誤を起こす確率βを両方とも0に近づけたくなります。しかし、αとβにはトレードオフの関係、つまり一方を小さくするともう一方が大きくなる関係があります（図5.4.2）。

例えば、通常用いられる$\alpha=0.05$を$\alpha=0.01$に変更すると、本当は差がないのにあると言ってしまう誤りを5%から1%に減らすことはできますが、一方で、βが増加し、本当は差があるのにあるとは言えないという誤りが増えることになります。研究分野や分析目的に応じて、どちらに重きを置くかを変更することはできますが、一般的には$\alpha=0.05$が使われます。

αとβの関係は、サンプルサイズnが変わると変化します（図5.4.3）。トレードオフの関係であることには変わりませんが、サンプルサイズnが増えると図5.4.2

の左下側に曲線が移動し、αを固定すればβが減ることがわかります。すなわち、サンプルサイズnを増やすと、本当に差があるときに差があると判断できる確率である検出力$1-\beta$が上がることを表しています。

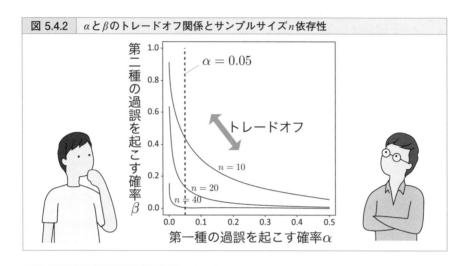

図 5.4.2　αとβのトレードオフ関係とサンプルサイズn依存性

二群間のt検定の場合のαとβの関係を描いています。各群の母集団の標準偏差は1、平均値の差は1に設定。nは各群のサンプルサイズを示します。このようなαとβの関係は、例えば統計ソフトRのpower.t.test関数を用いると、簡単に求めることが可能です。

● 効果量を変えたときのαとβ

最後にもう1つ、重要な値である効果量について解説します。**効果量（effect size）**は一般的に、効果の大きさを表す指標です[2]。二群間の平均値の場合、単純に平均値の差の絶対的な値にだけ注目するのではなく、元々持っている母集団のばらつきに対して相対的に評価した値$d=(\mu_A-\mu_B)/\sigma$を用います（図5.4.3）。平均値の差に対して元々のばらつき度合いである標準偏差が大きいと、2つの分布の重なりは大きくなるため、効果量dは小さくなり、平均値の差は検出しにくいと

---

2)　データから算出する効果量に関しては、第9章参照してください。

言えます（図5.4.3上下の比較）。一方、平均値の差に対して標準偏差が小さいと、2つの分布の重なりは小さくなり、効果量dは大きいと解釈できます。

　仮説検定では、あらかじめ、母集団に関して検出したい効果量を設定するのが理想的です。例えば、血圧を下げる薬の効果を検証するときに、やみくもに解析して（例えば、サンプルサイズnがとても大きい実験を実施して）平均的に0.1mmHgだけ血圧を下げるという極めて小さい効果を検出したとしても、それは果たして薬として意味のある効果なのでしょうか。こういった問題を避けるために、検出したい効果をあらかじめ設定して実験を実施することが望ましいです。

図 5.4.3　様々な大きさの効果量

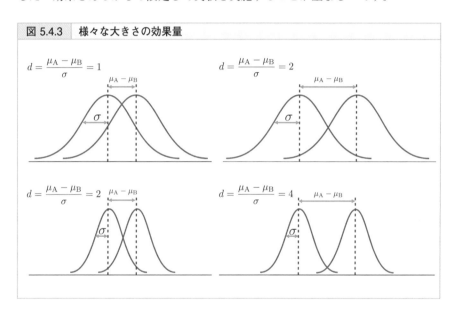

$$d = \frac{\mu_A - \mu_B}{\sigma} = 1$$

$$d = \frac{\mu_A - \mu_B}{\sigma} = 2$$

$$d = \frac{\mu_A - \mu_B}{\sigma} = 2$$

$$d = \frac{\mu_A - \mu_B}{\sigma} = 4$$

単純化のため2つの群の標準偏差は等しいと仮定した場合を示しています。左上は、$\mu_A - \mu_B$とσが同じくらいの値である例、右上は、σは変えずに平均値の差だけを2倍にした例です。下の段は上の段と同様ですが、標準偏差を半分にした例を示しています。

　また、α、β、サンプルサイズn、効果量dの4つの数値のうち、3つを決めると残り1つは自動的に決まる値であるという性質があるので、$\alpha=0.05, 1-\beta=0.8$と、検出したい効果量dをあらかじめ設定することで、仮説検定に必要なサンプルサ

イズnを求めることができます。

図5.4.4に示したように、効果量dが大きいとβは下がります。これは、効果量が大きいと、分布の重なりが減少し検出が簡単になるためです。

効果量は、仮説検定の結果を確認する場面でも登場します。この場合、母集団についてあらかじめ設定する効果量と異なり、標本（データ）から計算する値です。これをp値などの量と一緒に記述することで、効果の大きさを評価します。これも第9章で解説します。

図5.4.4　検出したい効果量d変えたときのαとβの関係

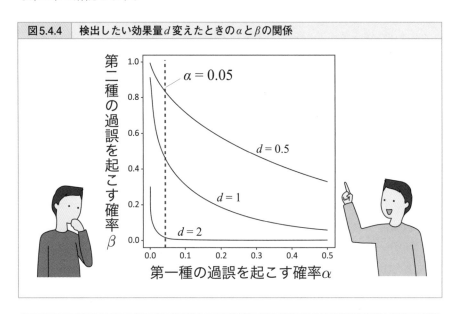

検出したい効果量dを変化させたときのαとβの関係です。αを固定して、効果量dを大きくするとβが下がります。サンプルサイズは、各群$n=10$です。

第5章では、2群間の平均値を比較するt検定を例に仮説検定を解説しましたが、データの種類や性質によって様々な検定手法を使い分ける必要があります。次の第6章では、それぞれの仮説検定手法をどういった場面で使うのかについて、実践的な例もまじえながら解説していきます。

第 6 章

様々な仮説検定
t検定から分散分析、カイ二乗検定まで

第5章では、仮説検定の基本的な考え方を解説しました。そして第6章では、分析の目的の違いやデータの性質の違いに合わせた、様々な仮説検定の手法を紹介します。特に、t検定から分散分析、多重比較、割合を比較する適合度検定、独立性の検定など、実践的によく使われる手法を中心に事例を見つつ仮説検定に慣れていきましょう。

6.1　様々な仮説検定

● 仮説検定手法を使い分ける

　第5章では、仮説検定の基本的な仕組みについて、二群の平均値を比較する2標本のt検定で解説しました。仮説検定は、二群の平均値の比較以外にも、様々な目的・仮説に対して実行できます。ただし、解析の目的やデータの性質によって手法が異なるため、注意が必要です。

　本章では、使い分けの方法を解説しつつ、様々な仮説検定手法を紹介していきます。

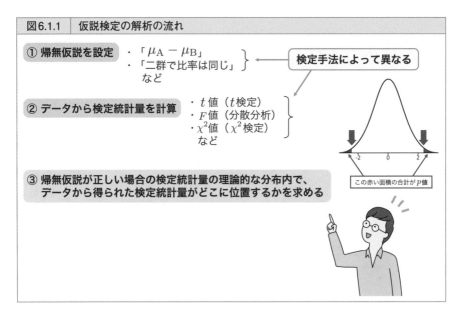

図6.1.1　仮説検定の解析の流れ

① 帰無仮説を設定　・「$\mu_A - \mu_B$」
　　　　　　　　　・「二群で比率は同じ」
　　　　　　　　　　など　　　　　　　　　← 検定手法によって異なる

② データから検定統計量を計算　・t値（t検定）
　　　　　　　　　　　　　　　・F値（分散分析）
　　　　　　　　　　　　　　　・χ^2値（χ^2検定）
　　　　　　　　　　　　　　　など

③ 帰無仮説が正しい場合の検定統計量の理論的な分布内で、
　 データから得られた検定統計量がどこに位置するかを求める

この赤い面積の合計がp値

　どの仮説検定の手法であっても、図6.1.1に示したような、

①示したいことに応じて帰無仮説と対立仮説を設定する

②データから仮説検定のための検定統計量を計算する

③帰無仮説が正しい仮定の下での統計量の分布を考え、その中でデータから

第6章

様々な仮説検定

> 得られた統計量がどこに位置するかを求めることでp値を計算する

これらの解析の基本的な流れは共通しています。

　一方、帰無仮説や検定統計量（およびその分布）が手法によって異なり、使うべき検定統計量はデータのタイプ（量的変数orカテゴリ変数）や性質に依存します。そのため、仮説検定手法を選ぶ際には、次に解説するようなデータのタイプ、標本の数、量的変数の分布の性質をチェックしましょう。

● データのタイプ

　第5章で解説した二標本のt検定は、血圧といった実数値である量的変数のデータを、薬を投与される処理群と投与されない対照群という2つの標本間で比較しました。この2つの標本を、2つのカテゴリと見なしてみましょう。すると、二標本のt検定は、量的変数とカテゴリ変数という2つの変数間の関係を調べていることになります（図6.1.2）。

　同様の考え方で、2つの変数間の関係には、2つのカテゴリ変数の間の関係もあります。例えば、ワクチンを打ったかどうかと、その後感染症にかかったかどうかを考えると、2×2=4通りの各状態に属するカウント数が、それらの2つの変数の関係を表すデータになります。図6.1.2の中央図に示したような、各状態に何個（この場合、何人）のデータが存在するかを表した表を、**分割表（contingency table）**と言います。

　他にも、2つの量的変数の間の関係もあります。例えば、体重と身長にはどのような関係があるのか。この場合は、x-yの平面に各データを点でプロットできます。このような図を、**散布図（scatter plot）**と言います。2つの量的変数間の関係については、第7章の回帰と相関で解説します。

　いずれにせよ、データのタイプが量的変数かカテゴリ変数であるかによって、解析手法が異なりますので、まずはデータのタイプをチェックしましょう。

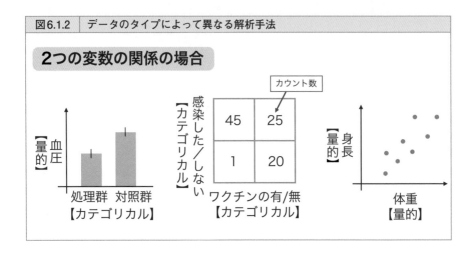

図6.1.2　データのタイプによって異なる解析手法

2つの変数の関係の場合

量的データかカテゴリカルデータかによって解析手法は大きく異なります。左はカテゴリカルデータごとに量的データが異なるかを調べる場合、中央はカテゴリカルデータ同士の関係を調べる場合、右は量的データ同士の関係を調べる場合を表しています。

● 標本の数

　標本の数（群の数）も、解析手法の選択において重要なファクターになります。

　図6.1.2は、2つの変数間の関係性についての例でした。もしも、データが1標本の場合、2つの変数間の関係ではなく、1変数のデータについて調べることになります（図6.1.3左）。その場合、ある1つの母集団の分布に関して立てた仮説を検証します。例えば、成人男性の平均身長は168cmであるという仮説を立て、検証するような場合です。

　2標本以上の場合、標本間の比較ができ、群の違いを調べることができます（図6.1.3中, 右）。ただし、3つ以上の標本の間で比較する場合には、多重比較とよばれる補正手法が必要になります。これは後ほど解説します。

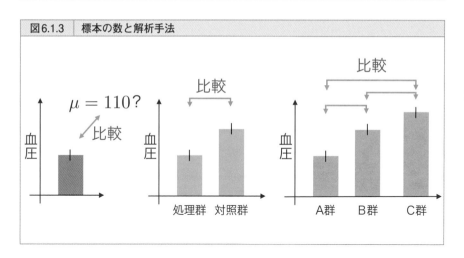

図6.1.3 | 標本の数と解析手法

左から、1標本、2標本、3標本の平均値の比較です。

● 量的変数の性質

データに量的変数がある場合、データがどのように分布しているかは検定手法を選ぶ際に重要です。*t*検定は、データを発生させている母集団が正規分布であることを仮定した手法でした。このような、母集団が数学的に扱える（パラメータで記述できる）特定の分布に従っているという仮定を置いた仮説検定を、**パラメトリック検定**と言います。その多くは、母集団の分布が正規分布の場合です。

ちなみに、データが正規分布から得られたと見なせる性質を、**正規性（normality）**と言います（図6.1.4）。データの正規性を調べる手法については、後ほど紹介します。

一方、母集団分布が、特定の分布を仮定できない場合、例えば左右非対称な分布や外れ値がある分布では、第3章で解説したように、平均や標準偏差といった値はあまり役に立たなくなります。その場合、パラメトリック検定を用いることは適切ではありません。その代わりに、平均や標準偏差といったパラメータに基づかない**ノンパラメトリック検定**に分類される手法を用います。

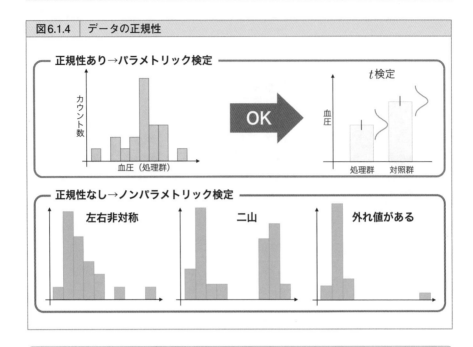

図6.1.4 データの正規性

正規性あり→パラメトリック検定

カウント数

血圧（処理群）

OK

t検定

血圧

処理群　対照群

正規性なし→ノンパラメトリック検定

左右非対称

二山

外れ値がある

同一条件内でのばらつき方が正規分布になっていることが重要です。処理群と対照群の両方が正規性があると、二標本のt-検定を用いることができます。

　また、群間で平均値を比較する場合等では、群間で分散が等しいことを仮定する手法が多いです。分散が等しい性質のことを、等分散性と言います（図6.1.5）。等分散性を調べる手法についても、後ほど紹介します。

　では、次の6.2からは様々な仮説検定手法を見ていきましょう。

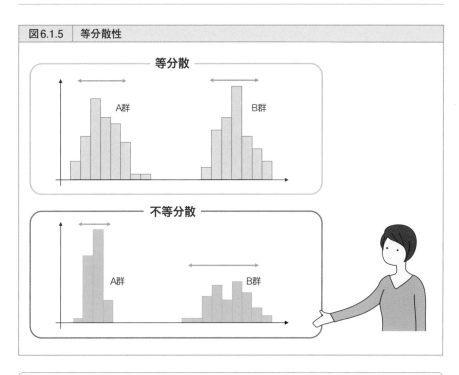

図6.1.5 等分散性

上は、A群とB群で平均値は明らかに異なるものの、データのばらつき度合い（分散）はよく似ています。下は、平均値も分散も異なっています。

6.2 代表値の比較

● 一標本の t 検定

　第5章では、2つの群の平均値を比較する二標本の t 検定を紹介しましたが、t 検定は一標本でも実行できます。その場合、2つの条件を比較するのではなく、標本がどのような平均値を持つ母集団から得られたのかを調べることになります（図6.1.3左）。

　すなわち、次の前提で検証します。

> ・帰無仮説「母集団平均は μ＝○○である」
> ・対立仮説「母集団平均は μ＝○○ではない」

　解析した結果、有意水準 α＝0.05の下、$p \geq 0.05$ であれば母集団平均 μ は○○ではないとは言えない、$p < 0.05$ であれば、母集団平均 μ は○○ではないと判断できます。

　ただし、μ＝○○には、研究の背景として意味のある値を考える必要があります。例えば、「日本人成人男性の平均身長が170センチである」と脈絡もなく仮説を立てて検証することは意味がありません。175センチの仮説、165センチの仮説など、いくらでも仮説があり得るからです。このような場合には、仮説検定ではなく、95%信頼区間を求める方が適切です。

　一方、例えば母集団の性質として、中国における成人男性が170センチであることがすでにわかっていて、日本と比較するために「日本人成人男性の平均身長が170センチである」と仮説を立てて検証することには意味があるでしょう。

　一標本の t 検定の具体的な計算手続きとしては、第4章で解説した平均値の95%信頼区間を求めることとほぼ同じです（図6.2.1）。違うのは、最後に仮説として μ を与えることで、もし仮説が正しかったらの「もしもの世界」での標本平均の分布を考える点です。図6.2.1の一番下の式は、μ に帰無仮説としての値を具体的に代入することで、標本平均が起きうる約95%の範囲を得ることができ、この範囲

に入らない極端な値が現れることが、$p < 0.05$ に対応しています。すなわち、95%
信頼区間を求めることと、$\alpha = 0.05$ の有意水準で帰無仮説検定を実施することは、
$\bar{x}$ から考えるのか、帰無仮説 $\mu =$ ○○ から考えるかの違いであり、表裏一体である
ことがわかります。

図6.2.1　一標本の t 検定の仕組み

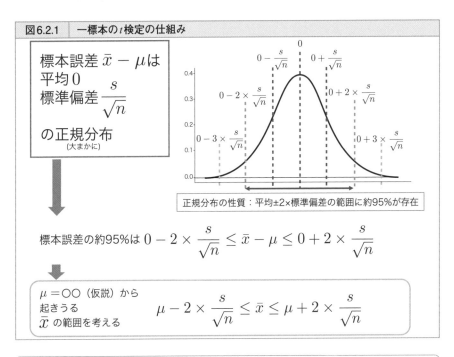

標本誤差 $\bar{x} - \mu$ は
平均 0
標準偏差 $\dfrac{s}{\sqrt{n}}$
の正規分布
（大まかに）

正規分布の性質：平均±2×標準偏差の範囲に約95%が存在

標本誤差の約95%は $0 - 2 \times \dfrac{s}{\sqrt{n}} \leq \bar{x} - \mu \leq 0 + 2 \times \dfrac{s}{\sqrt{n}}$

$\mu =$ ○○（仮説）から
起きうる
$\bar{x}$ の範囲を考える
$$\mu - 2 \times \frac{s}{\sqrt{n}} \leq \bar{x} \leq \mu + 2 \times \frac{s}{\sqrt{n}}$$

図4.2.6とほぼ同じですが、最後の行で仮定した μ から $\bar{x}$ を知りたいので、μ
を移項し $\bar{x}$ の範囲を求めています。

● 二標本 t 検定

　2標本 t 検定は、2つの群での平均値を比較します。第5章で解説しましたが、お
さらいすると次の前提で検証します[1]。

---

1) 帰無仮説「2つの群の平均値の差が5である」、対立仮説「2つの群の平均値の差が5でない」のような平均値の差を、
0以外の値として仮説検定を実行することは可能ですが、一標本の t 検定でも述べたように、その仮説を立てる
理由がないといけません。平均値の差が0であるかないかは、二群間に違いがあるかどうかに対応するので、そ
のような仮説を立てる理由が明確にあります。

> ・帰無仮説「2つの群の平均値は等しい（平均値の差が0）」
> ・対立仮説「2つの群の平均値は等しくない（平均値の差が0でない）」

　なお、第5章では適用できる条件について説明しませんでしたが、t検定には適用できる条件があります。6.1で解説したように、t検定はパラメトリック検定に分類される検定手法であるため、データには正規性が必要です。それから、通常のt検定では等分散性が仮定されています。等分散でない場合は、ウェルチのt検定を用います。ウェルチのt検定は、通常のt検定の改良版で、2つの群の分散が異なる場合でも使うことができます。ただし、正規性は必要になります。

● 対応のない検定・対応のある検定

　これまで紹介してきた二標本のt検定は、対応のない検定と呼ばれる手法です。「対応がない」とは、図6.2.2の左に示すように、薬の効果を検証するために薬なし群、薬あり群という2つの群を考えますが、2つの群の被験者には対応関係がありません。つまり、各群$n=10$で標本を抽出しているので、被験者は合計20人であり、各被験者が経験するのは、薬なしか薬ありのどちらかだけになります。

　一方、対応ありの検定は、各被験者から薬を飲む前と飲んだ後を計測します[2]。例えば、被験者ID = 1からは薬を飲む前150と薬を飲んだ後110を得て、その差を−40と計算することができます。この場合、差だけに注目すると、薬を飲む前のベースラインと比較して、どれだけ変化したかを表す一群のデータであることがわかります。そのため、1標本のt検定として、「差の平均値 = 0」を帰無仮説として解析することが可能です。対応のあるデータの場合には、対応のある検定を用いた方が、第二種の過誤が起きにくい、すなわち検出力が上がる傾向があるので、対応ありの検定を使うことが推奨されます。

---

2)　さらに、その後の経過を追跡するため、計3回以上計測する場合もあります。

図6.2.2	対応のない検定と対応のある検定

対応のない検定 (各群 $n = 10$ ずつ)		対応のある検定 ($n = 10$)			
薬なし	薬あり	被験者ID	薬飲む前	薬飲んだ後	差
150	110	1	150	110	− 40
140	105	2	140	105	− 35
145	120	3	145	120	− 15
⋮	⋮	⋮	⋮	⋮	⋮

同じ被験者から、薬を飲む前と飲んだ後を計測

適切でない検定を使うと、どうなるのか

　設定した帰無仮説を検定するために、複数の手法がある場合があります。例えば、2つの群で代表値を比較したい場合、パラメトリック検定である t 検定と、ノンパラメトリック検定であるウィルコクソンの順位和検定があります。本文で述べたように、データが正規分布から得られたと見なせる場合は前者を、そうでない場合は後者を使うべきです。

　では、もし仮に、正規分布から得られたと見なせない場合に t 検定を使うと、どうなるでしょうか。

　その場合、有意水準 α を 0.05 と設定したにも関わらず、第一種の過誤を起こす確率が 0.05 からズレてしまいます。特に、設定した値よりも大きくなることは重大な問題です。つまり、差がないにも関わらず、差があると判断してしまう誤りが有意水準として想定しているよりも起きやすくなってしまうことは、仮説検定における重大な問題になるのです。

　一方、計算される p 値が、その定義である帰無仮説の下で観察された値以上に極端な値が得られる確率よりも大きくなることは、第一種の過誤を起こす確率が設定した値よりも小さくなります。その分、第二種過誤を起こしやすい手法であり、保守的な（conservative な）手法だ、などと表現されることがありますが、これも問題ではあります。

　だからこそ、データの性質に合わせて、適切な検定手法を選択することは重要なのです。

● 正規性を調べる

パラメトリック検定では、各群のデータに正規性が必要です。正規性を調べる手法には、視覚的な判断として調べるQ-Qプロットや、仮説検定として調べる**シャピロ・ウィルク検定**、分布一般の比較に使われるコルモゴロフ・スミルノフ検定などがあります。

よく使われるシャピロ・ウィルク検定の詳細な仕組みは、本書のレベルを超えるので述べませんが、この場合、次の前提で仮説検定を実行します。

・帰無仮説「母集団の分布は正規分布である」
・対立仮説「母集団の分布は正規分布ではない」

$p \geqq 0.05$で正規性あり、$p < 0.05$で正規性なしと判断することが多いです。ただし、仮説検定の解釈で述べたように、結果が$p > 0.05$の場合、帰無仮説が棄却できないからといって、帰無仮説が正しいことの証拠にはなりません。そのため、データが正規分布から得られたと積極的に主張することはできないことには、注意してください。

また、2つの群があれば、それぞれの群に対して正規性を調べる検定を実施し、それからt検定を行うことになるため、仮説検定を繰り返してしまう検定の多重性の問題（詳しくは、多重比較の項目参照）があります。このような事情があるため、データが正規分布から得られたかどうかを調べるベストな手法はないと言っていいでしょう。

なお、現実のデータが厳密な正規分布から得られるということはほぼないことは、想像に難くありません。サンプルサイズが大きい場合には、ほんの少し正規分布から逸脱しただけで正規性の検定の結果が$p < 0.05$となり、正規分布から得られていないと判断されてしまいます。

● 等分散性を調べる

t検定、それから次に解説する分散分析では、分散が等しい母集団から得られたという条件が必要です。分散が等しいという仮説を調べる検定には、**バートレッ**

ト検定やルビーン検定があります。この場合、次の前提で仮説検定を実行します。

> ・帰無仮説「全ての群に対し母集団の分散が等しい」
> ・対立仮説「少なくとも1つの群間に対し母集団の分散が等しくない」

$p \geqq 0.05$ で等分散、$p < 0.05$ で不等分散と判断しますが、正規性の検定での問題と同じように、$p > 0.05$ だとしても積極的に分散が等しいと主張することはできない点には注意が必要です。

● ノンパラメトリック版の2標本の代表値比較

各群のデータに正規性がない場合には、ノンパラメトリック検定に分類される手法を使うことが推奨されます。この場合、平均値の代わりに、分布の位置を示す他の代表値に注目して解析します。代表的な手法としては、**ウィルコクソンの順位和検定（Wilcoxon rank sum test）** があります。これは、平均値の代わりに、データの各値から、そのランク（大きさ順に並べたときに何番目に位置するかを表す値）に基づいた検定を実施します。

マン・ホイットニーのU検定も同等な手法です。この手法は、比較する2つの群で、分布の形状自体は同一であることが必要です。つまり、分布は正規分布ではなくて良いけれど、分散が等しくないような場合には、139ページのコラム「適切でない検定を使うと、どうなるのか」で述べたような問題が起こり得ます。

ウィルコクソンの順位和検定では、次の前提で分析を行います（図6.2.3）。

> ・帰無仮説「2つの母集団の位置が同じである」
> ・対立仮説「2つの母集団の位置が異なる」

解析の結果、$p \geqq 0.05$ である場合には「2つの母集団の位置が異なるとは言えない」、$p < 0.05$ である場合には「2つの母集団の位置が異なる」と判断します。

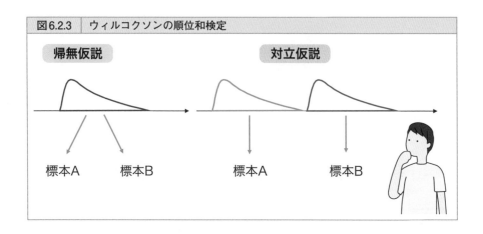

図6.2.3 ウィルコクソンの順位和検定

帰無仮説 対立仮説

標本A 標本B 標本A 標本B

ウィルコクソンの順位和検定は、ノンパラメトリック検定の一種で、正規分布に従っていないデータの位置パラメータの検定手法です。この検定における帰無仮説は「2つの母集団分布が同一」で、対立仮説は「2つの母集団分布の位置が異なる」です。

他に、2群の母集団を比較する手法としては、**フリグナー・ポリセロ検定**および、**ブルネル・ムンツェル検定**があります。これらの手法は、2つの母集団分布の形状が等しくない場合でも使えるノンパラメトリックな手法です。ただし、極端に分布の形状が異なる場合には、やはり第一種の過誤を起こす確率が、設定したαから外れることがあるので注意が必要です。

● 三群以上の平均値の比較

ここまで、二標本の代表値を比較する手法を紹介しました。実際のデータでは、処理群と対照群のような2つの群を比較する実験デザインは多いものの、3つの条件間やそれ以上の数の条件間で比較することも必要になる場合があります。そこで、三群以上の平均値の比較として、**分散分析(ANOVA; Analysis of variance)**があります。例えば、肥料A, B, Cの違いによって、植物の茎の長さが異なるかどうかを調べる状況で分散分析を使います。

A群、B群、C群の母集団の平均をそれぞれμ_A、μ_B、μ_Cとすると、分散分析では次の前提で解析します(図6.2.4)。

・帰無仮説「全ての群の平均が等しい（$\mu_A = \mu_B = \mu_C$）」

・対立仮説「少なくとも1つのペアに差がある」

図6.2.4	分散分析

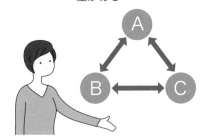

帰無仮説 $\mu_A = \mu_B = \mu_C$

対立仮説 少なくとも1つのペアに差がある

例: 3種の肥料の効果に差はあるか？

	肥料A	肥料B	肥料C
	32.5	35.1	40.1
	34.2	32.9	39.6
茎の長さ (cm)	32.4	34.4	38.0
	33.3	34.7	38.1
	31.0	33.0	37.9
	31.5	34.9	39.5
平均	32.5	34.2	38.9

肥料A, B, Cをそれぞれ与えて育てたときの、植物の茎の長さを比較する分散分析の例。帰無仮説を「肥料の効果に差がない」、対立仮説を「少なくとも1つの肥料間に差がある」と設定します。

● 分散分析の仕組み

分散分析の仕組みについて、図6.2.4のデータを例にして簡単に説明しておきましょう（図6.2.5）。

まず、群の違いを無視して全てのデータを用いて、全体の平均$\bar{x}$を計算します。ここでは、$\bar{x} = 35.2$です。次に、A, B, Cのそれぞれの群で、平均$\bar{x}_A$, $\bar{x}_B$, $\bar{x}_C$を計算します。そして、各データx_iと$\bar{x}$の差を考えてみます。

仮に、x_iがC群のデータだとすると、$x_i - \bar{x} = (x_i - \bar{x}_C) + (\bar{x}_C - \bar{x})$として、各データの全体平均との差（ばらつき）は、群内のばらつき$x_i - \bar{x}_C$（群内変動）と、群間のばらつき$\bar{x}_C - \bar{x}$（群間変動）の2つの要素に分解できることがわかります。

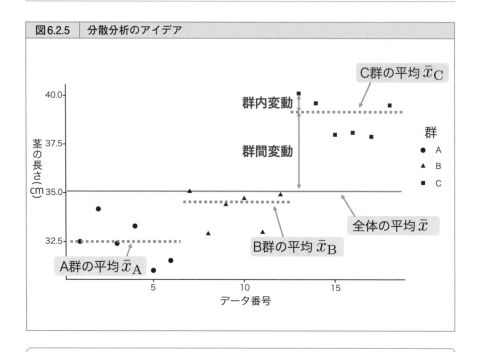

図6.2.5　分散分析のアイデア

C群の平均 $\bar{x}_C$

群内変動

群間変動

群

- ● A
- ▲ B
- ■ C

全体の平均 $\bar{x}$

B群の平均 $\bar{x}_B$

A群の平均 $\bar{x}_A$

茎の長さ（cm）

40.0

37.5

35.0

32.5

5　　　　　10　　　　　15

データ番号

図6.2.4のデータをもとに、可視化した例です。

　群内変動は同一条件内でのばらつきであるため、もともと存在するランダムな誤差の大きさを表しています。一方、群間変動は群間の違いを表しており、群間に差があるのであれば大きな値に、群間に差がないのであれば、群内偏差と同程度の小さいばらつきが期待されます。

　具体的な計算としては、F 値＝（平均的な群間変動）／（平均的な群内変動）として、検定統計量を作ります。この量は、帰無仮説が正しい下では、F 分布と呼ばれる分布に従います（図6.2.6）。

　この分布において、観察された F 値以上に極端な値が現れる確率が、p 値です。図6.2.6の5%点は、それ以上の値をとる確率が5%の点を表しているので、F 値がそれよりも右側に位置することで、有意水準 $\alpha=0.05$ で、統計的に有意に群間に差があることがわかります。

図6.2.6	分散分析の検定統計量とF分布

●群内変動 …誤差による変動

●群間変動 …効果による変動

比較

$$F値 = \frac{平均的な群間変動}{平均的な群内変動}$$

F分布

確率密度

5%点

ここでは典型的なF分布の形状を示していますが、サンプルサイズと群の数によって形状が少しずつ異なります。

自由度

統計学では、自由度（degree of freedom）という概念が登場します。自由度とは名前の通り、自由に動ける変数の数を表します。例えば、サンプルサイズ$n=10$の標本があれば、自由度は10ですが、標本平均を計算したあとでは、自由度は9になります。これは、標本平均が確定しているために、9個のデータが決まると、残り1つの値は確定してしまうからです。実際に、自由度がどこで使われているかというと、例えばt分布の形状を決める際に使われています。他にも、F分布の形状を決める際にも使われています（この場合、群の数も自由度に関わります）。

自由度は統計学の中でもわかりにくい概念で、初学者には難しく感じられると思います。しかし自由度は、計算の途中で用いられる数値であり、結果の解釈に用いられることはありません。そのため、統計分析のユーザが意識

する必要はあまりありません。ただし、科学論文で統計分析の結果を記述する際には、d.f.（degree of freedomの略）として値を書くことはよくあります。Rなどの統計ソフトで表示される結果一覧には、自由度が記載されるはずなのでチェックしてみてください。

● 多重比較

　図6.2.4のデータの例を分散分析によって解析すると、F値は60.7と大きな値になり、p値は10^{-7}を下回ります。よって、統計的に有意に群間に差があり、肥料の効果の違いがあることがわかります。

　ただし、分散分析の対立仮説は「少なくとも1つのペアに差がある」なので、$p < 0.05$で対立仮説が採択されたときに、どのペアで差があったのかまではわかりません。そのため、どのペアで差があったのかに興味があるのであれば、多重比較と呼ばれる手法を使って調べる必要があります。

　三群以上ある場合、各ペアの差を調べるために、有意水準$\alpha=0.05$で二標本のt検定を繰り返し実行してしまうと、第一種の過誤が増加してしまうという問題があります。例えば、三群ある場合には、ペアの数は3です。t検定を3回繰り返すと、少なくとも1つのペアで第一種の過誤を起こす確率は、1−（どのペアも第一種の過誤を起こさない確率）$= 1-(1-0.05)^3 = 0.143$ となり、分散分析で全体として設定していた$\alpha=0.05$を上回ってしまいます。n群ある場合には、$_nC_2$のペアがあるため、群の数が増えるほど、第一種の過誤が起きやすくなってしまいます。つまり、何度も検定を繰り返すことで、本当は差がないにもかかわらず、差があると言ってしまう誤りが簡単に起きてしまいます（図6.2.7）。

　仮説検定におけるこの問題は、科学業界においても重大な影響をもたらす可能性があります。これについては、第9章で詳しく解説します。

　なお、この多重性の問題を回避する1つの方法は、**多重比較**の検定を用いることです。基本的なアイデアは、検定を繰り返す分だけ有意水準を厳しい値に変更するというものです。それによって、トータルで、有意水準$\alpha=0.05$を保つようにします。

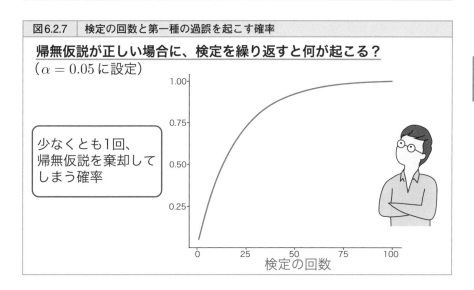

図6.2.7　検定の回数と第一種の過誤を起こす確率

帰無仮説が正しい場合に、検定を繰り返すと何が起こる？
（$\alpha = 0.05$ に設定）

少なくとも1回、
帰無仮説を棄却して
しまう確率

検定の回数

● 様々な多重比較手法

　最も単純な多重比較手法として、**ボンフェローニ法**があります。これは、全体で有意水準αを設定しているのであれば、検定を繰り返す数をkとすると、1回1回の検定では、αを検定の回数で割った値α/kを基準に仮説検定を行う手法です。つまり、各検定では、$p < \alpha/k$であれば、対立仮説が採択されるということになります。

　平均値の比較でボンフェローニ法を使うとすれば、t検定を各ペアで実行し、$p < \alpha/k$で差があると判断します。ボンフェローニ法は非常に簡便で、平均値の比較だけでなくあらゆる多重比較において実行可能である利点があります。

　一方、検出力が低い傾向があるため、本当は差があるときに差があると主張しにくくなるという欠点があります。通常、分散分析を行ったあとは、ボンフェローニ法よりも優れた（検出力が改善された）手法である、**テューキーの検定（Tukey's test）**等の他の手法が使われることが多いです。

　図6.2.4のデータ例に対して、分散分析とテューキーの検定を用いると、図6.2.8のような結果が得られます。結論として、A-B間、A-C間、B-C間のどの間にも差があるということがわかりました。

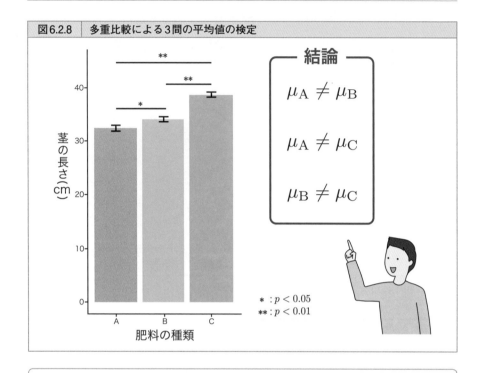

図6.2.8　多重比較による3間の平均値の検定

結論

$$\mu_A \neq \mu_B$$

$$\mu_A \neq \mu_C$$

$$\mu_B \neq \mu_C$$

$* : p < 0.05$
$** : p < 0.01$

茎の長さ（cm）

肥料の種類

図のデータ例に対し、テューキーの検定を実行した結果を示しています。A-B 間は $p < 0.05$ で、A-C間とB-C間は $p < 0.01$ という結果が得られ、肥料の種類 A,B,C全てで茎の長さが統計的に異なるという結論になります。

　他にも、対照群との比較にだけ興味がある場合には、**ダネット検定（Dunne's test）** を用いるといいでしょう（図6.2.9）。全てのペア間を比較するテューキー検定よりも、検出力が向上します。また、群間に順位が想定できる場合には、**ウィリアムズ検定（Williams' test）** を使う方が、検出力が上がります。例えば、肥料の量を増加させたときに、茎の長さは単調に増加すると想定できる場合にはウィリアムズの検定が適切です。

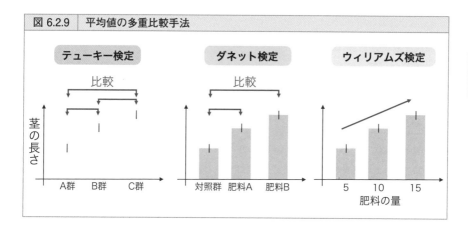

図 6.2.9　平均値の多重比較手法

テューキー検定は全てのペア間で比較する場合、ダネット検定は1つの対照群と複数の処理群を比較する場合、ウィリアムズ検定は単調に増加（または減少）することが期待される場合に用いられます。

● いつでも分散分析が必要？

　多重比較の検定は、最初に分散分析を実行し、p値がαを下回った場合に用いるという手順が一般的に浸透しています。しかし、必ずしもそれは適切ではありません。

　多重比較には、F分布にもとづく検定手法である分散分析と同じ仕組み（同じ検定統計量）を持つものと、そうでないものがあります。前者であれば、分散分析における統計的に有意である/有意でないという結果が、多重比較の結果とも一致します。しかし後者の場合、分散分析で有意でなかったけれど、多重比較では有意になるペアがあるなど、結果が食い違う場合があります。これは検定の仕組みが違うことから生じる差異です。

　このような場合、分散分析を実行せず、多重比較だけを行うという解析手順で問題ありません。下手に分散分析→多重比較を行ってしまうと、前述の検定の多重性の問題が浮上してきます。

紹介したボンフェローニ検定、テューキー検定、ダネット検定、ウィリアムズ検定は分散分析とは異なる仕組みであるため、分散分析を行わず、単独で実施して問題ありません。

● 三群以上のノンパラメトリック検定

　分散分析は、パラメトリック検定に分類される手法です。したがって、t検定と同様に各群のデータには正規性が必要です。少なくとも1つの群において正規性がない場合には、分散分析の代わりにノンパラメトリックな検定手法である、**クラスカル・ウォリス検定（Kruskal-Wallis test）** を使うことが推奨されます。ノンパラメトリックな多重比較手法も考案されており、テューキー検定に相当するのが、**スチール・ドワス検定（Steel-Dwass test）**、ダネット検定に相当するのが**スチール検定（Steel test）** です。

6.3 割合の比較

● カテゴリカルデータ

　データが、コインの表・裏のような場合やサイコロの目、好きなラーメンの種類などのカテゴリで表される場合、カテゴリカルデータと呼びます。この場合、平均値などの統計量を計算できる量的変数とは異なり、各カテゴリに含まれる数、すなわちカウント数だけが計算できる値です。例えば、コイントスを5回行い、|表, 裏, 表, 表, 裏| というデータがあれば、表3回、裏2回とまとめることができます。

　このようなカテゴリカルデータの母集団を考えると、その母集団のパラメータは、表が出る確率P（と裏が出る確率$1-P$）です。これまで量的変数に対しては、母集団の平均値を推定する、あるいは母集団に関する仮説を立て、仮説検定を実行することをしてきました。カテゴリカル変数でも同様で、母集団のパラメータである表が出る確率Pを推定する、あるいは、確率Pに関する仮説を立て検定することができます。

● 二項検定

　ではまず、コイントスを例に取ります。問題設定として、偏りのない正しいコイントスなのかどうかを知りたいとしましょう。そして、コイントスを30回行い、表が21回、裏が9回というデータが得られたとします。確かに、表21回と裏9回ということは表が多く現れているため、偏りがあるイカサマコインのようにも見えます。ただ、仮に偏りのないコインだとしても、例えば2回コイントスを行えば、|表, 表| や |裏, 裏| ということもそれぞれ1/4の確率で起きてしまいます。よって、表21回、裏9回というのも、たまたま偶然によって起きてしまうかもしれません。

　それを調べるために、1つのカテゴリが確率P、もう1つのカテゴリが確率$1-P$で起きるかを調べる、**二項検定（binomial test）** という手法を使います。仮説

検定の基本的な考え方は、これまでと一緒です。特に、データ vs 母集団の仮説なので、一標本のt検定によく似ています。ここでは偏りのないコインなのかを知りたいので、$P=1/2$として帰無仮説と対立仮説を立てます。

・帰無仮説「表が1/2、裏が1/2の確率で現れる（偏りがない）」
・対立仮説「表が1/2、裏が1/2の確率で現れない（何らかの偏りがある）」

そして、帰無仮説が正しいという仮定の下で、表21回・裏9回以上に極端な値が出る確率であるp値を計算しましょう（図6.3.1）。ある確率Pで表が、$1-P$で裏が起こるとき、N回のコイントスのうちm回表が現れる確率は、二項分布 ${}_N C_m P^m$ $(1-P)^{N-m}$ に従います。それを用いれば、ちょうど表21回・裏9回が出る確率は ${}_{30}C_{21} \times 0.5^{21} \times 0.5^9$ と計算できます。同様に、表22回・裏8回から表30回裏0回までのパターンを計算し、反対側である表9回裏21回の場合、表8回裏22回…表0回裏30回のパターンを計算し、足し合わせた値がp値になります。この場合、$p=0.043$ と計算でき、有意水準$\alpha=0.05$で、統計的に有意に偏りがあると判断できます。すなわち、仮説検定の観点ではイカサマコインだということになります。

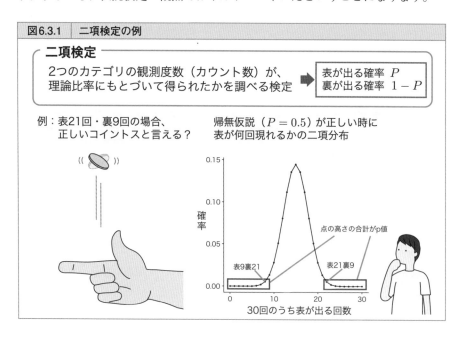

図6.3.1　二項検定の例

二項検定

2つのカテゴリの観測度数（カウント数）が、理論比率にもとづいて得られたかを調べる検定 ➡ 表が出る確率 P　裏が出る確率 $1-P$

例：表21回・裏9回の場合、正しいコイントスと言える？

帰無仮説（$P=0.5$）が正しい時に表が何回現れるかの二項分布

点の高さの合計がp値

表9裏21

表21裏9

確率

0.15
0.10
0.05
0.00

0　　10　　20　　30
30回のうち表が出る回数

● カイ二乗検定：適合度検定

二項検定は、2つだけのカテゴリを考えていました。しかし、6つの目があるサイコロや、もっと一般的な離散の確率分布を考えたい場合も生じます。そこで、**カイ二乗検定($χ^2$検定**[3]**; chi-squared test)**の1つである**適合度検定(goodness of fit test)** を用いることで、データがある離散確率分布から得られたかどうかを調べることができます[4]。

例えば、正しいサイコロであれば、1/6ずつの一様離散分布です。

一般に、カイ二乗検定の適合度検定は、

> ・帰無仮説「母集団の分布は想定している離散確率分布である」
> ・対立仮説「母集団の分布は想定している離散確率分布ではない」

として解析します。

例として、あるサイコロを60回振り、1から6までの目が、5, 8, 10, 20, 7, 10回だったとしましょう（図6.3.2）。このデータが、サイコロの各目が1/6ずつで現れる正しいサイコロから得られたかを解析してみます。

カイ二乗の適合度検定では、はじめに帰無仮説の確率分布から得られる期待度数を算出します。期待度数とは、トータルのカウント数に各確率を掛け算した値です。すなわち、もっとも起こりやすい実現値の値です。例では、トータル60回で、1/6ずつの確率を考えているので、期待度数は10ずつになります。

次に、図6.3.2に示すように、各目に関して（実際の観測度数−期待度数）^{2}/（期待度数）を計算し、それから和をとります。この検定統計量を$χ^2$値（カイ二乗値）と呼び、帰無仮説が正しいときには、$χ^2$分布という確率分布に従います。その分布の中で、現実に得られた$χ^2$値の位置を求め、p値を算出します。

この例のデータでは、$p = 0.017$となり対立仮説を採択するので、統計的に有意に、このサイコロは正しいサイコロではないと判断できます。

ここでは、1/6ずつの一様に各目が出る一様の確率分布を仮説として考えていま

---

3) $χ$はカイと読みます。
4) 連続変数の確率分布に対する適合度検定としては、コルモゴロフ-スミノフ検定などがあります。

したが、任意の確率分布が使えます。例えば、日本人の血液型の比率は、A:B:O:AB = 38:22:31:9であることがわかっていますが、近隣の韓国でこの比率に従っているかを調べるためには、各血液型の確率を0.38, 0.22, 0.31, 0.09として確率分布を考えればよいでしょう。

図 6.3.2　適合度検定

適合度検定

得られた観測度数（カウント数）が、
理論比率(離散確率分布)にもとづいて得られたかを調べる検定

例：正しいサイコロか？

	1	2	3	4	5	6	合計
観測度数	5	8	10	20	7	10	60
理論比率（確率）	1/6	1/6	1/6	1/6	1/6	1/6	1
期待度数	10	10	10	10	10	10	60

$$\chi^2 = \sum \frac{(\text{観測度数} - \text{期待度数})^2}{(\text{期待度数})}$$

$$= (5\text{-}10)^2/10 + \cdots + (10\text{-}10)^2/10$$

$$= 13.8$$

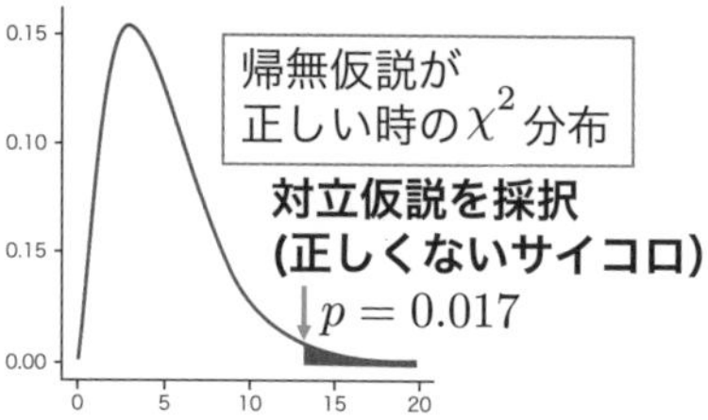
0.15
0.10
0.15
0.00
0
5
10
15
20
帰無仮説が
正しい時のχ^2分布
対立仮説を採択
(正しくないサイコロ)
$p = 0.017$

● カイ二乗検定の独立性の検定

二項検定やカイ二乗の適合度検定は、データvs母集団の確率分布の比較でした。図6.1.2で見たように、カテゴリ変数でも、2つの変数の関係を調べることが必要になる場面があります。

ここでは、生物の生息場所のデータを例にしましょう。クヌギの木とコナラの木を観察し、クワガタの個体数を雌雄別に計測することを考えます（図6.3.3）。ここでの問いは、樹木の種類によって、雌雄の比率が異なるかどうかです。

2つのカテゴリ変数のデータは、分割表にまとめることができます（図6.3.3）。分割表の横方向と縦方向の2つの変数に注目すると、片方の変数のカテゴリが変

わったときに、もう一方の変数のカテゴリの比率が変わらなければ、2つの変数は独立であると言えます。これを調べるためには、独立性の検定（test of independence）を用います。ここでも、χ^2値が登場し、χ^2分布を用いるので、**カイ二乗の独立性の検定**と呼ばれています。この検定では、

> 帰無仮説「2つの変数は独立である」
> 対立仮説「2つの変数は独立でない」

として解析します。

　具体的な計算は、(実際の観測度数−期待度数)^2/(期待度数) を計算するので、適合度検定とよく似ています。期待度数は、分割表において各行と各列の和を計算し、列に注目すれば、列の和の比率にもとづいて配分し直して得られます（図6.3.3）。行の和はコナラ23、クヌギ23なので、オスの総個体数20個体を23:23、すなわち1:1で配分した値である10:10が期待度数になります。同様に、メスの総個体数26個体を1:1で配分した値、13:13が期待度数になります。

図6.3.3　カイ二乗の独立性の検定

独立性の検定
二つのカテゴリカル変数が独立かどうかを調べる検定

例：クワガタの雌雄と木の種類は関係があるか？

観測度数

		クワガタ雌雄		
		♂	♀	
樹種	コナラ	14	9	➡ 23
	クヌギ	6	17	➡ 23
		⬇ 20	⬇ 26	

期待度数

		クワガタ雌雄	
		♂	♀
樹種	コナラ	10	13
	クヌギ	10	13

20を23:23に分配

帰無仮説が
正しい時の χ^2分布

対立仮説を採択
クワガタ雌雄と樹種は関係あり
↓ $p = 0.017$

$$\chi^2 = \sum \frac{(観測度数 − 期待度数)^2}{(期待度数)}$$
$$= (14\text{-}10)^2/10 + \cdots + (17\text{-}13)^2/13$$
$$= 5.66$$

期待度数が得られたら、あとは計算式に従ってχ^2値を計算します。この例では、χ^2値は5.66となり、分布の中での位置を求めると、p値 = 0.017となり、対立仮説が採択されます。すなわち、クワガタの雌雄の存在比率は、木の種類によって異なると結論できます。

　他にも独立性を検定するために、フィッシャーの正確確率性検定があります。これは二項検定で見たように、全ての場合の確率を超幾何分布にもとづいて計算する手法です。

第7章

回帰と相関

2つの量的変数の関係を分析する

第7章では、量的変数同士の関係性を明らかにする相関と回帰について解説します。相関は相関係数という値を用い、2つの間の関係性の強さについて評価します。回帰は、一方からもう一方の変数に対し、どのような関係があるかを明らかにすることで、2つの間の関係性をモデル化します。これは次の第8章で登場する「一般化線形モデル」という一般的な枠組みの基礎にもなるため、しっかりと理解しておきましょう。

7.1 量的変数同士の関係を明らかにする

● 2つの量的変数からなるデータ

　第6章では、2群間の平均値の比較といった群（カテゴリに分けられたグループ）と量的変数の関係、それから分割表で表されるカテゴリ変数同士の関係について、仮説検定の手法を中心に解説しました。そして第7章では、残りの量的変数同士の関係を分析する手法である、相関と回帰について解説します。回帰はカテゴリ変数も含めた広い枠組みとして捉えることができ、第8章のテーマである一般化線形モデルにつながっていきます。

　では、2つの量的変数から構成されているデータを考えてみましょう。例えば、中学校で数学と理科の2教科のテストが行われたとして、その2つの教科の点数のデータを想像してみます。図7.1.1のように、データの各行は各学生A, B, C,…に対応し、その横に数学の点数と理科の点数が並んでいます。大事なことは、各観測対象（ここでは学生）から数学と理科の両方のデータを取ってきて、ペアにすることです。学生Aは数学だけテストを受け、学生Bは理科だけテストを受けた、というデータは適切ではありません[1]。

● 散布図

　2つの量的変数から構成されるデータが得られたら、図7.1.1の右図のように、1つの変数をx軸側の値、もう1つの変数をy軸側の値として、各値を2次元の平面上に点として打つ（プロットする）ことができます。つまり、図の各点が各学生に対応しています。例えば、学生Aは数学85点、理科80点なので、右図に学生Aと指し示した位置に点が打たれています。このようにして描かれたグラフを、**散布図（scatter plot）**と言います。

---

[1]　実際のデータ解析では、一部に欠損があるようなデータに対処しなければならない場面もあります。欠損データの扱いに関しては『欠測データ処理：Rによる単一代入法と多重代入法』（高橋将宜、渡辺美智子 著）を参照してください。

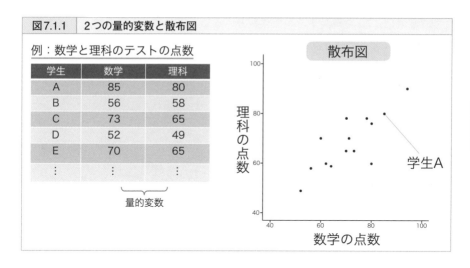

図7.1.1　2つの量的変数と散布図

例：数学と理科のテストの点数

学生	数学	理科
A	85	80
B	56	58
C	73	65
D	52	49
E	70	65
⋮	⋮	⋮

量的変数

散布図

理科の点数

学生A

数学の点数

● 相関

　散布図を用いて2つの量的変数の関係を可視化することで、どのような関係があるかをおおまかに捉えることができます。例えば、先ほどの図7.1.1の例では、数学の点数が高い学生は理科の点数も高い傾向にあることが見て取れます。

　もう少し一般的に考えてみましょう。図7.1.2左であれば、片方が大きい値である場合には、もう一方も大きい値である右肩上がりの関係があることがわかります。中央の図では、片方が大きい、または小さいからといって、もう一方の値に傾向は見られないため、2つの間の関係はほとんどなさそうです。右の図では、片方が大きい場合、もう一方は小さい値である右肩下がりの関係が見て取れます。

　今述べたような2つの変数の間の関係性のことを、**相関（correlation）**と言います。これは量的変数同士に限らない概念で、2つの確率変数またはデータの間の関係性を意味します。相関関係は、x軸とy軸を入れ替えても変わらないので、データのうち、どちらをx軸側またはy軸側にしても構いません。注意すべきは、相関があるからといって、原因と結果である因果関係があるかどうかはわからないという点です。詳しくは、因果関係と相関関係についての第10章で解説します。

第7章では、7.2で解説する相関係数という値を用いて、量的変数同士の関係の強さを定量化する手法を紹介します。関係の強さを数値的に表すことは、データ分析の上で非常に有用で、頻繁に用いられます。

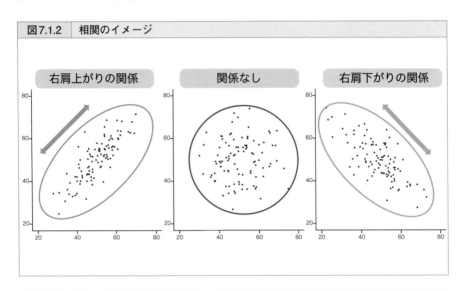

図7.1.2　相関のイメージ

2変数の量的データを散布図として描いた3つの例。左はx軸の値が大きい場合に、y軸の値も大きい傾向（右肩上がりの関係）、右はx軸の値が大きい場合に、y軸の値も小さい傾向（右肩下がりの関係）があります。中央は、x軸の値とy軸の値の間に関係がない場合です。

● 回帰

2つの量的変数の関係を分析するもう1つ重要な手法として、**回帰または回帰分析（regression, regression analysis）** があります。回帰とは、$y = f(x)$ という関数によって変数の間の関係を定式化することを指します（図7.1.3）。例えば、xを広告費用、yを商品の売上個数としたときに、［売上個数］= 0.01 ×［広告費用］という関係式が得られれば、広告費用が100円増えれば、売上が1個増えると理解できます。そして、広告費を50万円にした場合の売上個数を5000個と予測することができるようになります。

　回帰では、$y = f(x)$ に対して、**x を説明変数または独立変数、y を目的変数または従属変数**と呼びます（本書では、説明変数と目的変数で統一します）。相関と違って回帰は、x から y という方向性があります。通常、回帰において確率変数であるのは、$y = f(x) + \varepsilon$（ε は、確率的な誤差）として y 側だからです。言い換えれば、$f(x)$ の部分は、確率分布のパラメータ、特に平均を定める働きをする固定的なパーツと考えると良いでしょう。

　回帰分析の中では、得られたデータに当てはまる $f(x)$ を推定し、2つの変数の間の関係を求めます。7.3では、回帰の中で最も単純な線形回帰 $y = a + bx + \varepsilon$ を例に、詳しい手順について解説していきます。

図7.1.3　回帰のイメージ

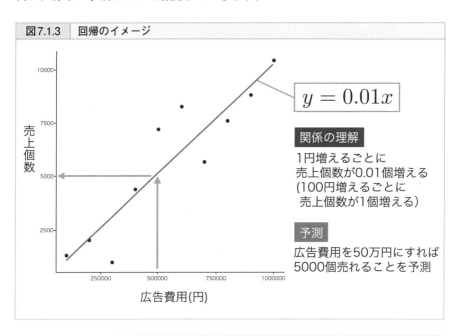

広告費用（x）と商品の売上個数（y）のデータに線形回帰を実施した例。$y = 0.01x$ の関係が得られれば、広告費用が1円増えると売上が0.01個増えることが理解できますし、広告費用が50万円の場合、（平均的に）5000個売れることが予測できます。

7.2 相関係数

● ピアソンの積率相関係数

　2つの量的変数がある場合、関係性がどの程度強いのかを数値で表すことができると、対象の理解に役立ちます。例えば、数学の点数と理科の点数が強く関係していることがわかれば、理科の点数を伸ばすためには、より基礎的な数学の能力を鍛えることが重要である「1つの可能性」が浮かび上がってきます。ただし、前述したように、相関から今述べたような因果があるとは主張できないため、あくまで1つの可能性に過ぎないことに注意してください。これについては、第10章で詳しく解説します。

　ではここで、2つの量的変数の間における関係の強さを定量化する手法を解説します。最も頻繁に使われる値は、**ピアソンの積率相関係数r（Pearson's correlation coefficient r）**と呼ばれる値で、2つの量的変数の間の線形な関係、すなわち直線的な関係にどれだけ近いかを評価します。通常、「相関係数」と言うと、ピアソンの積率相関係数を指すことが多いです。

　まずは定義からです。2つの量的変数のデータを、サンプルサイズnとして、$x_1, x_2, ..., x_n$と$y_1, y_2, ..., y_n$とします。そのとき、ピアソンの積率相関係数rは

$$r = \frac{\frac{1}{n}\sum_{i=1}^{n}(x_i - \bar{x})(y_i - \bar{y})}{\sqrt{\frac{1}{n}\sum_{j=1}^{n}(x_j - \bar{x})^2}\sqrt{\frac{1}{n}\sum_{k=1}^{n}(y_k - \bar{y})^2}} \tag{式7.1}$$

と定義され、rの取りうる範囲は$-1 \leq r \leq 1$になります。

　式7.1について簡単に解説すると、分子は共分散（covariance）と呼ばれる値です。$(x_i - \bar{x})(y_i - \bar{y})$に注目すると、$x_i$と$y_i$が共に連動して平均$\bar{x}, \bar{y}$より大きな値または小さな値をとると、$(x_i - \bar{x})(y_i - \bar{y})$はプラスになり、片方が平均より大きく、もう一方が平均より小さい場合には、$(x_i - \bar{x})(y_i - \bar{y})$はマイナスになります。そ

れらを足し合わせることで、xとyがどのように連動しているかを定量化すること
ができます。分母はx_i, y_iそれぞれの標準偏差で、rを−1〜 +1の範囲におさめる働
きをします。

図7.2.1　ピアソンの積率相関係数r

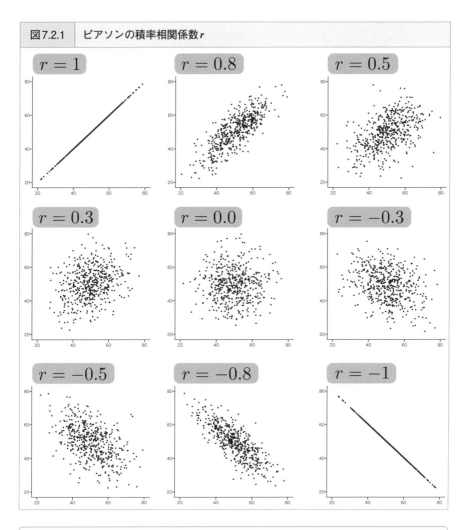

xとyの関係の強さを様々変えてピアソンの積率相関係数rを計算した例。直
線的な関係に近いほど、rの絶対値が1に近づき、一方、xとyに関係がない
場合0になります。

図7.2.1に代表的なデータ例の散布図と、そのときのピアソンの積率相関係数r

の値を示しました。まず、相関係数rの符号に注目してみましょう。符号が正の場合、xが大きいときはyも大きく、xが小さいときはyも小さいという関係性があります。これを、**正の相関（positive correlation）** と言います。逆に、符号が負の場合、xが大きいときはyが小さく、xが小さいときはyが大きいという関係性であることを表します。これを、**負の相関（negative correlation）** と言います。

次に、rの絶対値$|r|$に注目しましょう。$|r|$が1に近いほど、xとyの間の関係が直線的な関係に近づき、$|r|=1$になると完全な直線関係になります。一方、$|r|$が0に近くなるにつれ、xとyの間の関係は不明瞭になり、$r=0$で相関がない、すなわち無相関になります。

$|r|$の値によって相関の強さを、次のように解釈することがしばしばあります。

・$0.7 < |r| \leq 1$：強い相関
・$0.4 < |r| \leq 0.7$：中適度の相関
・$0.2 < |r| \leq 0.4$：弱い相関
・$0.0 < |r| \leq 0.2$：ほぼ相関なし

しかし、解釈は分野によって異なるため、ここで述べた解釈は目安程度に考えてください。

● 相関係数 r は線形な関係を捉える

相関係数は2つの量的変数の間の関係性の強さを定量化する際にとても便利な手法ですが、いくつか注意すべき点があります。

1つ目の注意点は、ピアソンの積率相関係数rは、2つの量的変数における「線形な」関係性の強さを定量化するものだということです。線形な関係とは、図7.2.1に示したような直線的な関係のことを指します。反対に線形ではない関係（非線形な関係）を考えてみましょう。図7.2.2左図を見ると、二次関数のような関係が、右図は四次関数のような関係がありそうです。しかし、ピアソンの積率相関係数rを計算してみると、左が$r = -0.05$、$r = -0.03$となりほぼ無相関となります。つまり、ここに示すような直線的でない関係については、ピアソンの積率相関係数rでは適切に定量化することができないことがわかります。

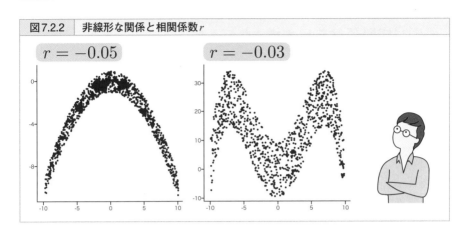

図7.2.2　非線形な関係と相関係数 r

2つの量的変数の間には明瞭な関係があるにも関わらず、相関係数 r はほぼ 0 であり、うまく捉えられていないことがわかります。

　ピアソンの積率相関係数 r のもう1つの注意点は、線形な関係性の「強さ」を定量化しているため、直線の傾きの大きさは関係ないことです（図7.2.3）。つまり、傾きの大きさが大きくても小さくても、r には影響しません。これは、7.3 で解説する回帰とは異なる点です。

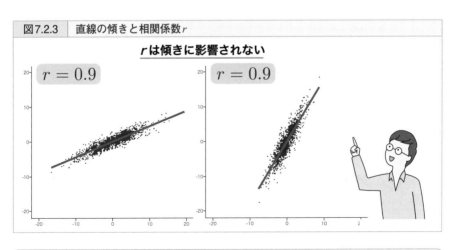

図7.2.3　直線の傾きと相関係数 r

傾きは違いますが、直線からのばらつき度合いが同じなため、相関係数は同じ値になります。つまり、相関係数 r は、傾きの符号には依存しますが、傾きの大きさには依存しません。

● 同じ相関係数を出す様々なデータ

同じrの値であっても、非線形なものも含めると様々なパターンがあり得ます。

図7.2.4	同じ相関係数を出すデータ

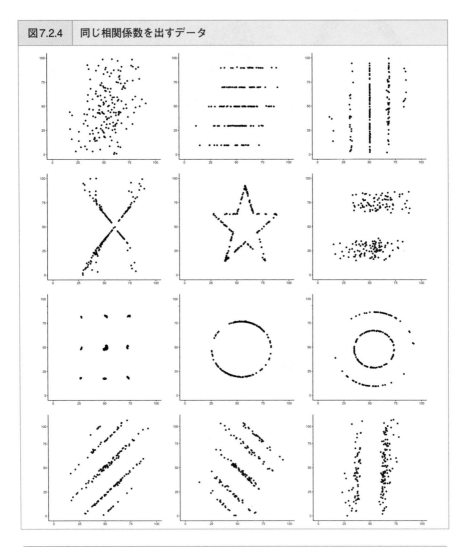

Matejka and Fitzmaurice, 2017 のFig.1 からの引用。

様々な形の散布図が確認できますが、全てピアソンの積率相関係数rが0.32になる例です。

図7.2.4に様々な散布図のパターンを示しましたが、どれもピアソンの積率相関係数 $r = 0.32$ になります（Matejka and Fitzmaurice, 2017）。この事実から、データから相関係数を計算しただけで、データが図7.2.1に示したような典型的な右肩上がりの散布図になっていると想像することは危険であることがわかります。そのため、相関係数を計算する前に、散布図を描き、データがどのように分布しているかを確認しておく必要があります。

● 正規性

　ここまで紹介してきたピアソンの積率相関係数 r は、平均や分散に基づいたパラメトリックな手法であるため、x の分布、y の分布が正規分布であることが仮定されています（図7.2.5左）。したがって、データが左右に歪んでいたり、二山であったり、データに外れ値があるような場合には適切ではありません。例えば、無相関のデータに外れ値が1つ加わるだけで、ピアソンの積率相関係数 r は大きく変化してしまいます（図7.2.5右）。

図7.2.5　外れ値のピアソンの積率相関係数 r への影響

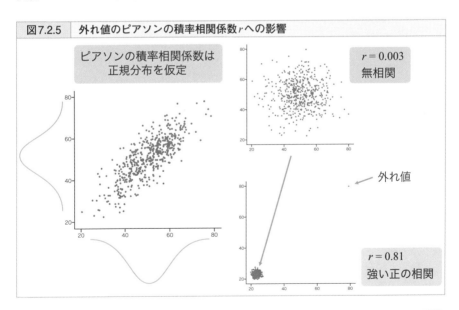

相関のないデータ（$r \fallingdotseq 0$）に外れ値 $x = 500$, $y = 500$ という点が1つ加わっただけで、$r = 0.81$ という大きな相関係数になります。

実践的には、相関係数を計算する前に、x軸側のデータとy軸側のデータのそれぞれに対し、正規性をシャピロ・ウィルク検定などでチェックしたのち、少なくとも片方で正規性がなければ、次に紹介するノンパラメトリック版の相関係数を用いることが望ましいです。

● ノンパラメトリックな相関係数

データのx軸側、y軸側の少なくとも一方に正規性がない場合には、ノンパラメトリック版の相関係数である、スピアマンの順位相関係数ρ（Spearman's rank correlation coefficient ρ）の使用が推奨されます。ピアソンの相関係数rと同様に、ρは-1から$+1$までの実数値です。定義としては、量的データの値そのものではなく、x軸側、y軸側それぞれで大きさ順に並べたときの1位、2位、…といったランクの値に変換したのち、数式1を用いて相関係数を計算します。これにより、外れ値がある場合でも用いることができます。例えば、図7.2.5の同じデータに対して適用すると、外れ値を含まない場合で$\rho = 0.006$、外れ値を含む場合で$\rho = 0.012$となり、ほとんど影響を受けていないことがわかります。

スピアマンの順位相関係数ρと似た値として、ケンドールの順位相関係数τ（Kendall rank correlation coefficient τ）があります。スピアマンの相関係数ρと使い分ける必要はほとんどないとされていますが、サンプルサイズnが極端に小さいとき（10未満）は、ケンドールの相関係数τの方が、後述する有意性の検定の観点からは良いとされています。

● 相関係数の使い方の注意

相関係数を計算する上で、2つの変数がはじめから従属している関係に対しては注意が必要です。例えば、数学と理科の点数という2つの変数X, Yがあるときに、数学と理科の点数の合計点$X + Y$という新しい変数を構成し、x軸側に数学の点数X、y軸側に値に合計点$X + Y$とした場合、y軸側にx軸側の値が含まれてしまっています。そのため、仮に数学と理科の点数が無相関であっても、相関が現れてしまいます。

この例の誤りはすぐに気づきますが、他の例である割り算の場合は気づきにくいので注意が必要です（図7.2.6）。例えば、変数XとYに対し、x軸側にXを、y軸側にY/Xとして相関を計算すると、もともとXとYが無相関であっても反比例の形になり、負の相関が出るのが当たり前になってしまいます。これはピアソンの相関係数rでも、スピアマンの相関係数ρでも同じです。Y/Xの例としては、人口密度や、人口あたりの感染者数といった、よく使われる値があるので注意してください。x軸とy軸の値が別個の変数であること、そして割り算等の変換を施していないことを事前にチェックしましょう。

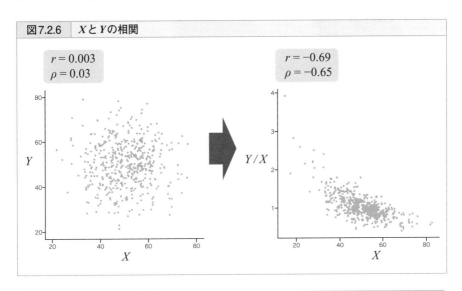

図7.2.6	XとYの相関

XとYが無相関であっても（左）、Xと変換して作成した新しい変数Y/Xの間には負の相関が生まれてしまいます。

● 相関係数の仮説検定

第4章〜第6章で解説した、推測統計の枠組みを思い出してください。標本平均$\bar{x}$の背後に平均μの母集団を想定したのと同様に、標本から計算された相関係数rの背後には、相関係数r_pを持つ2つの確率変数から成る母集団分布を考えることができます（図7.2.7）。そして相関係数rは、母集団分布からランダムサンプリン

グされて得られた標本から計算される値であり、r_pの推定値になります。

図7.2.7　　2つの確率変数の母集団分布

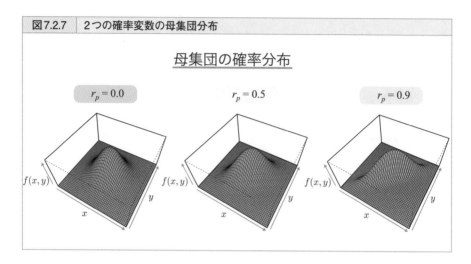

x, yがそれぞれの確率変数で、高さが確率密度 $f(x, y)$ を表します。r_pが大きくなるにつれ、x=yの対角線に近い値が起こりやすくなっています。このような二変数の正規分布を、二次元正規分布と言います。

　第5章と第6章で解説した平均値の仮説検定と同様に、母集団の相関係数r_p＝0で無相関だとしても、標本を抽出し、標本の相関係数rを計算すると、rはちょうど0にはならず、0を中心にばらつきを伴って現れます。直感的に理解するために、無相関（r_p＝0）の母集団からサンプルサイズn＝20で標本を抽出し、相関係数rを計算する作業を何度も繰り返してrのヒストグラムを描いた例を、図7.2.8に示しました。標本の相関係数rは、母集団の相関である0を中心に分布し、大半は小さい絶対値のrで、まれにr＝0.47やr＝－0.44といった0から大きく外れた値を示します。そのため、n＝20で得られた標本の相関係数が仮に0.3程度の場合、無相関（r_p＝0）の母集団から得られた標本でも起こることだと言えます。

　このようなアイデアをもとに、相関係数の有意性の検定を実施します。帰無仮説は「r_p＝0」で、対立仮説は「r_p≠0」です。p値を求める際にはt分布を用いて計算しますが、これは図7.2.8に示した帰無仮説が正しいときに相関係数rが示す分布の中で、標本から得られたrがどこに位置するかを求めることと同じです。

標本の相関係数$r=0.5$が仮に得られたとしても、母集団の相関係数$r_p=0$からも0.5程度の相関係数が現れてしまうのであれば、帰無仮説を棄てることはできないということです。よって、仮説検定を実施した結果、$p<0.05$であることがわかってはじめて、正の相関があると主張できるようになります。逆に、$r=0.5$であっても$p>0.05$である場合には、統計的に有意な相関があるとは言えません。

母集団に含まれる全てのデータが得られている場合には、相関係数を計算し、その値をそのまま解釈するのは記述統計の枠組みであり問題ありません。

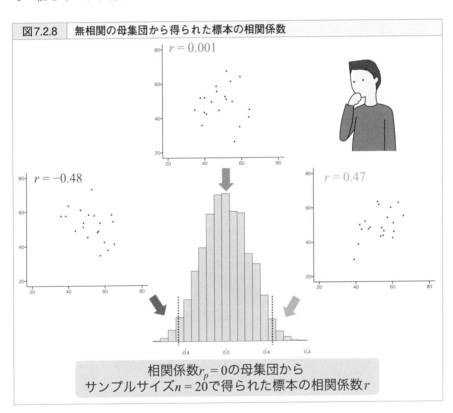

図7.2.8 無相関の母集団から得られた標本の相関係数

$r = 0.001$

$r = -0.48$

$r = 0.47$

相関係数$r_p = 0$の母集団から
サンプルサイズ$n = 20$で得られた標本の相関係数r

相関係数$r_p=0$の母集団からサンプルサイズ$n=20$で得られた標本の相関係数rを大量に生成し、ヒストグラムを描いた例。$r=0$を中心に分布し、絶対値の大きな値が現れるのはまれであることがわかります。

● サンプルサイズと仮説検定

サンプルサイズnが非常に大きい場合には、仮説検定の結果の解釈には注意が必要です。仮説検定では、サンプルサイズnが大きいと、母集団が帰無仮説からほんの少しずれていただけでもp値が小さくなり、$p < 0.05$となって統計的に有意と判断されます。これは相関係数でも同様です。例えば、サンプルサイズ$n = 10,000$で、$r = 0.03$であっても、$p = 0.002$となり、0.05を下回ります（図7.2.9）。統計的に有意に$r = 0$ではないという主張はできますが、相関係数自体は非常に小さいため、2つの変数間の関係は非常に弱いことがわかります。そのため、$p < 0.05$だからといって直ちに相関があったと判断するのではなく、rの値自体に目を向け、大きさを解釈する必要があります。

また、仮説検定と同様に、母集団の相関係数r_pの95%信頼区間を計算することが可能です。サンプルサイズnが大きいほど、狭い幅の95%信頼区間が得られ、確からしい推定が得られるようになります。

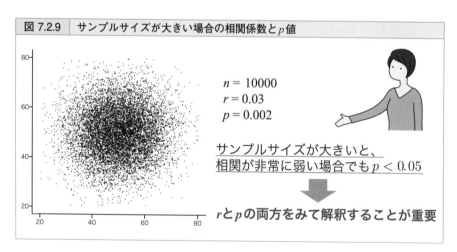

図 7.2.9　サンプルサイズが大きい場合の相関係数とp値

$n = 10000$
$r = 0.03$
$p = 0.002$

サンプルサイズが大きいと、
相関が非常に弱い場合でも$p < 0.05$

rとpの両方をみて解釈することが重要

● 非線形相関

ここまで、ピアソンの積率相関係数rでは量的データの線形な関係を、スピアマンの順位相関係数ρではランクに変換した値の線形な関係を捉えてきました。これらの値では、先述の通り、図7.2.2や図7.2.4に示したような非線形な関係は捉

えることができません。発展的な話題になりますが、近年、相関のより広い枠組みとして、情報量に基づいた指標がいくつか提案されています（例えば、MIC; Reshef et al. 2011、https://science.sciencemag.org/content/334/6062/1518）。

　これらは、XがYについて、またはYがXについて、どのくらい情報を持っているかという観点から関係性の度合いを定量化するものです。そもそも、XとYに関係性があるとは、Xを知ることでYについて知る（その逆も同様）ことができることを意味しています。例えば、ピアソンの積率相関係数$r=1$である場合、Xの値を知ることで、Yについて完全に知ることができるという点で、XはYの情報を持っていると言えます。情報に基づいて考えることは、非線形な関係も含めた一般的な枠組みであることがわかります。

7.3 線形回帰

● 回帰分析の概要

7.1でも簡単に解説しましたが、回帰とは、説明変数xと目的変数yの間に$y = f(x)$といった関数（これを回帰式と言います）を当てはめることを指します。回帰式が得られれば、説明変数と目的変数の間の関係性を知ることができ、また、新しく得られた説明変数にもとづく目的変数の予測が可能になってきます。説明変数が1つの場合の回帰を単回帰、説明変数が複数ある場合の回帰を重回帰と呼びます。重回帰については、第8章で解説します。

単回帰かつ、回帰式$f(x)$が1次関数$y = a + bx$である最も単純な場合を例に考えていきましょう。回帰式の中に現れるaとbは実数値のパラメータで、この場合1次関数なので、aは切片、bは傾きです。aとbに具体的な値を入れると、1つの回帰式（回帰直線）が定まることになります。このような回帰式$f(x)$の形状を決めるパラメータa, bを、**回帰係数（regression coefficient）**と言います。ある評価基準で回帰の良さを評価し、回帰係数の値を具体的に求めることが、回帰分析の大まかな流れになります。

回帰の枠組みでも、母集団と実際に得られる標本の関係を考えることができます。その場合、母集団は、εを確率的な誤差として

$$y = a + bx + \varepsilon \tag{式7.2}$$

という確率モデルであると仮定します。これを回帰モデルと言います。そして標本は、ある説明変数xに対し、$a + bx$とした値に、確率的な誤差εを足した値として現れる実現値と考えることができます。すなわち、説明変数x_i（$x_1, x_2, ..., x_n$）に対する目的変数の実現値y_i（$y_1, y_2, ..., y_n$）は、ε_i（$\varepsilon_1, \varepsilon_2, ..., \varepsilon_n$）を用いて、

$$y_i = a + bx_i + \varepsilon_i$$

となります。aやbは母集団の性質を表すパラメータで、未知です。そのため、標

本からこれらのパラメータを推定することが目標になります。

　ここで登場した「モデル」という語は、現象の重要な部分に着目し、単純化して、数学的に扱えるようにしたものだと捉えると良いでしょう。そして、回帰やモデルという概念は、統計学だけでなく第12章で登場する機械学習や、第13章で登場する数理モデルでも使われる広い概念であることも覚えておきましょう。モデルの概念については、第13章で述べます。

　なお、回帰分析を行うにあたっての重要なポイントは、次の通りです。

・どのような回帰式をあてはめるか

・どのようにして回帰式をデータにあてはめるか

・得られた回帰モデルをどのように評価するか

線形回帰

　回帰分析で用いられる回帰式が、「パラメータに関して」1次式になっている場合、線形回帰（linear regression）と呼ばれます。$y = a + bx + \varepsilon$ は、線形回帰の最も単純な場合です。$y = a + b_1 x + b_2 x^2 + \varepsilon$ は、xについては2次式ですが、パラメータに関しては線形なので線形回帰に分類されます。

　回帰式としては、通常xについて1次関数である$y = a + bx + \varepsilon$ がよく使われます。なぜよく使われるかは難しい問題ですが、①現実の現象において、xとyの間に線形関係または線形で近似できる関係がしばしば見られるから、②回帰係数の解釈が容易であるから、と考えておくと良いでしょう。もちろん、xの1次式や線形回帰が適切でない場合も多くあります。それについては、第8章で非線形回帰や広い枠組みである一般化線形モデルを紹介しつつ解説します。

● 最小二乗法

　回帰モデル$y = a + bx + \varepsilon$のaとbは、データからどのように決めれば良いのでしょうか？

様々なa, bの中からベストなa, bを決めるためには、モデルの良さを表す何らかの基準を与える必要があります。ここでは1つの方向性として、データになるべく合うような回帰モデルが良いモデルだと考えてみましょう。「なるべく合う」を言い換えると、「データと回帰式の差ができる限り小さい」となります。これを数学的に表してみます。

　サンプルサイズnの2変数データ$x_1, x_2, \cdots, x_n$と$y_1, y_2, \cdots, y_n$があるとして、xを説明変数、yを目的変数とします。データ$x_1, x_2, \cdots, x_n$に対し、回帰式から求まる値を$\hat{y}$で表すと、$\hat{y}_i = a + bx_i$の関係があります。次に、「データと回帰式の差」を図7.3.1に示すように、回帰式から得られる$\hat{y}_i$と各データy_iの差$\hat{y}_i - y_i$（これを残差residualと言います）を二乗し足しあげた値をEとします。Eが大きければ、データと回帰式は大きくずれており、小さければ回帰式はデータによく合っていることになります。Eは、回帰係数であるaやbを動かすことで変化し、aとbの関数と見なせるため、$E(a, b)$と書きましょう。さて、当初の目的であった「データと回帰式の差ができる限り小さい」を実現するためには、Eを最小化するaとbを求めれば良いということになります。

　線形回帰において、Eはaとbの2次関数になるため、おわん型になります（図7.3.1右）。つまり、Eが最小化されるのは、おわんの底になります。おわんの底では、接線の傾きが0なので、aとbに関して偏微分＝0として解くことで、Eを最小化する$\hat{a}$と$\hat{b}$が得られます。この、データとモデルの差の二乗を足し上げた値Eを最小化する手法を、**最小二乗法（least squares）**と言います。

　図7.3.1の左図で当てはめた回帰直線を見るとわかるように、各データが回帰直線の上に乗っているわけではありません。どうやっても、回帰直線が全てのデータ点を通るようにはできません。回帰モデルでは、これを確率的な誤差項εとして表現しています。εは説明変数xではなく、目的変数yに含まれるため、確率変数として考えるのは、目的変数yの方になります。なお、相関係数の場合とは異なり、説明変数側の分布は基本的に問いません。

図7.3.1　最小二乗法の仕組み

最小二乗法

yの残差（｜）の二乗の総和が
最小になるようにaとbを決定する

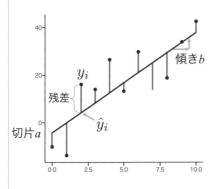

残差

切片a

y_i

$\hat{y}_i$

傾きb

モデルから得られるy

$$\hat{y}_i = a + bx_i$$

実際のy

$$y_i$$

残差の二乗の総和

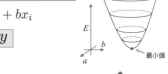

$$E(a,b) = \sum_{i=1}^{n}(\hat{y}_i - y_i)^2 = \sum_{i=1}^{n}(a + bx_i - y_i)^2$$

$E(a, b)$が最小になるa,bを求めるために
以下の連立方程式をとく

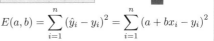

$$\frac{\partial}{\partial a}E(a,b) = 0, \quad \frac{\partial}{\partial b}E(a,b) = 0$$

最小二乗法は、回帰式から得られる$\hat{y}_i$とデータy_iの差の二乗の総和Eを最も小さくなるようにa, bを決定する手法です。Eはa, bの二次の関数になるため、偏微分した値が0になる場所を見つければ良いことになります。

● 回帰係数

　最小二乗法で得られた回帰係数$\hat{a}$と$\hat{b}$を用いて、回帰式$y = \hat{a} + \hat{b}x$が完成です。$\hat{a}$は切片、$\hat{b}$は傾きなので、xが0のときのyの値が$\hat{a}$、xが1増えたときに、yの増える量が$\hat{b}$であることを表しています。

　推定量$\hat{a}, \hat{b}$の性質を説明するために、誤差εについての仮定を簡単に解説しましょう。誤差εはxとは関係なく、平均0分散σ^2の何らかの確率分布（ここでは正規分布を仮定する必要はありません）に従う確率変数であることを仮定します。その場合、最小二乗法で得られた線形回帰のパラメータ$\hat{a}$と$\hat{b}$は、母集団のパラメータaとbの不偏推定量になります。すなわち、次のようになり、

$$E(\hat{a}) = a$$
$$E(\hat{b}) = b$$

1回1回はaやbから外れますが、平均的に過大評価や過小評価することのない推定量です。さらに、分散一定（σ^2）の仮定から最小二乗法で得られた推定量は、不偏推定量の中でも最も精度の高い（分散の小さい）不偏推定量になります。これを最良線形不偏推定量と言い、ガウス＝マルコフの定理がこれを保証します。

● 回帰係数の仮説検定

　回帰係数に関しても、仮説検定を実行することができます。この場合、前述した誤差εの仮定に加えて、誤差εの分布が正規分布である仮定が必要です。ただし、サンプルサイズnが十分大きい場合、誤差項が正規分布にしたがっていなくても仮説検定を実行することができます[2]。

　回帰係数の仮説検定において興味があるのは、説明変数xに関わる傾きbです。そのため、帰無仮説は「傾き$b=0$」で、対立仮説は「傾き$b \neq 0$」として仮説検定を実行します。帰無仮説が正しいときは、説明変数xが含まれない$y = a + \varepsilon$というモデルになり、異なる説明変数xの値に対してyは何ら変わらないということになります。仮説検定の結果、$p < 0.05$が得られると統計的にbが0でないことが主張でき、xに対し、傾きbをもった線形な関係であることがわかります。ただし、この結果だけから直ちにxからyに因果関係があるとは言えないので、注意してください。詳しくは、第10章で解説します。

　ちなみに、切片aは説明変数とは関係がなく、$a=0$であるかどうかは興味がないので、仮説検定の結果を解釈する必要はありません。

● 95%信頼区間

　第4章の平均値の信頼区間と同様に、母集団の回帰係数を推測することによって、**信頼区間**を得ることができます。図7.3.2は、推定された回帰直線の周りに影を描くことで、回帰直線の95%信頼区間を描いています。これは、同様の標本抽

---

[2]　中心極限定理から、サンプルサイズnが大きいとき、パラメータの推定量が近似的に正規分布に従うためです。

出と回帰分析を100回行ったら、100回のうち95回ほど、この範囲に母集団のモデルを含んでいることを意味しています。

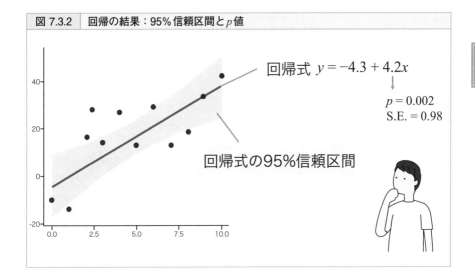

図 7.3.2 回帰の結果：95%信頼区間とp値

回帰式 $y = -4.3 + 4.2x$

$p = 0.002$
S.E. = 0.98

回帰式の95%信頼区間

> 得られた回帰式の回帰係数は、母集団のパラメータa, bの推定値になっています。第4章で見たように、推定値の信頼区間を得ることで推定値の確からしさを評価することができ、回帰では回帰直線の信頼区間を影として描画できます。

● 95% 予測区間

推定した回帰モデルをもとに、データそのものが分布する区間を描くことができます。これを、**予測区間**と言います（図7.3.3）。95%予測区間は、得られるデータの95%が含まれる範囲を示しています。これにより、新しく得られるデータを予測することができます。

信頼区間はモデルのパラメータ（つまり母集団）についての範囲でしたが、予測区間は得られるデータに関しての範囲です。これらを混同しないようにしましょう。また、グラフには何の区間を表すのかを明記することも忘れないようにしましょう。

第7章 回帰と相関

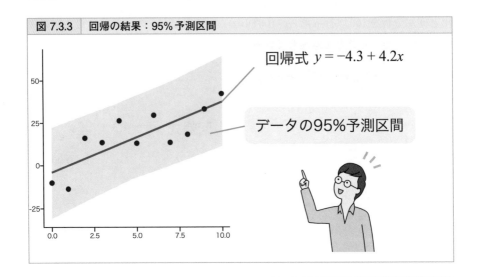

図 7.3.3　回帰の結果：95%予測区間

回帰式 $y = -4.3 + 4.2x$

データの95%予測区間

得られた回帰式から、（新しく得られる）データの95%が含まれる95%予測区間を描くことができます。回帰式の当てはまりが良いほど、予測区間の幅は狭まります。

● 決定係数

これまでの回帰分析の結果を見てわかるように、最小二乗法によってデータに当てはまりの良い回帰式を求めても、データと回帰式はぴったり合っていません。これは確率的な変動を含めた他の要因があるせいで、回帰式だけで目的変数の全てを説明できていないことに起因しています。推定した回帰式だけでは、どれほど良いモデルなのかわからないので、何らかの指標を用いて回帰式を評価する必要があります。よく使われる当てはまりの良さの指標として、**決定係数 R^2**（coefficient of determination, R-squared）があります。定義は、次の通りです。

$$R^2 = 1 - \frac{\sum_{i=1}^{n}\left(y_i - f(x_i)\right)^2}{\sum_{j=1}^{n}\left(y_j - \bar{y}\right)^2}$$

（式 7.3）

右辺第二項の分母が目的変数のトータルのばらつきを表し、分子が回帰モデル

と実際のデータの残差の二乗和で、最小二乗法の解説で登場したEです。つまり、右辺第二項は、説明されずに残っている残差の割合を表します。これを1から引き算することで、決定係数R^2はデータによって説明された割合を示します。このR^2が1に近い場合、回帰モデルがデータによく当てはまっていて、0に近い場合、当てはまりが悪いことを示しています（図7.3.4）。

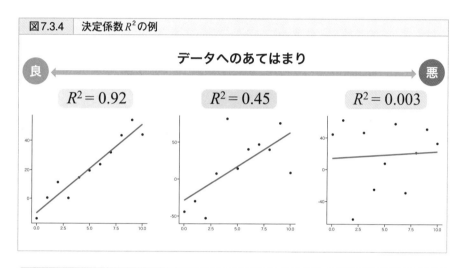

図7.3.4　決定係数R^2の例

回帰の結果として、データへの当てはまりの度合いを決定係数R^2によって評価できます。R^2が1に近いほど、当てはまりが良いことを表します。

　説明変数が1つの一次関数の線形回帰で最小二乗法を用いた場合、決定係数R^2はxとyの間のピアソンの積率相関係数rを二乗した値に一致します。そのため、相関係数rとデータの散らばり具合の関係を感覚として知っておくと、決定係数R^2からどの程度当てはまっているかが大まかにわかります。しかし、決定係数R^2は説明変数の数が増える（例えば$y = a + b_1 x_1 + b_2 x_2$）と大きくなるという性質があるため、意味のない説明変数を導入することで見かけ上、回帰モデルの説明力が上がって見えてしまうことがあります。そのため、説明変数の数kに応じて調整された、**調整済み決定係数R'^2**（Adjusted R-squared）を用いるのが一般的です。

定義は次のようになり、

$$R'^2 = 1 - \frac{\frac{1}{n-k-1}\sum_{i=1}^{n}\left(y_i - f(x_i)\right)^2}{\frac{1}{n-1}\sum_{j=1}^{n}\left(y_j - \overline{y}\right)^2}$$ **(式7.4)**

説明変数の数kに応じて値が変化することがわかります。しかし、説明変数が少なければ、決定係数R^2と大まかに似た値になります。

当てはまりがひどく悪いモデルに対して決定係数R^2（調整済み決定係数R'^2）を計算すると、値が負になることもあるので注意してください。

● 誤差の等分散性と正規性

最小二乗法で求めた線形モデルのパラメータに関して仮説検定を実行する、または信頼区間を得るためには、誤差項εの確率分布が平均0分散σ^2の正規分布であることを仮定する必要があります（図7.3.5）。ピアソンの相関係数の計算とは異なり、説明変数が正規分布である必要はありませんし、目的変数自体が正規分布である必要はありません。誤差項が正規分布に従っているかを調べるためには、データとモデルの差である残差の正規性をシャピロ・ウィルク検定などでチェックすると良いでしょう。

ちなみに、このような誤差項εが平均0分散σ^2の正規分布であるモデルは、第8章で登場する一般化線形モデルにおいて誤差の確率分布を正規分布としたモデルに一致します。

説明変数xの値によって、誤差εの分散が変化しないことを仮定すれば、最小二乗法による線形回帰モデルの推定は最良線形不偏推定量を得ることができます。等分散性の確認のためには、説明変数xが変わったときに残差$\hat{Y}_i - Y_i$の分散が変わっているかを調べる、ブルーシュ・ペーガンの検定（Breusch-Pagan test）を実行すると良いでしょう。

正規性および等分散性の仮定が満たされない場合は、第8章で紹介する一般化線形モデルを用いて、正規分布以外の確率分布を取り入れることで対処できる場合があります。また、変数の対数を取って（対数変換）対処するといった手法もあります。この場合、回帰係数の解釈が異なってくるので注意してください。

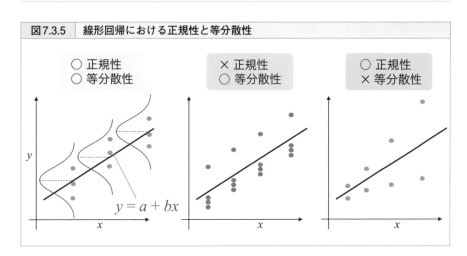

図7.3.5　線形回帰における正規性と等分散性

回帰モデルは、回帰式の周りに誤差を考えます。左は、誤差が正規分布に従い、かつxの変化に伴って誤差の分散が変化しない場合です。中央は、誤差が正規分布に従わないけれど、誤差の分散が変化しない場合です。右は、正規分布に従うけれど、xに伴って誤差の分散が変化する場合です。

● 説明変数と目的変数

　相関とは異なり、回帰には説明変数xと目的変数yという非対称性があります。そのため、分析の前に、何を説明変数にして、何を目的変数にするかを目的に合わせて考える必要があります。

①一方の変数をもう一方の変数で説明したい場合

　説明する方を説明変数に、説明される方を目的変数に設定します。「説明する」とは何かを一言で表すのは少々難しいですが、xとyの間の何らかの関係（因果関係とは限らない）を示唆すると考えると良いかもしれません。また、次の②因果の効果を知ることも排他的ではありません。

②因果の効果を知りたい場合

原因を説明変数に、結果を目的変数に設定します。ただし、以下の点には十分注意が必要です。

$x \rightarrow y$ の因果効果を正しく推定するためには、異なる x に対して、他の要因が同じでないとフェアではありません。そのため、説明変数をランダムに割り付けた介入実験から得られたデータである、または想定される他の要因も組み込んだ重回帰モデルなどを用いることが必要です。これらに関しては、第10章で解説します。

③データを予測したい場合

予測のもとにする変数を説明変数に、予測したい変数を目的変数に設定します。回帰分析の結果で得られた回帰モデルを用い、新しく得られた説明変数の値を代入することで、目的変数の値を予測することができます。x から y への因果が仮になくても、予測の観点では問題ありません。例えば、勉強時間が成績に影響しているという関係があるときに、成績のデータから勉強時間を予測したいというニーズがあるかもしれません。その場合、成績を説明変数に、勉強時間を目的変数にすれば良いでしょう。ただし、予測に特化したモデルは、いつでも解釈できるわけではないことには注意してください（第12章では、複雑な予測モデルを構築する機械学習の手法を解説していますので、興味のある読者は目を通してみてください）。

統計モデリング
線形回帰から一般化線形モデルへ

実際のデータ解析では、説明変数が複数ある場合や、説明／目的変数がカテゴリ変数の場合もあり、第7章で解説した線形単回帰モデル $y = a + bx + \varepsilon$ がいつでも適切なわけではありません。そこで、様々なデータに適用できるように、これまで学んだ線形回帰の枠組みを広げ、統一的に考えていきます。これによって、実践的なデータ分析が可能になります。

8.1 線形回帰から広い枠組みへ

● 線形回帰は様々な解析手法の基礎

　第7章では、2つの量的変数間の関係を調べる相関と回帰について解説しました。線形回帰は、xを説明変数、yを目的変数として、データに1次式$y = a + bx$を当てはめ、説明変数と目的変数の間の関係を明らかにしました。しかし、実際のデータ解析では、説明変数が1つではなく複数ある場合や、目的変数が量的変数ではなくYes/Noといったカテゴリ変数である場合もあり、$y = a + bx + \varepsilon$（εは正規分布に従う誤差）で表される回帰モデルがいつでも適切なわけではありません。

　そこで、様々なデータに適用できるように、これまで学んだ線形回帰の枠組みを広げていきたいと思います（図8.1.1）。拡張の方向性は大まかに、説明変数の数を増やす・種類を変更する、目的変数の種類を変更する、回帰モデルの形を変更するの3つに分けられます。様々なデータに対して適用できる手法を学ぶことで、実践的で柔軟なデータ分析が可能となるでしょう。

図8.1.1　様々な解析手法への拡張

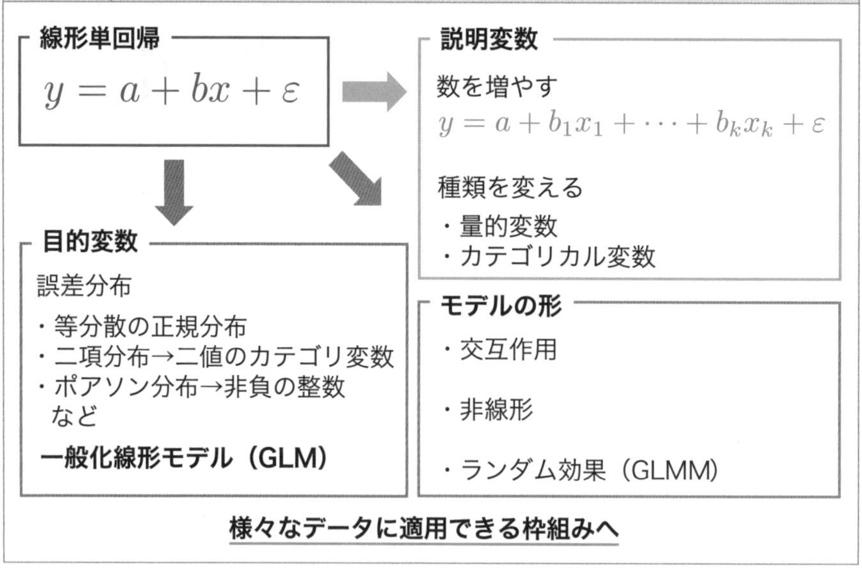

線形単回帰

$$y = a + bx + \varepsilon$$

説明変数

数を増やす
$$y = a + b_1 x_1 + \cdots + b_k x_k + \varepsilon$$

種類を変える
・量的変数
・カテゴリカル変数

目的変数

誤差分布
・等分散の正規分布
・二項分布→二値のカテゴリ変数
・ポアソン分布→非負の整数
　など
一般化線形モデル（GLM）

モデルの形
・交互作用

・非線形

・ランダム効果（GLMM）

様々なデータに適用できる枠組みへ

● 重回帰

第7章で紹介した線形単回帰モデルでは説明変数の数は1つでしたが、複数個の説明変数を同時に導入することもできます。説明変数が1つの場合を単回帰と呼ぶのに対し、**説明変数が複数ある場合を重回帰**[1]と呼びます。

一般的に、k個の説明変数を持つ最も単純な線形の重回帰モデルは、

$$y = a + b_1 x_1 + b_2 x_2 + \cdots + b_k x_k + \varepsilon \qquad \textbf{(式8.1)}$$

と書くことができ、$a, b_1, b_2, \cdots, b_k$として$k+1$個のパラメータを持ちます。

例で考えてみましょう。図8.1.2のように体重、身長、ウェストサイズの3つの変数があり、それぞれをy, x_1, x_2とします。身長が高いと体重は重い傾向が予想されますし、ウェストが太いと体重が重い傾向が予想されます。このように両方を考慮することで、体重をより良く説明する(または予測する)モデルを作ることができそうです。最も単純なモデルとして、$y = a + b_1 x_1 + b_2 x_2 + \varepsilon$という2つの説明変数を持つ線形の重回帰モデルを作ることができます。

説明変数が1つの線形単回帰モデルと同様に、aは切片($x_1 = 0$かつ$x_2 = 0$のときのyの値)、b_1はx_1軸に対する傾き(x_2を固定しながらx_1を1増加させたときのyの増加量)、b_2はx_2軸に対する傾き(x_1を固定しながらx_2を1増加させたときのyの増加量)を表します。これらの傾きb_1, b_2を、重回帰では**偏回帰係数(partial regression coefficient)**と言います。

第7章で紹介した最小二乗法を用いてこれらのパラメータを求め、データに最もよく当てはまるモデルを得ることができます。これが重回帰分析です。説明変数が2つの場合、グラフを描くと回帰モデルは直線ではなく平面になり、回帰平面となります(図8.1.2)。説明変数が3つ以上の場合は、グラフとして描くことは難しくなります。

図8.1.2	重回帰分析の例

データ

	目的変数	説明変数	
名前	y：体重(kg)	x_1：身長(cm)	x_2：ウェスト(cm)
Aさん	68.5	172.0	85.0
Bさん	72.1	169.3	91.2
Cさん	84.2	178.5	93.1
Dさん	61.4	173.0	82.0
Eさん	57.8	168.0	78.2
⋮	⋮	⋮	⋮

重回帰モデル

$$[体重] = a + b_1 \times [身長] + b_2 \times [ウェスト] + \varepsilon$$

偏回帰係数

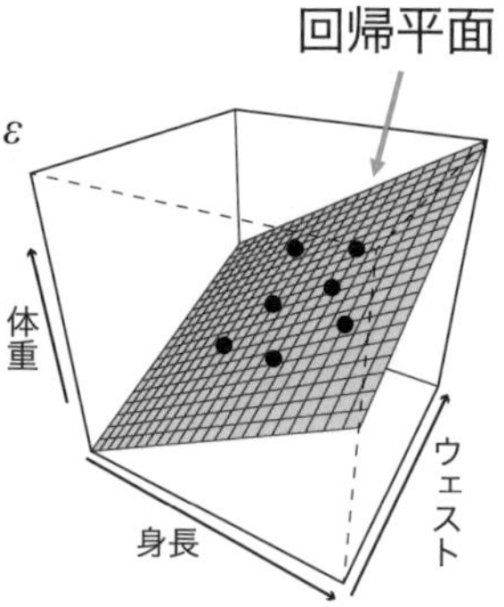

回帰平面

2つの説明変数を持つ重回帰モデルです。回帰モデルは、x_1, x_2, y の3次元空間内の平面となります。黒い点はデータを表します。ここではわかりやすさのため、各点が平面にぴったりと当てはまる例を示していますが、通常は残差があるため、各点はある程度平面から離れることになります。

● 重回帰の結果の見方

重回帰の結果は表として提示することが多いです。図8.1.3に、重回帰の典型的な結果の表を示しました。この表で注目すべき点は、推定された偏回帰係数とその有意性です。偏回帰係数はともに有意であり、[体重] = −78.8 + 0.58 × [身長] + 0.61 × [ウェスト]という回帰式が得られます。

それから、データへの当てはまりの良さを示す R^2 値と、最後の F 統計量から得られる p 値にも注目しましょう。回帰モデルの説明力の有意性、つまり偏回帰係

数が全て0のモデル（$R^2=0$）を帰無仮説として、回帰モデルの説明力の有意性を調べています[2]。$p < 0.05$であるので、この回帰モデルの説明力が高いのは偶然ではないと判断できます。

図8.1.3	重回帰の結果

体重

身長　0.576** ← 偏回帰係数b_1
(0.160)

ウェスト　0.608** ← 偏回帰係数b_2
(0.187)

定数　−78.758* ← 切片a
(29.199)

- *マークはp値を表す。基準は最下部参照
- カッコ内は推定値の標準誤差。t検定と同様に、小さいほど推定値が確からしい

サンプルサイズ　20
R²値　0.624
調整済みR²値　0.579
残差標準偏差　3.887 (df = 17) ← 最小二乗法で最小化する誤差Eを自由度df（サンプルサイズ−パラメータ数）で割った値
F統計量　14.091** (df = 2; 17) ← 回帰モデルの有意性の検定

$* p < 0.05; ** p < 0.01$

$$[体重] = -78.8 + 0.58 \times [身長] + 0.61 \times [ウェスト]$$

● 標準化偏回帰係数

　回帰分析で求めた偏回帰係数は、説明変数のばらつきの大きさや単位によって大きく変わってしまうため、偏回帰係数同士の比較はできません。例えば、体重（kg）を目的変数、身長（cm）と運動の量（1日の歩数）を説明変数として、線形重回帰モデルを作ること考えてみましょう（図8.1.4）。

　重回帰モデルは、$[体重] = a + b_1 \times [身長] + b_2 \times [1日の歩数] + \varepsilon$で、$b_1$は身長が1cm増加したときの体重の増減を表し、$b_2$は1日の歩数が1歩増加したときの体重の増減を表します。通常、身長の1cmの変化に対して体重は数百g程度異なりますが、1日の数千歩の歩数のうち1歩増えたところで体重はほとんど変わらない

[2] 本書では計算の細かい導出は追いません。

（減らない）ことは、直感的にもわかると思います。

　つまり、通常の偏回帰係数であるb_1とb_2を、そのまま比較することはできません。また、170cmの単位を1.7mや1700mmに変更することでも、b_1は大きく桁が変わってしまいます。

　そこで、偏回帰係数同士の比較のために、**標準化偏回帰係数（standardized partial regression coefficient)** を用いましょう。標準化偏回帰係数は、回帰分析を実行する前にそれぞれの説明変数を平均0標準偏差1に変換し（第三章の標準化を参照）、それから回帰分析を実施し求めた回帰係数です。標準化偏回帰係数は、それぞれの説明変数の標準偏差単位で1増えたときの目的変数の増減を表します。これによって、もともとのばらつきの大きさを基準にして偏回帰係数を評価でき、偏回帰係数同士の大きさを比較することが可能になります。説明変数を標準化しているだけなので、回帰モデルの当てはまりの良さ（説明力）や偏回帰係数のp値などは、標準化しない元々の回帰の結果と一致します。

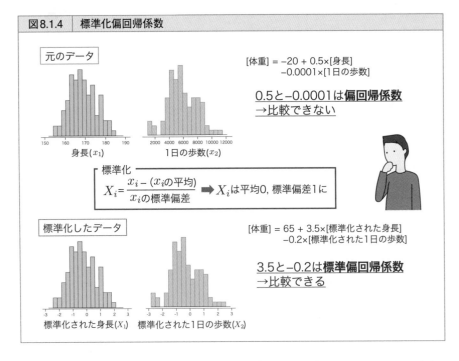

図8.1.4　標準化偏回帰係数

　図8.1.4の例では、元のデータから得られた偏回帰係数は0.5と−0.0001であり、身長の寄与が遥かに大きいように思えてしまいます。しかし、標準化した説明変

数から得られた標準偏回帰係数を見ると、身長の寄与が歩数に対して十数倍程度の違いであることがわかります。

● 偏回帰係数の解釈

　偏回帰係数または標準化偏回帰係数b_iは、x_i以外の説明変数を固定したままx_iが1増えたときのyの増加量を表します。しかし、説明変数同士に相関がある場合、x_i以外の説明変数を固定したままx_iを独立に動かすことはできず、x_iを動かすと、相関のある他の説明変数も動いてしまいます。このような説明変数同士に相関がある状況は、実際のデータ分析において珍しくありません。相関係数が1に近いような強く相関する場合には、後述する多重共線性があることを疑い、対処する必要があります。多重共線性が問題になるほど相関が強くない場合には、b_iは他の説明変数との相関を取り除いたx_iの効果であると解釈することができます。

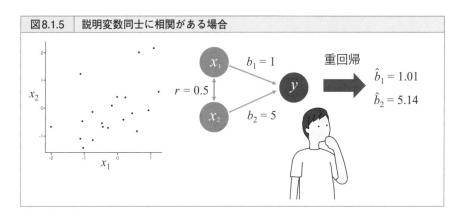

図8.1.5　説明変数同士に相関がある場合

サンプルサイズ$n=20$で、$y = x_1 + 5x_2 + \varepsilon$（$\varepsilon$は正規分布に従う誤差）から乱数を発生させて仮想データを作り、重回帰分析した結果です。ただし、x_1とx_2の間に相関が$r=0.5$程度ある説明変数を用いています。

　例として、2つの説明変数を持つ重回帰モデル$y = a + b_1 x_1 + b_2 x_2 + \varepsilon$に対し、$x_1$と$x_2$の間に相関が$r=0.5$程度ある場合を考えてみます（図8.1.5）。$b_1=1, b_2=5$という母集団から得られた仮想のデータを解析してみましょう。x_1とx_2は相関していますが、回帰分析の結果、$\hat{b}_1 = 1.01, \hat{b}_2 = 5.14$が得られ、母集団のパラメータであ

る $b_1=1$, $b_2=5$ を正しく推定できていることがわかります。仮に、$y=a+b_1x_1+\varepsilon$ として単回帰してしまうと、$\hat{b}_1=4.01$ となり、$b_1=1$ から大きく外れてしまいます。これは、単回帰によって得られた $\hat{b}_1$ に、x_1 の y への直接的な影響だけでなく、x_1 と x_2 の間の相関から生じる x_2 を通した y への影響も含まれてしまうからです。このことは、第10章で紹介する「重回帰を用いた因果効果の推定」でも重要になってくる考え方です。

● 説明変数をカテゴリ変数に

ここまでの回帰分析の解説では、説明変数は量的変数であるとして扱ってきましたが、説明変数にカテゴリ変数を用いることもできます。データ分析の現場では、説明変数がYes/No、対照群/処理群、血液型A/B/O/ABなど、カテゴリで表されるデータに直面することがあります。カテゴリには大小関係がないので、回帰分析の説明変数に用いる場合には、0 or 1の**ダミー変数**として説明変数を導入する工夫が必要になります。

カテゴリの数が2つのときは、それぞれのカテゴリに対し、ダミー変数を $x=0$ or 1 として割り当てて回帰モデルに導入します。例えば、運動が嫌い/好きという2つのカテゴリが説明変数で、病気のリスクが目的変数の回帰モデルであれば、運動が嫌いを0に、好きを1に対応付け（0と1は逆でも構いません）、$y=a+bx+\varepsilon$ という回帰モデルを構成することができます。この場合、$x=0$ のカテゴリでは $y=a+\varepsilon$ で、$x=1$ のカテゴリでは $y=a+b+\varepsilon$ になるので、傾きである b がその差分を表すことになります（図8.1.6上）。結果の解釈の際には、2つのカテゴリのうちどちらが $x=0$ で、どちらが $x=1$ であるかの確認を忘れないようにしましょう。

● カテゴリが3つ以上の場合

次に、カテゴリが3つ以上ある場合のダミー変数の扱いについて解説します。カテゴリが4つある血液型A, B, O, ABを例に考えてみましょう。2つのカテゴリの場合と異なり、4つのカテゴリを $x=0, 1, 2, 3$ といった4つの数値に対応付けることはできません。なぜなら、血液型のカテゴリには大小関係が存在せず、$x=0, 1, 2, 3$ の線形な増え方に対応していないからです。

図8.1.6　ダミー変数の作り方

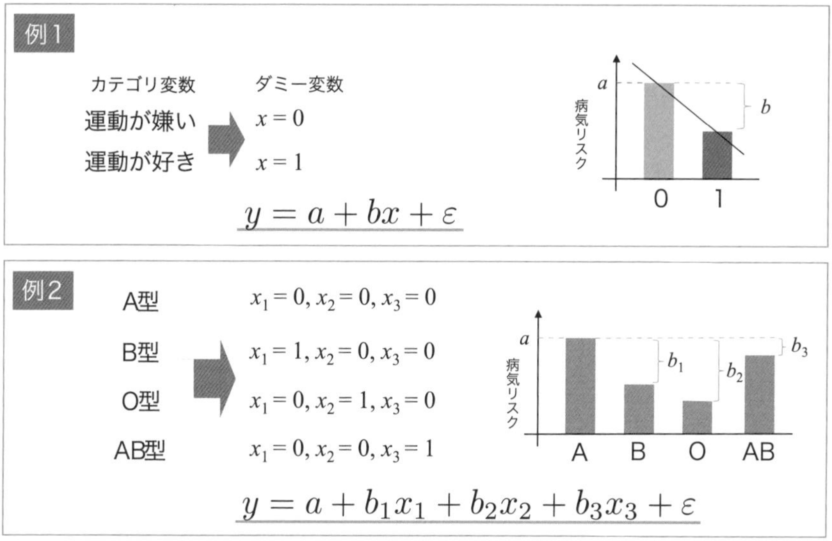

例1

カテゴリ変数	ダミー変数
運動が嫌い	$x = 0$
運動が好き	$x = 1$

$$y = a + bx + \varepsilon$$

例2

A型	$x_1 = 0, x_2 = 0, x_3 = 0$
B型	$x_1 = 1, x_2 = 0, x_3 = 0$
O型	$x_1 = 0, x_2 = 1, x_3 = 0$
AB型	$x_1 = 0, x_2 = 0, x_3 = 1$

$$y = a + b_1 x_1 + b_2 x_2 + b_3 x_3 + \varepsilon$$

カテゴリの数が2つの場合、ダミー変数を1つ用意し、$x = 0$ or 1で表します。回帰係数bが2つのカテゴリの差を表します。カテゴリの数が4つの場合はダミー変数を3つ用意し、図のように設定します。この場合、各回帰係数b_iはA型との差分を表します。

　この場合、まず0 or 1のダミー変数を「カテゴリの数−1」個用意します。血液型の場合、カテゴリの数は4つなので、3つのダミー変数x_1, x_2, x_3を用意します。そして、$\{x_1 = 0, x_2 = 0, x_3 = 0\}$, $\{x_1 = 1, x_2 = 0, x_3 = 0\}$, $\{x_1 = 0, x_2 = 1, x_3 = 0\}$, $\{x_1 = 0, x_2 = 0, x_3 = 1\}$の4通りを各カテゴリに対応させます。説明変数をカテゴリの数ではなく「カテゴリの数−1」個にしたのは、後述する多重共線性を避けるためです。2カテゴリの場合と同様、どのカテゴリをどのダミー変数の組み合わせに対応させるかは任意なので、結果の解釈のときには、カテゴリとダミー変数の対応関係をおさえておきましょう。

　推定の結果得られた回帰係数は、$\{x_1 = 0, x_2 = 0, x_3 = 0\}$に対応付けたカテゴリを基準に、他のカテゴリがどの程度異なるかを表しています（図8.1.6下）。血液型の例で、目的変数を病気リスクとすると、$\{x_1 = 0, x_2 = 0, x_3 = 0\}$はA型を表すので、$a$がA型の病気リスク、回帰係数$b_1$, b_2, b_3はそれぞれ、B型, O型, AB型の病気のリスクがA型からどれだけ異なるかを表します。

xがカテゴリカル変数の場合の線形回帰は、p値などの解析結果が二標本のt検定や分散分析の結果と一致するので、これらの解析手法は等価であり、統一的な枠組みで捉えることができます。

● 共分散分析

分散分析（またはt検定）では、平均値の群間比較を行いました。回帰分析の見方では、カテゴリカル変数である群が説明変数、縦軸に相当する量的変数が目的変数です。ここでは分散分析の解析精度を上げるための、**共分散分析 (ANCOVA; analysis of covariance)** について解説します。

共分散分析は、図8.1.7に示すように、通常の分散分析に使われるデータに加えて、量的変数のデータがある場合に候補になる手法です。この新たに加える量的変数を、**共変量 (covariate)** と言います。目的変数の違いが、共変量の違いによってもたらされている可能性を考慮した分析が可能になります。

具体例として、会社員の年収yが会社x_1（A or B）の違いによって異なるかを調べるとしましょう。年収と会社の違いのデータだけであれば分散分析で解析しますが、年収に効いてくるファクターの1つと考えられる年齢のデータも得られたとすると、[年収] $= a + b_1 \times$[会社A or B] $+ b_2 \times$[年齢] $+ \varepsilon$ の形の回帰モデルである共分散分析を使うことが視野に入ってきます。また年齢のデータを解析に導入することで、年齢の効果を差し引いて会社の効果を知ることができ、より精度の高い分析が可能になります。

分散分析では、図8.1.7右上の楕円で描いたデータの広がりを単なるばらつきとして解析しますが、共分散分析では、共変量によるばらつきであるとして解析できます。そのため、回帰直線の差（切片の差）が群間の差として現れ、検出力を高めることができます。

ただし、共分散分析が使える条件があります。1つは、群間で回帰の傾きが異ならない、すなわち回帰直線が平行であることです。これは言い換えると、次の8.2で解説する交互作用がないことを意味しています。交互作用の検定の結果、有意でない場合、この条件をクリアするとします。

　次に、回帰係数が0でないことも必要です。0である場合には、共変量を含めず通常の分散分析を行います。これも、傾きの有意性検定で有意である場合に条件をクリアするとします。

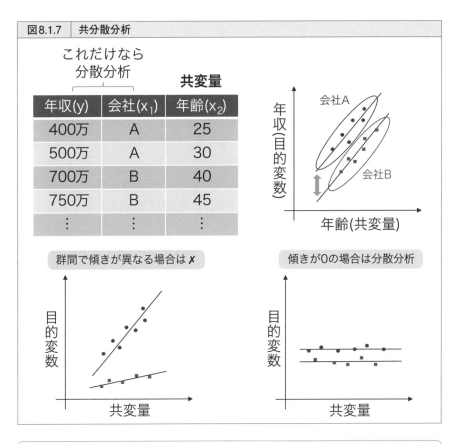

図8.1.7　共分散分析

これだけなら
分散分析　　**共変量**

年収(y)	会社(x_1)	年齢(x_2)
400万	A	25
500万	A	30
700万	B	40
750万	B	45
⋮	⋮	⋮

群間で傾きが異なる場合は ✗

傾きが0の場合は分散分析

会社A, Bで年収が異なるかを調べる例。この場合、年齢によっても年収が変化するので、年齢も分析に組み込むことで会社間の差異を明確にできます。ただし、会社間で年齢の年収に対する効果が異なる場合は、共分散分析には適しません。また、年齢によって年収が変化しない場合は、通常の分散分析を用います。

● 高次元データにおける問題

　原理的には、回帰モデルに説明変数をいくつでも組み込むことができます。しかし、説明変数の数（次元）が多いモデル、すなわち高次元データを用いた回帰には注意が必要です。

　第一に、次元が増えるとパラメータの推定に必要なデータの量が爆発的に増えてしまうという問題があります（図8.1.8）。これを、**次元の呪い**と言います。直感的には、図8.1.8に示すように、次元が増えるとデータの空間の体積が累乗で変化していくからです。例えば、サンプルサイズ$n=10$の一定のまま、次元が上がるとスカスカになっていくことが、何となくイメージできるのではないでしょうか（4次元以上のイメージは難しいですが）。

　また、次元が増えるほど、次に解説する多重共線性の問題が起きやすくなり、モデルの推定精度が悪くなってしまいます。

　1つの対策としては、第12章で紹介する次元削減の手法を使って、次元を減らすことが挙げられます。

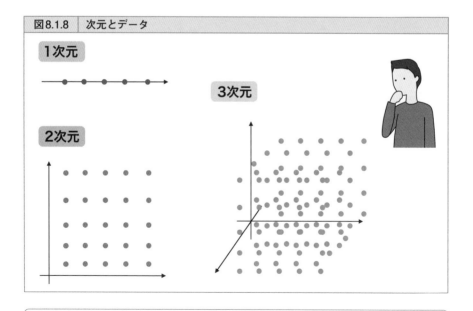

| 図8.1.8 | 次元とデータ |

1次元で5点、2次元で25点、3次元で125点といったように、次元が上がることで空間を埋め尽くすために必要なデータが爆発的に増えてしまいます。

● 多重共線性

説明変数が複数個ある重回帰において、説明変数同士が強く相関している場合、**多重共線性（multicollinearity）**があると言います。そして多重共線性がある場合、回帰係数の推定の誤差が大きくなる問題が起こる可能性があります。つまり、推定値の信頼性が落ちるということです。

$y = x_1 + 5x_2 + \varepsilon$ という重回帰モデルの例を見てみましょう（図8.1.9）。この場合、母集団のパラメータは $b_1 = 1$、$b_2 = 5$ です。x_1 と x_2 の相関係数 r を色々と変えて、乱数を発生させて仮想のデータを作り、重回帰分析して推定した $\hat{b}_1$ と $\hat{b}_2$ の値を観察してみます。r の広い範囲で、$\hat{b}_1$ と $\hat{b}_2$ は正解である $b_1 = 1$、$b_2 = 5$ 付近に分布していますが、r が1に近いと、$\hat{b}_1$ と $\hat{b}_2$ が上や下に大きくぶれていることがわかります。これが多重共線性によって、回帰係数の推定誤差が大きくなっている状態です。

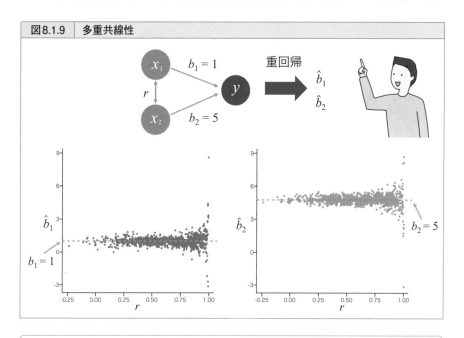

図8.1.9　多重共線性

様々な r に対し、サンプルサイズ $n=20$ で、$y = x_1 + 5x_2 + \varepsilon$ からデータを発生させ、パラメータを推定しました。グラフ中の青い点線が、パラメータの正解の値です。r が1に近いところで、大きく上や下にぶれており、推定の精度が急に悪くなることがわかります。

なぜ、このような問題が起こるかを直感的に理解するために、図8.1.10を見てみましょう。2つの変数x_1, x_2の間に相関があると、2つの変数は直線的な関係にあるので、y, x_1, x_2の空間の中では、データが直線的な領域に分布することになります（図8.1.10左）。

　しかし、ここで推定したいのは、$y = a + b_1 x_1 + b_2 x_2$の平面です。そのため、直線から少し外れた値によって、平面の推定、すなわちb_1やb_2が大きく変わってしまうことになります。一方、説明変数同士が無相関であれば、データは平面状に広がるので、平面の推定が安定します（図8.1.10右）。

　推定値が不安定な場合、たまたま直線的関係から外れた値に回帰係数が影響されてしまうので、回帰係数を解釈することが困難になります。

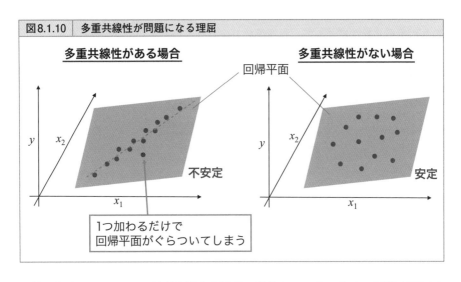

図8.1.10　多重共線性が問題になる理屈

多重共線性がある場合

多重共線性がない場合

回帰平面

y　x_2

不安定

x_1

y　x_2

安定

x_1

1つ加わるだけで
回帰平面がぐらついてしまう

　特に観察データでは、説明変数を実験的に操作していないため、説明変数同士が強く相関することがよくあります。また、説明変数の数が多い場合には、高次元の問題でも述べたように、多重共線性の問題が起きやすくなるため、対処する手法が重要になってきます。

　まず、多重共線性の度合いを測るために、**分散拡大係数（VIF; variance inflation factor）**を計算しましょう。VIFは各説明変数に対して値が算出されます。VIFを求めるために、1つの説明変数x_iを目的変数に設定し、残りの説明変数を用いて回帰し、その決定係数R_i^2を計算します。

そして、説明変数iのVIF$_i$は、R_i^2を用いて次のように計算されます。

$$\mathrm{VIF}_i = \frac{1}{1 - R_i^2} \qquad \text{(式8.2)}$$

x_1を目的変数に設定する場合を例にすると、次の回帰から得られる決定係数R_1^2を求め、VIF$_1$を得ることになります。

$$x_1 = c + \alpha_2 x_2 + \alpha_3 x_3 + \cdots + \alpha_k x_k \qquad \text{(式8.3)}$$

VIF > 10であるような場合には、2つの間の相関は非常に強いことを表します。VIFは相関係数と密接に関連していて、VIF = 10とは相関係数でいうと0.95程度と、かなり高い値に相当します。このような場合、2つの変数を両方入れた回帰モデルは、解釈のためには避けるべきです。ただし、多重共線性の強さはサンプルサイズによっても変化するため、VIF > 10は1つの基準であり、目安として考えてください。

　強い多重共線性があると判明した場合、対処法として相関し合う2つの変数のうち1つを除く、または第12章で解説する主成分分析等の次元削減の手法を用いて、説明変数の数を減らすと良いでしょう。強く相関する変数をなくしたデータセットを用いることで、安定した回帰モデルを得ることができます。
多重共線性は回帰係数の推定が不安定になることであるため、予測が目的の回帰の場合、新規データの予測性能が悪くなる可能性があります。よって、予測においても変数の数を減らす等、多重共線性に対処する必要があります。

8.2 回帰モデルの形を変える

● 交互作用

これまで、線形回帰のモデルは説明変数の数を k 個として、

$$y = a + b_1 x_1 + b_2 x_2 + \cdots + b_k x_k + \varepsilon$$

で表されるモデルを扱ってきました。このモデルは、ある説明変数 x_i は他の説明変数とは独立に、1増えるごとに b_1 だけ目的変数が変化することを仮定しています。しかし、現実のデータにおいては、x_i が1増えたときの y の増え方が、他の説明変数に影響される場合も考えられます。このような説明変数間同士の相乗効果を**交互作用**と言い、線形回帰モデルの中に掛け算 $c x_i x_j$ として導入することができます。

例えば、説明変数が2つであれば、交互作用のある線形回帰モデルは $y = a + b_1 x_1 + b_2 x_2 + c_1 x_1 x_2 + \varepsilon$ となります。ただし、回帰モデル、特に説明変数が量的変数である重回帰モデルに交互作用項を入れるかどうかの判断は、多くの統計ユーザが迷う箇所です。

その理由は、次の通りです。

・交互作用を入れると解釈が難しくなること
・説明変数の数が増えると、交互作用項の数が爆発的に増えること
・交互作用の形は色々あり得るけれど、掛け算で導入していること
・説明変数と交互作用項の多重共線性の問題[3]

そのため、次のような場合に限って導入することをおすすめします。

---

3) 説明変数の平均を0にする変数変換（中心化）によって対処することがあります。

・交互作用があることが先行研究の知見から明らかになっている、または期待される場合
・データから明らかに交互作用がある場合
・交互作用の有無に興味がある場合

● 二元配置の分散分析

第6章で登場した、群間で平均値を比較する手法の分散分析は、A, B, Cといった群の違いだけを考えていたため要因は一種類であり、一元配置の分散分析と言います。重回帰分析で学んだことを思い出すと、複数個の説明変数を導入することができました。分散分析でも同様に、複数の要因を同時に考えることが可能で、多元配置の分散分析と言います。説明変数が複数個ある場合、交互作用を考えることもできます。2つの要因を持つ、**二元配置の分散分析**を例に説明しましょう。

茎の長さ（目的変数）に対し、1つ目の要因（説明変数x_1）を肥料のなし／あり、2つ目の要因（説明変数x_2）を温度の低／高として、これらの要因が茎の長さに影響しているかを分析するとします。交互作用を考慮しないモデルであれば、［茎の長さ］＝切片＋$b_1 x_1$（肥料なし＝0 or 肥料あり＝1）＋$b_2 x_2$（低温＝0 or 高温＝1）＋εとなり、肥料の効き方は、低温か高温かに依りませんし、温度変化の影響も肥料の有無に依りません。しかし、現実の現象では、肥料の効き方は温度によって変わる可能性も考えられます。そこで、交互作用項$c_1 x_1 x_2$を導入した二元配置の分散分析を実行することができます。

交互作用項があるということは、x_2についてまとめると $(b_2 + c_1 x_1) x_2$ なので、これまで一定だったb_2に代わって、$(b_2 + c_1 x_1)$ がx_2に掛かっています。つまり、x_2が0（低温）から1（高温）になったときの茎の長さが、肥料の有無x_1に依存することになります。図8.2.1は、そのような交互作用がある例を示しています。温度が変わったときの効果は、肥料の有無によって異なることが見て取れます。

仮説検定の結果、交互作用項c_1が有意でなければ交互作用なしとして、それぞれの主効果（main effect）をそのまま評価します。交互作用項c_1が有意であれば交互作用ありとして、下位の検定としてそれぞれの要因に分け、主効果（単純主効果）を評価することができます。この場合、段階的に仮説検定を実施しているので、ボンフェローニ法等の多重比較によって有意水準αを調整することが推奨されます。

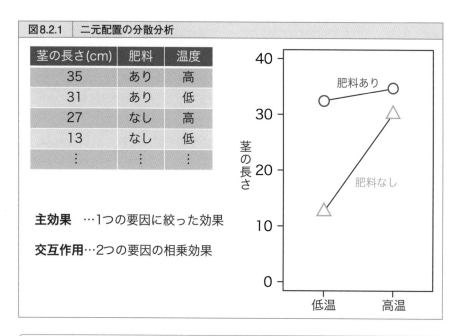

| 図8.2.1 | 二元配置の分散分析 | |

茎の長さ(cm)	肥料	温度
35	あり	高
31	あり	低
27	なし	高
13	なし	低
⋮	⋮	⋮

主効果 …1つの要因に絞った効果

交互作用…2つの要因の相乗効果

２つの要因である肥料と温度の違いによって、茎の長さが異なるかを調べる実験のデータです。右図の○と△は、それぞれの条件での、茎の長さの平均値を表します。

　交互作用のパターンにはいくつかあるので、その例を図8.2.2に示しました。要因Bが○ or △だとして、要因B=○のときの要因Aに対する傾きと、要因B=△のときの要因Aに対する傾きを見てみましょう。交互作用がなければ2つの傾きは平行に、交互作用がある場合は平行ではなくなります。

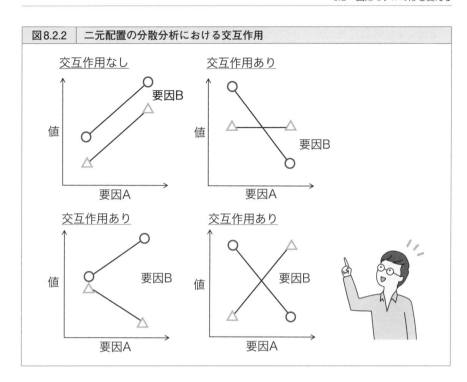

図8.2.2　二元配置の分散分析における交互作用

● 非線形回帰

ここまで、1次関数で表される線形モデルで交互作用を含むものまで考えてきました。第7章でも触れたように、線形モデルという語はパラメータに関して線形ということを意味しています。そのため、$y = a + bx + cx^2$ というモデルは x について二次式で非線形ですが、パラメータに関して1次式で線形なので、線形モデルと言います。

このような、x に関して非線形なモデルをデータに当てはめることは可能ですが、注意が必要です。仮に2次関数を当てはめた場合、その係数の解釈が難しくなるため、むやみやたらに複雑なモデルを使うことは通常推奨されません。そのため、結果の解釈（回帰係数の解釈）を重視した通常の統計学の枠組みであれば、1次関数の回帰モデル（＋必要があれば交互作用）を用いるのが一般的です。

また、2次関数だけでなく3次関数や10次関数といった関数の候補はいくらで
もあるため、どのモデルが適切か、そもそも「適切な」とはどの観点から見た適
切さなのかを考える必要があります。これは、後述する過剰適合の問題とも深く
関わってきます。予測を重視した回帰モデルであれば、解釈を二の次にしてモデ
ルの複雑さをほどほどに上げ、予測の性能を上げる場合もあります。

　パラメータに関しての非線形回帰モデルも同様です。パラメータが非線形なモ
デルもいくらでもあり得るため、なぜそのモデルを使うのかの理由が必要になり
ます。そのため、現象に対してどのようなモデルが適切であるかが明らかである
場合に、非線形回帰を用いるのは問題ないでしょう。例として、酵素の化学反応
における基質濃度と反応速度の関係を紹介します。
基質濃度 x と反応速度 y は、

$$y = \frac{V_{\max} x}{K_m + x}$$ **(式8.4)**

というミカエリス・メンテン式に従うことが知られています（図8.2.3）。式中の
$V_{\max}$ と K_m はそれぞれ、基質濃度が無限大のときの反応速度を表すパラメータと、
最大速度の半分の速度になる基質濃度を表すパラメータです。この場合、K_m が分
母に現れ、パラメータに関して線形ではないので非線形なモデルです。
　酵素反応という現象自体は、化学反応のルールから導出されたミカエリス・メ
ンテン式に従い、酵素の個別の性質は2つのパラメータに反映されています。そ
のため、基質濃度と反応速度のデータから、このモデルの形を仮定してパラメー
タを推定することには問題ないと言えるでしょう。

　非線形回帰の多くの場合、最小二乗法でパラメータを求める際、厳密に解くこ
とはできず、コンピュータを使って解く必要があります。また、微分係数が0に
なる点が複数ある可能性があり、局所解に陥る可能性もある点には注意しましょう。

| 図8.2.3 | 非線形回帰の例 |

ミカエリス・メンテン式

$$y = \frac{V_{\max}x}{K_m + x}$$

反応速度(y)	基質濃度(x)
1.2	10
4.0	25
5.5	35
6.7	75
⋮	⋮

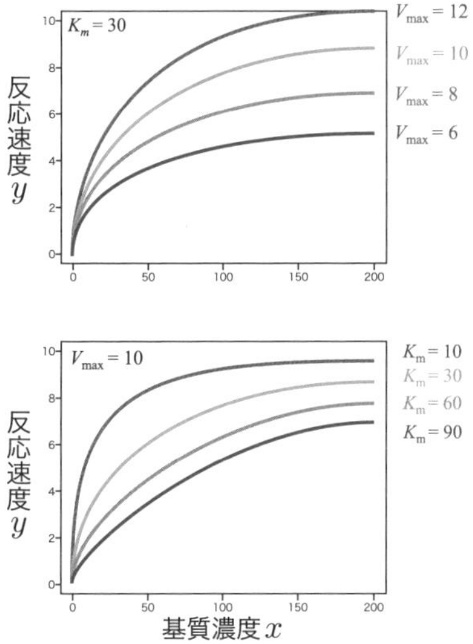

データから$V_{\max}$とK_mを求める

基質濃度 x

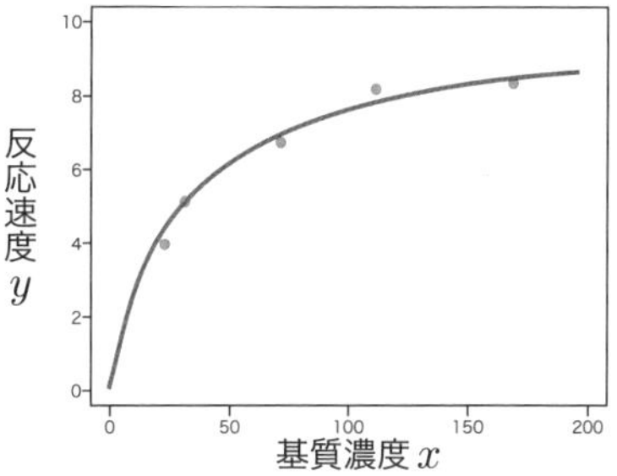

8.3 一般化線形モデルの考え方

● 線形回帰の枠組みを広げる

ここまで、主に $y = a + b_1 x_1 + b_2 x_2 + \cdots + b_k x_k + \varepsilon$ のモデルを考え、最小二乗法によってパラメータを推定することを考えてきました。この枠組は、説明変数が量的変数である重回帰から、説明変数がカテゴリ変数である分散分析までを含み、**一般線形モデル（general linear model）**と言います。次に、一般線形モデルの枠組みを広げ、最小二乗法ではなく確率分布に基づいた最尤法という手法を使って回帰モデルを推定する、**一般化線形モデル（GLM; Generalized Linear Model）**があります。一般線形モデルと名前がよく似ていますが、混同しないようにしましょう。

図 8.3.1　統計モデリングの枠組み

- 階層ベイズ
  複雑なモデリング

- 一般化線形混合モデル（GLMM）
  ランダム効果も考慮

一般化線形モデル（GLM）

- 最尤法による推定
- 誤差分布が二項分布・ポアソン分布など

正規分布 ＝ ── 一般線形モデル ──
・最小二乗法による推定
・分散分析・(重)回帰・共分散分析

*『データ解析のための統計モデリング入門』（久保拓弥 著）を参考に作図しています。

　一般化線形モデルを使うことで、より広い目的変数のタイプの回帰を実行することができます（図8.3.1）。さらに一般化線形モデルをベースに、個人差・場所差のようなランダムな効果を導入した一般化線形混合モデルや第11章でのベイズ推定を用いた階層ベイズといった柔軟なモデリングが可能になります。

　このようなデータの性質を考慮しながら確率モデルを仮定し（ベイズ推定であれば事前分布も設定し）、パラメータを推定しモデルを評価する一連の作業をまとめて、統計モデリングと呼びます。

● 線形回帰が適切でない状況

　ここまでの回帰モデルでは目的変数に関して、連続量の量的変数で、誤差分布が正規分布かつ、説明変数に沿って誤差の分散が変化しないことを仮定してきました。しかし、実際のデータ解析においては、目的変数がYes/Noといった二値の変数であることや、カウント数のような非負の整数（0, 1, 2,...）である状況に直面することはよくあります。

　図8.3.2は、その例を示しています。左図は虫に様々な量の殺虫剤を与えたときの、個体の生/死のデータを得た例です。殺虫剤量を増やしていくと死亡する割合が上がっているように見えます。しかし、殺虫剤量と生/死の関係に対して直線的なモデルを当てはめることは、大まかに傾向を捉えているように見えますが、直線が何を意味しているのかよくわかりません。

　図8.3.2の右図は、各植物個体に様々な肥料の量を与え、咲いた花の数をカウントした例を示しています。肥料の量が少ない場合、花が咲かず0が続いているのが見えますが、肥料の量が多いと、多くの花が咲き、またばらつきが大きいこともわかります。こういった場合でも、直線的なモデルを当てはめると、目的変数がカウント数であるにもかかわらず、直線はマイナス側にも存在してしまい、直線が何を意味しているのかよくわかりません。

　よって、こういったタイプの目的変数に対しては、これまでの線形回帰モデルを当てはめることは適切ではなく、一般化線形モデルの枠組みで、確率分布をきちんと考慮してモデル化することが必要になります。

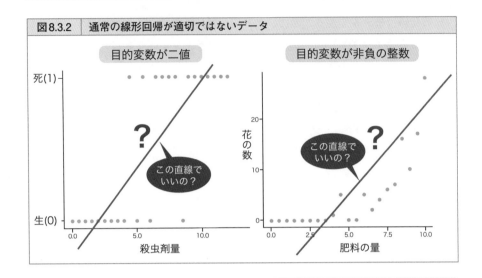

図8.3.2　通常の線形回帰が適切ではないデータ

左は、目的変数が生きているか死んでいるかの2つのカテゴリの例です。右は、目的変数が花の数というカウント数の例です。

● 尤度と最尤法

　最小二乗法では、回帰モデルとデータの間の差（残差）の二乗を計算し、最小化することでパラメータを求めました。最小二乗法における、回帰モデルのデータへの当てはまりの良さは、回帰モデルとデータの距離（残差）に基づいています。しかし、前述したような二値変数である目的変数のデータや、非負の整数である目的変数といったデータでは、ほとんど同じ値を取る領域（例えば、図8.3.2左の説明変数が小さいまたは大きい領域）や、値が大きくばらつく領域があったりします（例えば、図8.3.2右の説明変数が大きい領域）。

　そのため、距離をもとにモデルとデータの適合度合いを測るよりも、データが確率的に生成されたことを考え、確率的な起こりやすさをもとにデータへの当てはまりの良さを評価すると良さそうです。

　確率分布はパラメータを決めると形状が決まり、どの値がどの程度起きやすいか（確率）を表しました。手元にあるデータを x（$x_1, x_2, ..., x_n$）、確率分布のパラ

メータをθと表記すると、データxがあるパラメータθの確率分布からどの程度起きやすいかは、次のように書くことができます。

$$P(x|\theta) = P(x_1|\theta) \times P(x_2|\theta) \times \cdots \times P(x_n|\theta)$$

$P(x|\theta)$ を、データxに対してパラメータθの関数として見たものを、**尤度（ゆうど, likelihood）** と言います。すなわち、

$$L(\theta|x) = P(x|\theta)$$

です。手元のデータxに対しθを変えることで、尤度が変化するイメージです。尤度が大きいことは、そのθで手元のデータが起きやすいことを表しています。そこで、θを様々変えて尤度を最大化するθを見つけ、推定値とすれば、手元のデータへ最も当てはまるパラメーターθを得ることができます。

　この手法を、**最尤法（maximum likelihood method）または、最尤推定（maximum likelihood estimation）** と言います。通常、尤度の対数を取って対数尤度$\log L(\theta|x)$ として計算することが多いです。対数を取っただけなので、尤度を最大化するθと対数尤度を最大化するθは同じ値になります。

　一般化線形モデルは、目的変数の誤差の確率分布を指定し、尤度にもとづいてパラメータを推定する回帰と言えます。ただし、線形回帰で通常仮定される正規分布の誤差を持つモデルに対し、最小二乗法を用いてパラメータを推定した結果と、最尤法を用いて推定した結果は一致します。その意味で、一般化線形モデルはこれまでの正規分布の誤差を仮定した最小二乗法を包含し、さらに正規分布以外の確率分布を用いることができるという点で自然な一般化になっています。

● 最尤法のイメージ

　最尤法のイメージを、図8.3.3に示しました。図のヒストグラムが、とある確率分布から得られたデータです。これに対し、確率分布として正規分布を想定して、最尤法でパラメータを推定してみましょう。ここでは単純化のために、平均値のパラメータμだけに着目します。

　図の左上は、$\mu=40$とした場合のモデル（黒の実線）とデータを重ねて描いていますが、ずれているように見えます。$\mu=60$とした場合、左下も同様にずれて見え

ます。

　一方、$\mu=50$としてモデル化した右上の場合は、良さそうに見えます。これら3つの場合に対し、対数尤度$\log L$を計算してみると、$\mu=50$の場合が最も大きな値になっている[4]ので、この3つの中では$\mu=50$のモデルが最もデータに当てはまることがわかります。

　もちろん、このμを3つの値だけでなく、あらゆる値で調べなくてはなりません。その結果が、右下の図です。横軸がモデルのパラメータμを、縦軸が対数尤度$\log L$を表します。$\mu=51.1$で$\log L$が最大化されることがわかるので、最尤法を用いた推定の結果、$\hat{\mu}=51.1$が得られます。タネ明かしをすると、この例で用いたデータは、$\mu=50.0$の正規分布から乱数として得られたものです。データは母集団から得られた標本であるため、ある程度のズレが生じるのは自然なことです。そのため、推定値$\hat{\mu}51.1$は、データを生成した分布の$\mu=50.0$から少しずれています。

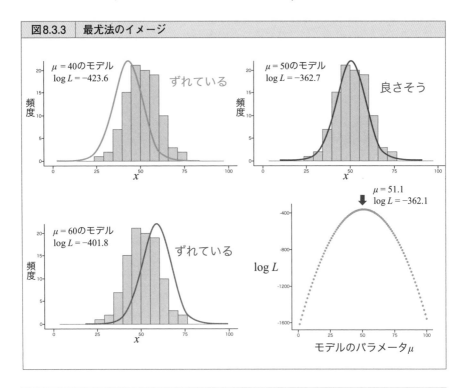

図8.3.3　最尤法のイメージ

---

4)　対数尤度は確率（密度）の対数を取っているので、負になることは普通です。

● ロジスティック回帰

　一般化線形モデルの1つである、**ロジスティック回帰（logistic regression)**
を紹介しましょう。ロジスティック回帰は、目的変数が二値のカテゴリ変数であ
る場合に使われる回帰です。例えば、目的変数がアンケートのYes/No、病気に罹
患した/しない、生存/死亡などといった場合です。カテゴリの1つが起こる確率
をp（もう一方が起こる確率は$1-p$）とすると、ロジスティック回帰は、説明変
数xを変えたときに、pがどのように変わるかを調べる回帰です。このpは、次に
解説する**二項分布**のパラメータに相当します。

　図8.3.4の例は、様々な濃度で殺虫剤を虫に与えて、生死を調べた実験データで
す。この場合、目的変数yは二値のカテゴリ変数（生:0, 死:1とします）、または
上限のあるカウント数$(0, 1,..., N)$であるため、ロジスティック回帰を用いてみ
ましょう。殺虫剤濃度x $(x_1, x_2,..., x_n)$と虫の各個体の生死データy $(y_1, y_2,..., y_n)$
に対し、回帰モデルは殺虫剤濃度x_iから個体の死亡率p_i $(0 \leq p_i \leq 1)$を関係づけ
て、そのp_iを持つ二項分布$B(N, p_i)$から各データy_iが発生したと考えて、

$$y_i \sim B(N, p_i) \tag{式8.5}$$

$$p_i = \frac{1}{1+\exp\left(-(a+bx_i)\right)} \tag{式8.6}$$

となります（〜は、左の確率変数が右の分布に従うことを表し、$\exp(x)$は自然対
数eのx乗を表します）。

　式8.6を見ると、$a+bx$という最も単純な一次式が$\exp$の中に含まれることがわ
かります。ロジスティック回帰を用いた分析では、データからパラメータa, bを
推定し、起こる（この場合、死亡する）確率pのモデルを構築します。これまで
の回帰と同様に、パラメータbが0であれば、説明変数xが変わっても目的変数が
変わらないことになります。

　$a+bx$は、式8.6のやや複雑な関数を通してpに変換されています。この関数が
後述する**ロジスティック関数**で、$a+bx$を0から1の範囲に変換する働きをしてい
ます。データの実現値は0 or 1の二値であるのに対し、回帰式の目的変数は連続

値の確率pであることに注意しましょう。

図8.3.4の例に対し、最尤推定でパラメータを推定すると、$\hat{a} = -4.82, \hat{b} = 0.84$ が得られます。図中の線が式8.6に推定されたパラメータを代入した回帰モデルで、殺虫剤濃度を上げると死亡率が増加していくことがわかります。

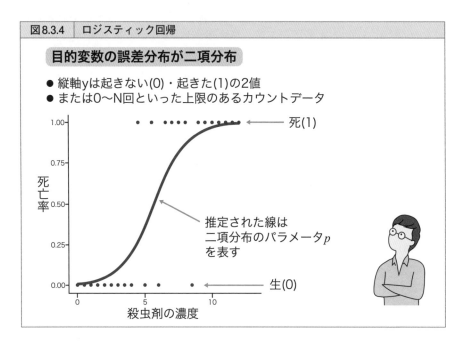

図8.3.4 ロジスティック回帰

目的変数の誤差分布が二項分布

● 縦軸yは起きない(0)・起きた(1)の2値
● または0〜N回といった上限のあるカウントデータ

● 二項分布

ロジスティック回帰に使われる離散型の確率分布である**二項分布**を紹介しておきます。起きる/起きないの2つの状態を取る現象を考え、起きる確率をp、起きない確率を$1-p$とします。試行を通してpは一定で、毎回の結果は独立に得られるとします。すると、N回のうちx回 （$0 \leqq x \leqq N$） 起こる確率 $P(x; N)$ は、二項係数を用いて次のように書けます。

$$P(x; N) = {}_N\mathrm{C}_x p^x (1-p)^{N-x}$$

これが、二項分布$B(N, p)$です。分布の形状を決めるパラメータは確率pと、試行回数Nで、平均はNp、分散は$Np(1-p)$となります。

例えば、正しいコイントスを考えると、$p=1-p=0.5$のパラメータで、N回中x回表が得られる確率は次のように書けます（図8.3.5）。

$$P(x;N) = {}_N\mathrm{C}_x (1/2)^N$$

分布の形状は、$N=1$であれば図の上中央のように表され、$N=20$であれば図下の緑線のようになります。

二項分布は、Nを大きくすると正規分布に近似できるという特徴があります[5]。

第8章　統計モデリング

図8.3.5	二項分布

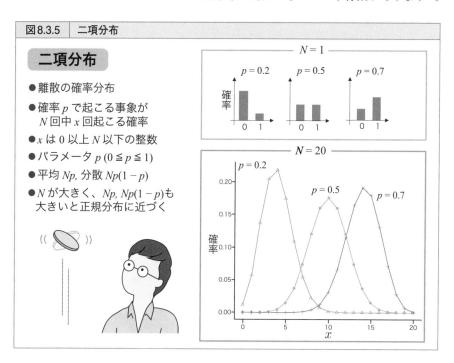

二項分布

- 離散の確率分布
- 確率 p で起こる事象が N 回中 x 回起こる確率
- x は 0 以上 N 以下の整数
- パラメータ p $(0 \leq p \leq 1)$
- 平均 Np, 分散 $Np(1-p)$
- N が大きく、Np, $Np(1-p)$ も大きいと正規分布に近づく

● ロジスティック関数

ロジスティック関数 $f(x)$ は、定義域が $(-\infty, +\infty)$ で、値域が $[0,1]$ であるため、二項分布のパラメータ p $(0 \leq p \leq 1)$ を表すのに適しており、加えて数学的に扱いやすいという性質を持っています。

---

5)　二項分布は離散の確率分布で、正規分布は連続値の確率分布ですが、Nが十分大きい場合に二項分布を近似的に連続と見なしても問題ありません。

式中のaとbを変えることで、ロジスティック関数がどのように変わるかを示したのが図8.3.6です。aは平行移動、bは変化の度合いを表すパラメータです。bの絶対値が大きいほど、急激に変化することがわかります。また、bの正負は、ロジスティック関数が増加関数/減少関数かを決めます。通常の線形回帰と同様に、説明変数xの回帰係数bが0でない値を取ることで、説明変数xが目的変数と関係することを表します。

　式8.6を式変形すると次のようになり、

$$a + bx = \log \frac{p}{1-p} \qquad \text{(式8.7)}$$

この右辺を**ロジット関数（logit function）**と言います。

　一般化線形モデルの枠組みでは、左辺の$a+bx$の部分を**線形予測子**と言い、線形予測子と目的変数の確率分布のパラメータ（二項分布ではp）をつなぐ関数を、**リンク関数**と言います。すなわち、ロジスティック回帰のリンク関数はロジット関数ということになります。リンク関数を変更することで、目的変数の誤差の確率分布（誤差構造）を指定し、柔軟なモデリングが可能になります。この線形予測子とリンク関数が、一般化線形モデルの主要部分です。

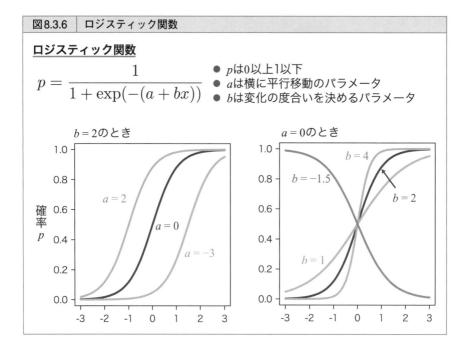

図8.3.6　ロジスティック関数

ロジスティック関数

$$p = \frac{1}{1 + \exp(-(a + bx))}$$

- pは0以上1以下
- aは横に平行移動のパラメータ
- bは変化の度合いを決めるパラメータ

● オッズ比

ロジスティック回帰の結果に対して、**オッズ比（OR; odds ratio）** という値を用いて評価することがあります。オッズ比はロジスティック回帰だけに限らず、統計学一般に、起こりやすさを比較する尺度として用いられます（図8.3.7）。

まず、オッズから定義しましょう。ある事象が起こる確率pに対し、起こらない確率$1-p$との比である

$$p/(1-p)$$

を**オッズ（odds）** と言います。

例えば$p=0.8$であれば、オッズは$0.8/0.2=4$です。オッズは確率p（$0 \leq p \leq 1$）を、$0 \leq$オッズ$\leq \infty$範囲に変換した値だと考えると良いでしょう。オッズは元々、ギャンブルで使われていた指標で、賭けに勝つ確率pに対し、オッズの逆数が勝った場合の利益の配当倍率を表します。$p = 0.2$であればオッズ $= 0.2/0.8 = 1/4$なので、勝った場合、掛け金の4倍が利益として得られるということになります。

2つの確率pとqに対し、2つのオッズの比をオッズ比（OR; odds ratio）と言います。

$$OR=(p/(1-p))/(q/(1-q))$$

オッズ比が1より大きい場合、確率pの方が確率qよりも起きやすいことを表します。逆に1よりも小さい場合は、確率qの方が確率pよりも起きやすいことを表します。

オッズ比は、医療統計分野でしばしば用いられます。例えば、喫煙によって肺がんが起こりやすくなるかどうかを明らかにする分析で、喫煙者の肺がんになる確率pと、非喫煙者の肺がんになる確率qを比較するような場合です。

なお、オッズ比の解釈には注意が必要です。オッズ比が2であることは、2倍起こりやすいことを意味するわけではありません。一方、p/qで定義されるリスク比であれば、その解釈はできます。そのため、オッズ比は解釈しにくいと感じるかと思います。

それにも関わらず、オッズ比はよく使われます。その理由は、主に2つです。

1つは、オッズ比が数学的に扱いやすいことです。特にロジスティック回帰では、ロジット関数の中にオッズが現れるため、オッズ比を見ることは自然で扱いやすいということになります。喫煙$x=1$, 非喫煙$x=0$のロジスティック回帰の結果で得られた$\hat{a}$と$\hat{b}$を用いると、喫煙者の肺がんになる確率は$p = 1/(1+\exp(-(\hat{a} + \hat{b})))$、非喫煙者の肺がんになる確率は$q = 1/(1+\exp(-\hat{a}))$となり、オッズ比は$\exp(\hat{b})$とシンプルな形になります。そのため、回帰係数$b$が0かどうかは、オッズ比が1かどうかに対応しています。

オッズ比を使った研究で、オッズ比の95%信頼区間を表示することがありますが、オッズ比の95%信頼区間が1をまたぐかどうかが、説明変数の効果に関する5%水準の検定の有意性に対応しています。例えば、オッズ比の95%信頼区間が$[1.2, 4.8]$であれば、1をまたがないため有意に説明変数の効果がある（回帰係数bが有意に0ではない、つまり回帰係数のp値は0.05未満）と判断できます。

図8.3.7　オッズ比

オッズ(odds)

確率pで起きる出来事に対し $\dfrac{p}{1-p}$ をオッズという

例
$p=0.5$でオッズ1
$p<0.5$でオッズ<1
$p>0.5$でオッズ>1

オッズ比(odds ratio, OR)

確率p, qに対し

$$OR = \frac{\left(\dfrac{p}{1-p}\right)}{\left(\dfrac{q}{1-q}\right)}$$

pとqがどれくらい違うかを定量化

例
$p=q$なら$OR=1$
$p>q$なら$OR>1$
$p<q$なら$OR<1$

具体例

風邪薬を飲む場合、3日以内に治る確率$p=0.8$
風邪薬を飲まない場合、3日以内に治る確率$p=0.4$

$$OR = \frac{\dfrac{0.8}{0.2}}{\dfrac{0.4}{0.6}} = 6$$

医療統計で特によく使われる(95%信頼区間CIも記述することが多い)

　2つ目の理由は、医療統計におけるあるタイプの研究ではリスク比が使えず、その代わりにオッズ比が使えるからです。医学分野の代表的な観察研究には、コホート研究とケース・コントロール研究があります。喫煙の有無と肺がんの関係を例にすると、コホート研究は喫煙している人500人と喫煙していない人3000人を追跡して、その後肺がんになったかどうかを調べます。一方、ケースコントロール研究は、例えばすでに肺がんになった人100人、なっていない人100人を対象に、過去にさかのぼって喫煙していたかどうかを調べる研究です。ケース・コントロール研究では、リスク比は肺がんリスクの適切な比較指標になりません。なぜなら、調査する肺がんになった人となっていない人の数の比が変わると、結果が変わってしまうからです。一方、オッズ比は調査人数の比によらないため、適切な比較指標になります[6]。

● ポアソン回帰

　負の値をとらない整数値、特にカウント数が目的変数である場合に候補となる一般化線形モデルが、**ポアソン回帰（Poisson regression）**です。例えば、目的変数が1つの木に咲く花の数の場合、負の値を取ることはありませんし、整数値で表されるため、ポアソン回帰が候補となります。ポアソン回帰は、目的変数（の誤差項）が次に説明する**ポアソン分布**という確率分布に従う回帰で、回帰式は、ポアソン分布の平均を表すパラメータλを表します（図8.3.8）。

　ポアソン回帰における説明変数x_iと目的変数y_iは、パラメータλ_iを通して次のような関係になります。

$$y_i \sim Poisson(\lambda_i) \qquad \text{(式8.8)}$$

$$\lambda_i = \exp(a + bx_i) \qquad \text{(式8.9)}$$

　この場合のリンク関数は、式8.9の両辺の対数を取ることで、$\log(\lambda)$であることがわかります。

　図8.3.8の例では、最尤推定の結果、$\hat{a} = -2.68, \hat{b} = 0.594$が得られ、与えた肥料の量に対して花の数が変化していることがわかります。

---

6)　M（肺がんの人の数）$= a$（喫煙）$+ b$（非喫煙）, N（肺がんではない人の数）$= c$（喫煙）$+ d$（非喫煙）としてリスク比とオッズ比を計算するとわかります

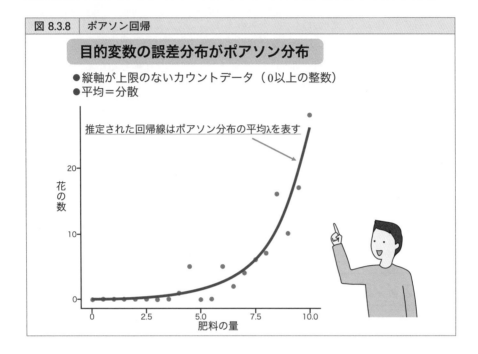

図 8.3.8 ポアソン回帰

目的変数の誤差分布がポアソン分布

- ●縦軸が上限のないカウントデータ（0以上の整数）
- ●平均＝分散

推定された回帰線はポアソン分布の平均λを表す

（縦軸）花の数　20　10　0

（横軸）肥料の量　0　2.5　5.0　7.5　10.0

● ポアソン分布

　ポアソン分布とは、低い確率で起こるランダムな事象に対し、平均λ回起こる場合に何回起こるかを表す確率分布です。ポアソン分布は二項分布と密接な関係があるので、二項分布から出発して考えていきます。

確率pで起こる事象があるとします。独立に$n = 100$回試行を繰り返すとすると、そのうちk回起こる確率は

$$_{100}\mathrm{C}_k\, p^k(1-p)^{100-k}$$

として二項分布で計算できます。しかし、$_{100}\mathrm{C}_k$の計算が非常に大変です。そこで登場するのがポアソン分布で、確率分布は次のようになります。

$$P(x = k) = \frac{\lambda^k e^{-\lambda}}{k!}$$ 　　　　**(式8.10)**

　ポアソン分布は、平均$np = \lambda$（0以上の実数値）で起こる事象に対し、x回起こ

る確率の近似値を与えてくれます。

　ポアソン分布のパラメータは、平均を表す λ だけです。同時に λ は分散でもあり、平均と分散が独立ではないという特徴があります（一方、正規分布は平均と分散は独立に考えることができました）。そのため、図8.3.9に見られるように、平均 λ が大きくなるにつれ、分布の広がりも大きくなっていることがわかります。

　ポアソン分布の具体例として、1本の当たりと99本のハズレが入っているくじ引き、つまり $p = 1/100$ の確率で当たるくじ引きを考えてみましょう。ただし、くじを1回引いたら、そのくじを戻すというルールです（これを復元抽出と言います）。その場合に、100回くじを引いたら何回当たるかを教えてくれるのがポアソン分布です。100回 × 1/100 で平均 λ = 1 回当たることになりますが、いつでも1回当たるわけではありません。なぜなら、復元抽出であるため、当たる確率は毎回1/100であり、100回くじを引いて1度も当たらないこともあり得ますし、100回中2回当たることや、稀に3回以上当たることもあるからです。それらを平均して、1回ということです。

第8章　統計モデリング

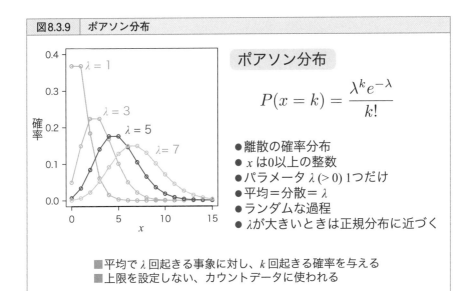

図8.3.9　ポアソン分布

ポアソン分布

$$P(x = k) = \frac{\lambda^k e^{-\lambda}}{k!}$$

- 離散の確率分布
- x は0以上の整数
- パラメータ $\lambda\,(> 0)$ 1つだけ
- 平均＝分散＝ λ
- ランダムな過程
- λ が大きいときは正規分布に近づく

■平均で λ 回起きる事象に対し、k 回起きる確率を与える
■上限を設定しない、カウントデータに使われる

　では、その当たる回数の確率分布はというと、図8.3.9左の λ = 1 のポアソン分布に相当します。つまり、100回中0回の当たりの確率は36.8%、ちょうど1回の当たりの確率は36.8%、2回の当たりの確率は18.4%、…となります。1度も当た

らない確率が1/3以上あるというのは、驚かれるかもしれません。

　ポアソン分布の直感的な理解として、低確率で成功する現象を何度もチャレンジして、何回成功するかを表した分布だと思うと良いでしょう。例えば、サッカーの1試合における得点の分布は、ポアソン分布で近似できることが知られています。これは大雑把に言えば、低確率で成功する現象＝「ゴールを狙うこと」を何度もチャレンジした結果だと言えます[7]。

● 様々な一般化線形モデル

　ここまでロジスティック回帰とポアソン回帰を紹介しましたが、他にも負の二項分布を誤差分布とした負の二項回帰や、ガンマ分布を誤差分布としたガンマ回帰があります。図8.3.10に示すように、一般化線形モデルの使い分けは目的変数の特徴に依存しますので、目的変数がどういった確率分布に従うと仮定できそうかを意識すると良いでしょう。

図8.3.10	一般化線形モデルの使い分け

$$f(z) = a + bx$$

リンク関数　　線形予測子

確率分布	目的変数	リンク関数	特徴
二項分布	0以上の整数	logit	0or1または上限ありのカウントデータ
ポアソン分布	0以上の整数	log	上限なしのカウントデータ、平均＝分散
負の二項分布	0以上の整数	log/Inverse	上限なしのカウントデータ、平均＜分散
正規分布	実数	使用しない	範囲に制限なし、分散は一定
ガンマ分布	0以上の実数	log/Inverse	分散は変化

---

7)　例えば、ポアソン回帰を使ったサッカーの得点の分析論文としては、次のようなものがあります。Dyte, D., and S. R. Clarke. 2000. "A Ratings Based Poisson Model for World Cup Soccer Simulation." The Journal of the Operational Research Society 51（8）: 993–98.

● 過分散

ロジスティック回帰やポアソン回帰で用いた二項分布やポアソン分布では、分布の平均と分散の間に関係がありました。現実のデータでは、これらの分布で規定される平均と分散の関係よりも、分散が大きい場合があります。そのような状態を過分散と言い、そのままロジスティック回帰やポアソン回帰を用いてしまうと、仮説検定を実行した際に第一種の過誤を起こしやすくなるといった傾向があります[8]。

ポアソン回帰で過分散が問題になる場合は、ポアソン分布の代わりに、分散>平均である負の二項分布を用いた負の二項回帰という対処法があります。誤差の確率分布によらず一般的に使える手法としては、個体差や場所差といったデータを利用した一般化線形混合モデル（GLMM）があります。

● 一般化線形混合モデル

実際の分析において、図8.3.11に示したような、各場所からデータを得ているといった状況があります。例えば、ロジスティック回帰の例における殺虫剤量と虫の生死の場合、同一の場所から虫を採集して実験するのが良さそうですが、たまたま山1、山2、山3という異なる場所から採集して実験したとしましょう。この場合、山の違いが、殺虫剤量と生死の関係に何らかの違いをもたらすことは可能性としてありそうです。

例えば、餌が豊富にある場所で育った個体は体サイズが大きい等で、殺虫剤に多少強いかもしれません。しかし、そういった山の違いは直接観測されておらず、1, 2, 3というラベルがあるだけです。そこで、山の違いをランダムな量として一般化線形モデルに組み込んでモデリングすることで、山の違いを表現してみます。

これまでの一般化線形モデルでは、説明変数x（ここでは殺虫剤量）に対し$a + bx$という線形予測子を用いていました。一般化線形モデルに対し、山ごとに異なるr_iを組み込んで、$a + bx + r_i$としてモデルを作ってみましょう。aやbは全てのx

---

8)　正規分布やガンマ分布は、平均と分散を独立に決めることができるため、過分散は問題になりません。

第8章

統計モデリング

に対して共通であるため、**固定効果（fixed effect）**と言い、r_iは山ごとに異なるため**ランダム効果（random effect; 変量効果）**と言います。このような、一般化線形モデルにランダム効果を組み込んだモデルを、**一般化線形混合モデル（GLMM; Generalized Linear Mixed Model）**と言います。

ここでr_iは山ごとに異なる、平均0の正規分布に従う値と仮定しています。推定されたモデルは図8.3.11の左下のように、山ごとに異なるロジスティック回帰が得られます。このモデルにおけるxに掛かっているパラメータbは、山の間で同一であると仮定しているため、r_iの違いは横方向の平行移動にだけ対応しています。山の違いが、殺虫剤量への敏感さの違いに影響していると想定されるのであれば、傾きパラメータbの部分にランダム効果を導入することも可能です。

他にも、各個体から繰り返して標本を抽出（反復測定）する場合には、個体差としてランダム効果を導入すると良いでしょう。このように、一般化線形混合モデルを使うことで、データ構造に合わせた柔軟なモデリングが可能になります。さらに、前述した過分散に対応ができるといったメリットもあります。過分散に対応できる理由は、図8.3.11の左下図を縦方向に眺めるとわかりますが、山の違いがある分、異なったパラメータの確率分布が重ね合わさっているので、ばらつきが大きい目的変数を表現できるからです。

さて、徐々に複雑になってきましたが、さらに確率分布のパラメータが確率分布で構成されるような複雑な階層的なモデル（階層モデル）を考えることも可能です。その場合、この章で解説した最尤法ではパラメータの推定が困難になるため、第11章で紹介するMCMCという計算法に基づいたベイズ推定を使うことが必要になってきます。

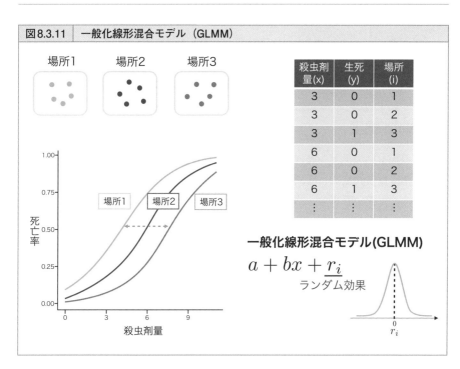

図8.3.11 | 一般化線形混合モデル（GLMM）

殺虫剤量(x)	生死(y)	場所(i)
3	0	1
3	0	2
3	1	3
6	0	1
6	0	2
6	1	3
⋮	⋮	⋮

一般化線形混合モデル(GLMM)

$$a + bx + \underline{r_i}$$

ランダム効果

各個体を異なる場所1, 2, 3から得ているため、場所の差を平均0の正規分布に従うランダム効果としてモデルに組み込んでいます。切片項としてランダム効果を組み込むと、その場所差は左図に見られるような横方向の平行移動に対応しています。

8.4 統計モデルを評価・比較する

● Wald 検定

　通常の線形回帰モデルと同様に、一般化線形モデルにおいても推定した回帰係数に関する仮説検定を、帰無仮説：回帰係数＝0、対立仮説：回帰係数≠0として実行することができます。推定値のばらつきを表す標準誤差を用いて、最尤推定で得られた推定値/標準誤差を Wald 統計量と言います。最尤推定量が正規分布に従うと仮定すれば、Wald 統計量を用いて信頼区間や p 値を得ることができます。この検定手法を、**Wald 検定**と言います。ただし、サンプルサイズ n が大きくない場合には、正規分布が従うという仮定は怪しくなる傾向があり、次に紹介する尤度比検定の方が信頼できるとされています。

● 尤度比検定

　最尤推定で得られた統計モデルを比較する方法として、データへの当てはまりがどれだけ改善されたかにもとづく**尤度比検定**があります。尤度比検定は、比較する2つのモデルのうち、片方がもう一方を含む関係（ネストしていると言います）である必要があります。例えば、モデル1：$y = a$ と モデル2：$y = a + bx$ の場合、モデル2はモデル1を含んでいるのでネストしていると言います。

　この例では、帰無仮説は $y = a$（つまり $b = 0$）、対立仮説は $y = a + bx$（つまり $b \neq 0$）です。それぞれのモデルで最尤推定を実行すると、最大尤度 L_1^* と L_2^* が得られます。この比を取った値（尤度比）の対数を取り、-2 をかけた値である

$$\Delta D_{1,2} = -2 \times \left(\log L_1^* - \log L_2^* \right) \qquad \text{(式8.11)}$$

を検定統計量とします[9]。$\Delta D_{1,2}$ が大きいほど、帰無仮説に比べて対立仮説の尤度が大きく、当てはまりが改善していることを意味します。

---

[9] -2 をかけるのは、サンプルサイズが大きいときの、$\Delta D_{1,2}$ がカイ二乗分布で近似できるためです。

後述しますが、一般に複雑なモデルほど当てはまりが良くなります。そのため、モデル1（帰無仮説）から得られたデータであっても、パラメータが多いモデル2の当てはまりが良くなってしまいます。そこで、仮説検定の考え方にもとづいて、手元のデータから得られた$\Delta D_{1,2}$を、帰無仮説が正しい場合の$\Delta D_{1,2}$と比較して、当てはまりの良さが十分に大きいのかを調べることができます。

　実際の計算としては、図8.4.1に示したように、モデル1（つまり帰無仮説が正しいという仮定）から同じサンプルサイズnでランダムにデータを生成し、モデル1とモデル2でそれぞれ最尤推定し、$\Delta D_{1,2}$を計算します。これを何度も繰り返すと、帰無仮説が正しいときの$\Delta D_{1,2}$の分布を得ることができます。このような、ある仮定の下でランダムにデータを作成し、推定量の性質を調べる手法を、ブートストラップ法と言います。特に、複雑な統計量の推定には強力な手法になります。

　この分布の中で、手元のデータから計算した$\Delta D_{1,2}$がどこに位置するかを調べ、上位5%以内であれば、$p < 0.05$ということになります。もう少しお手軽な手法としては、カイ二乗分布を用いた近似計算法もあります[10]。

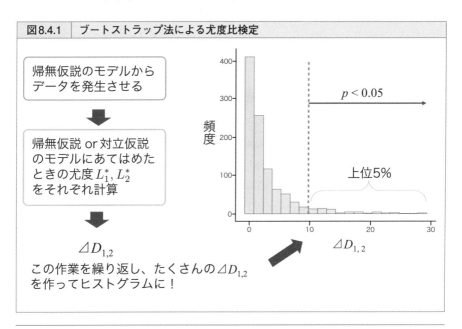

図8.4.1　ブートストラップ法による尤度比検定

帰無仮説のモデルから
データを発生させる

帰無仮説 or 対立仮説
のモデルにあてはめた
ときの尤度 L_1^*, L_2^*
をそれぞれ計算

$\Delta D_{1,2}$
この作業を繰り返し、たくさんの$\Delta D_{1,2}$
を作ってヒストグラムに！

$p < 0.05$

上位5%

頻度

$\Delta D_{1,2}$

10）詳しくは、『データ解析のための統計モデリング入門』（久保拓弥 著）を参照してください。

第8章　統計モデリング

● AIC

統計モデルを比較するための他の手法として、情報量基準にもとづくモデル選択があります。情報量基準にはいくつかありますが、まずは最も有名な **AIC (Akaike Information Criterion; 赤池情報量基準)** を紹介します。

AICは新たに得られるデータの予測の良さをもとに、モデルの良さを決める指標です。AICは、モデルの最大尤度をL^*、モデルのパラメータ数をkとして

$$\text{AIC} = -2 \log L^* + 2k$$

と計算され、分析者が用意したいくつかの候補モデルの中で、AICを最小化するモデルを良いモデルとして選択します[11]。

例えば、

> モデル1: $y = a$ の AIC = 150.0
> モデル2: $y = a + b_1 x_1$ の AIC = 140.0
> モデル3: $y = a + b_1 x_1 + b_2 x_2$ の AIC = 142.0

であれば、AICを最小化するモデル2を選択します。尤度比検定では比較するモデルがネストしている必要がありましたが、AICはネストしていなくても適用できます。

AICの計算式における右辺の第一項は、最大対数尤度に-2がかけてあるだけなので、AICが小さいことは尤度が大きいことに対応します。右辺の第二項は、パラメータ数kが増えるほどAICが大きくなるため、同じL^*であればパラメータ数kが少ない方がAICは小さくなります。つまり、「当てはまりの良さ」と「モデルの複雑さ」[12]の両方を考慮していることになります。

これには、パラメータ数kが多いモデルほど手元のデータに当てはまりが良くなるという性質が関係しています。図8.4.2を見てみましょう。データを生成する真のモデルは、$y = a + bx$とします。このモデルから得られたデータに対して、パ

---

11) ただし、次に述べるBICも含めてですが、計算式はパラメータの推定量が正規分布するなどの仮定のもと、近似的に導出されています。モデルが第11章で紹介する階層的なモデルや、第12章で紹介するニューラルネットのような複雑なモデルである場合には、成立しないことが知られています。

12) パラメータ数が多いモデルを、複雑なモデルと表現します。

ラメータが多いモデル $y = a + b_1 x + b_2 x^2 + \cdots + b_6 x^6$ を当てはめると、ほとんどのデータ点を通り、残差が極めて小さい、または尤度が極めて大きいことになります。

しかし、このモデルはデータを生成した真のモデルとは異なりますし、同一の真のモデルから新しく得られるデータ（図の赤三角）の予測は大きく外れてしまいます。このように**手元のデータに過剰に当てはめてしまい、新たに得られるデータをうまく表さない状態を、過剰適合（overfitting）**と言います。

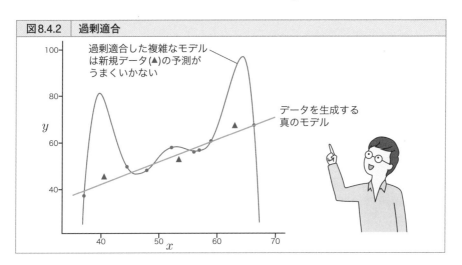

図8.4.2 過剰適合

過剰適合した複雑なモデルは新規データ(▲)の予測がうまくいかない

データを生成する真のモデル

> 過剰適合したモデルは、パラメータを推定するために用いたデータには良く当てはまりますが、真のモデルから新しく得られたデータの予測がうまくいきません。

AIC は手元のデータへの当てはまりの良さだけでなく、モデルのパラメータ数でペナルティをつけてモデルを選ぶことで、過剰適合しないモデルを選択する指標です。ただし、AICはペナルティを与えることから出発して導出されるのではなく、データから推定したモデルから構成される予測分布と、真の分布の差[13] を最小化するという観点から理論的に導出され、結果的にパラメータ数の項が現れます。

---

13) 2つの分布の差の定量化には、第11章で触れるカルバック・ライブラー情報量を用います。

AICの注意点としては、AICは新しく得られるデータの予測精度を高くするモデルを選ぶという目的の指標であるため、AIC最小化によって真のモデル（データを生成した分布）が必ずしも選ばれるわけではありません。特に、分析者が候補として用意したモデルの中に真のモデルが含まれる場合に、サンプルサイズnを無限大にしても、AIC最小化によって真のモデルが選ばれる確率は1にならないことが知られています。これを一致性がないと言います。特に、サンプルサイズnが大きいときには、真のモデルよりパラメータが多いモデルが選択されることがあります。一方、サンプルサイズnが小さいときには、真のモデルよりパラメータが少ないモデルが選択されることもあります。

また、候補として用意したモデルの中に真のモデルが含まれなくても、サンプルサイズnを無限大にした場合、最も予測性能が高いモデルを選ぶことができる性質（有効性）をもつ場合があることが知られています。

他の注意点として、AICをもとにモデル選択を実行してから仮説検定を実行し、p値を求めるといった分析は、2つの異なる考え方の解析を混在させてしまっているため不適切な解析だと言えます。AICは新規に得られるデータの予測を最大化する手法で、一方、仮説検定は帰無仮説からどれだけ逸脱しているかを評価し、第一種の過誤（本当は回帰係数が0なのに、0でないとしてしまう誤り）を起こす確率を有意水準αに抑えるということに主眼が置かれた手法です。これらの違いは、何を目的とするかの違いで、どちらが正しいというわけではありません。分析の目的に合わせて使い分けると良いでしょう。

● BIC

他によく使われる情報量基準には、**BIC (Bayesian Information Criterion; ベイズ情報量基準)** があります。BICは、最大尤度L^*、パラメータ数k、サンプルサイズnとして

$$\mathrm{BIC} = -2\log L^* + k\log(n)$$

と計算され、この値を最小化するモデルを良いモデルとします。

AICと同じように、尤度が大きいほどBICは小さくなります。AICと違うのは、サンプルサイズnに依存する点で、サンプルサイズnが大きいほど、パラメータ数kのペナルティがきつくなることがわかります。

BICは、候補として用意した統計モデルに対し、真のモデルである確率が高いモデルが良いモデルであるという観点で導出されています。具体的には、ある統計モデル M_i とそのモデルの持つパラメータ θ_i および θ_i の事前分布（これらの考え方は第11章で学びます）に対し、データからモデル M_i の事後確率を求め、事後確率を最大化するモデルを選択します[14]。

このように、出発点は第11章で紹介するベイズ統計のアイディアであるため名前にベイズがついていますが、最終的には定義式に示したように、最尤法で得られた最大尤度を用いるため容易に計算ができます。

BIC最小化によるモデル選択は分析者が想定する統計モデルの候補の中に真のモデルが含まれている場合、サンプルサイズ n が無限大で、真のモデルを選ぶ確率が1になるという一致性があります。一方、BICは有効性を持ちません。

AICとBICの使い分けは簡単ではありませんが、複雑な現象に対し、多数の候補モデルの中に真のモデルが含まれているとは想定できない場合にAICを用い、比較的単純な現象に対し少数個のモデルのうちのどれかかが正しそうで1つ選びたいという場合にはBICを使うといった、使い分けの傾向があります[15]。

● 他の情報量基準

ここではAICとBICを紹介しましたが、サンプルサイズが小さいときにAICを補正したAICcや、最尤推定によって得られたモデルではなくベイズ推定によって得られたモデルを対象にした逸脱度情報量基準DICなど、改良した様々な情報量基準が存在します。

また、上記で紹介したAICやBICは、パラメータの推定量の分布が正規分布で近似できる単純なモデルな場合に使える手法です。そうでない階層ベイズモデルや観測されない変数を含むようなモデルの場合には、第11章で触れるWAICやWBICを使用できることが知られています。

---

14) モデルの事前分布を一様だとすることで、事後確率の最大化は周辺尤度の最大化をすれば良いことになります。
15) Aho et al. (2014) Model selection for ecologists: the worldview of AIC and BIC. Ecology, 95(3), pp. 631-636

第 **9** 章

仮説検定における注意点
再現可能性と*p*-hacking

近年、科学業界において、論文として報告された研究成果を再現することが難しいという「再現性の危機」が問題になっています。その原因の1つは、仮説検定をはじめとした統計手法が正しく使われていないことだと考えられています。研究やビジネスの現場において、データ分析の結果を信頼できるものにするためには、仮説検定にまつわる問題点や適切な使い方を理解しておく必要があります。

9.1 再現性

● 仮説検定を理解するのは難しいが、実行するのは簡単

　ここまで様々な統計分析の手法を紹介してきました。その中でも、仮説検定は多くの分析手法の結論部に関わってくる重要な枠組みでした。しかし、仮説検定の考え方を初めて学んだとき、そのわかりにくさに戸惑ったのではないかと思います（少なくとも私は戸惑いました）。実際、仮説検定の理屈はややこしく、直感的ではないと見なされています。その一方で、仮説検定の計算はRなどの統計ソフトを使えばt.test $(x, y, \mathrm{var} = \mathrm{T})$ といったように、1行のコードで実行できてしまうことがほとんどです。そのため、理屈をきちんと理解していないけれども、先行研究にならって仮説検定を実行し、$p < 0.05$ が得られればOKという感覚で使っているユーザーが多いという実情があります。実は、こういった仮説検定との付き合い方が、再現性の危機といった重大な問題を引き起こすと考えられています。

　第9章では、仮説検定にまつわる問題点や注意事項を述べ、適切な統計手法の使い方について解説します。2021年の時点において、仮説検定に関する問題を解決する完璧な手段は提案されていませんが、問題をきちんと把握し、今後の統計分析の変化に柔軟に対応できるようにする必要があります。この現状は科学業界に限らず、データ分析を実施するあらゆる分野に共通するため、本章は全ての方に読んでいただきたいです。

● p 値にまつわる論争

　仮説検定の枠組みは、科学業界全般におけるデータ分析の場面で、長らく使われてきたという歴史があります。しかし近年、図9.1.1に示すように、仮説検定や p 値に関する議論が目立つようになりました。例えば、p 値を使わない方が良いという主張から、有意水準 $\alpha = 0.05$ を変更した方が良いという主張まで様々あります。これまで仮説検定について学んできた読者の皆さんは、ちゃぶ台をひっくり返されたような気持ちになるかもしれません。

これらの議論の背景には、仮説検定の枠組みにおける問題や仮説検定の誤った使用が、低い再現性につながるという問題があります。そのため、仮説検定の問題点や、その使い方をきちんと理解しておくことは、現代のデータ分析においては必須と言えます。

図9.1.1	p値に関わる出来事

年	出来事
2014	科学雑誌Natureでp値の非難とベイズファクターの提唱
2015	心理学雑誌Basic an Applied Social Psychologyでp値禁止の論説が出る
2016	アメリカ統計協会がp値に関する声明を発表
2017	科学雑誌Nature Human Behaviourで$p < 0.005$を提唱
2018	医学雑誌JAMAで$p < 0.005$を提唱

＊折笠（2018）より一部抜粋しました。

● 科学における再現性

科学の重要な特徴の1つとして、**再現性（再現可能性，reproducibility, replication）**があります。再現性とは、いつ誰がどこで実験しても、条件が同一であれば同一の結果が得られることです。新しく開発された薬の効果や副作用を調べる実験に再現性があるからこそ、私たちは安心して薬を服用し、その効果を期待することができるわけです[1]。

しかし近年、論文で報告された内容を、別の研究者が同じ方法・条件で追試したときに、同等の結果が得られないことが様々な分野で報告されています。再現性がないということは、元の論文の主張が誤っている可能性がある[2]ことを意味するので、科学において非常に重大な問題であると言えます。この問題を、**再現性の危機（reproducibility crisis またはreplication crisis）**と言います。再現

---

[1]　ただし、直接的な観察や実験が全くできないような、生物進化の歴史を推定するような研究分野もあり、再現性を過度に重視することへの弊害も指摘されています。例えば、三中信宏, 統計学の現場は一枚岩ではない, Japanese Psychological Review 2016, Vol. 59, No. 1, 123–128. を参照してください。

[2]　1回の追試で再現できなかったからといって、元の論文の主張が誤っていると主張することはできません。検定の検出力は100%ではないですし、元の実験と条件が完全に同一にすることは難しいために再現できなかった可能性もあります。そのため、「誤っている可能性がある」と表現しています。

性のない誤った主張が数多く報告されることは、科学全体の大きな損失だと言えるでしょう。

● 心理学における再現性の危機

　再現性の危機について定量的に報告した有名な研究（Open Science Collaboration, 2015, Science）があります。心理学分野で報告された過去の100の研究について再実験（追試）を行い、その再現性を調べた研究です。図9.1.2を見てみましょう。元の研究では97%（97/100）が統計的に有意（$p < 0.05$）であるのに対し、追試ではそのうち36%（35/97）の研究だけが統計的に有意となりました。

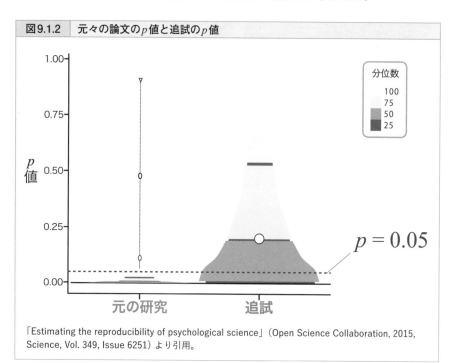

| 図9.1.2 | 元々の論文のp値と追試のp値 |

「Estimating the reproducibility of psychological science」（Open Science Collaboration, 2015, Science, Vol. 349, Issue 6251）より引用。

　100個の研究から100個のp値の分布をバイオリンプロットで示したものです。点線は$p = 0.05$を表します。分位数は、p値が小さい方から0〜25%, 25〜50%, 50〜75%, 75〜100%を表し、4つに色分けて図示しています。

つまり、約1/3程度しか再現できなかったという結果です。p値の分布も、追試ではかなり幅広いことがわかります。また、効果の大きさ（効果量, 例えば平均値の差）も、元の研究で報告された値の半分程度にしかならなかったと報告されています。

● 再現できない原因

上記は心理学分野の例でしたが、再現性の危機は様々な分野で問題になっています。なぜ、再現性が低いという事態が起こるのでしょうか。

低い再現性を引き起こす要因は様々あると考えられます。1つは、実験条件を同一にするのが難しいことが挙げられるでしょう。例えば、心理学の実験において、被験者の性質といった条件を元の研究とは同一にすることはできず、実験をうまく再現することができないことが考えられます。他にも、仮説検定の検出力は100%ではないため、元の論文の結論が正しくても、1回の追試で得られたデータが必ず統計的に有意になるわけではありません。しかし、それらの要因を考慮しても、前述の心理学において再現性は36%という数字は低いと言わざるをえないでしょう。

実は、**低い再現性をもたらす主な原因の1つは、仮説検定の使い方にある**と考えられています。

科学業界における論文では、仮説検定の結果としてp値が設定した有意水準α（通常0.05が使われる）を下回れば、「統計的に有意」として論文の著者が立てた仮説が正しいことを主張できるという慣習があります。そのため研究者は、p値が0.05を下回ることを祈りながら分析結果に目を通します。そして無事に$p < 0.05$であれば、論文として発表でき、$p \geqq 0.05$であれば論文として発表できないということになります（図9.1.3）。研究者にとって0.05という数字は、天国と地獄を決める境目なのです。

驚くべきことに、仮説検定の使い方次第でp値が0.05を下回るように操作することができてしまいます。自分にとって都合の良いようにp値を操作することを**p-hacking**と言い、これが非常に大きな問題になっています。

p-hackingは、p値を書き換える改ざんとは異なり、意図せずにやってしまうことがあるのが恐ろしい点です。p-hackingによって、本当は帰無仮説が正しい（例

えば、二群間の平均値に差がない）にもかかわらず、対立仮説（二郡間の平均値に差がある）を採択し、論文として報告するため、結果として再現性が低い研究結果が報告されることになります。（p-hackingの詳細については後述します）。

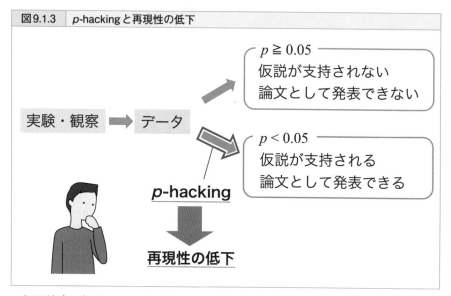

図9.1.3　*p*-hacking と再現性の低下

実験・観察 → データ

$p \geqq 0.05$
仮説が支持されない
論文として発表できない

$p < 0.05$
仮説が支持される
論文として発表できる

p-hacking

再現性の低下

　仮説検定の枠組みは、第一種の過誤（偽陽性）、すなわち本当は差がないにも関わらず差があると言ってしまう誤りを起こす確率を有意水準αとして設定し、分析者がコントロールできているという点が最も重要です。それにもかかわらず、p-hackingによって第一種の過誤を起こす確率が有意水準αよりも大きくなってしまっているのは大問題でしょう。

● 科学論文が掲載されるまでのプロセス

　大学や研究所に勤める研究者の主な仕事は、研究成果を論文として科学雑誌（ジャーナル）上で発表することです[3]。ジャーナルで発表される論文は、世界中の研究者に読まれるという点、それから次に述べる研究者同士による審査（ピアレビュー; peer review）という点で、卒業論文といった論文とは異なります。

　研究者は普段から他の研究者が発表した論文に目を通します。論文を読むこと

---

3)　国際会議のプロシーディング（紀要）論文がこれに代わる分野もあります。

で、明らかになっていること/なっていないことが明確になりますし、新しいアイデアが生まれることもあります。論文を書く際には、先行研究として過去の関連論文を引用し、自身の研究をその一連の流れの中に位置づけます。こういった意味で、論文は科学の過去と未来を繋ぐ重要な役割を果たします。

　論文をジャーナル上で発表したいと思っても、簡単にはいきません。まず、書き上げた論文をジャーナルの編集部に投稿します。ジャーナルの編集者（通常、研究者が兼任している）は、投稿された論文を近い分野の研究者数名（通常2〜3人）に送り、査読してもらいます。査読者は研究テーマ、方法、結果の解釈など、様々な観点から論文をチェックし、査読コメントを編集者に送ります。編集者は、その査読コメントをもとに掲載の可否を判断します。一度で掲載決定（アクセプト）となることはほとんどなく、改訂の余地がある場合に、メジャーリビジョンまたはマイナーリビジョンとして原稿の修正や解析の追加が求められ、何往復かやり取りした後、適切に修正されたと判断されれば掲載されることになります（図9.1.4）。掲載にふさわしくないと判断された場合には掲載不可（リジェクト）となり、別のジャーナルへ投稿することを考えなくてはなりません[4]。多くの人が読むメジャーなジャーナルほど、掲載の競争が激しく、質の高い（新規性が高い、エビデンスが強い、インパクトが大きい等）内容が求められます。投稿された論文のうち、最終的に掲載される論文の割合が数%というジャーナルもあります。

　研究者ではない一般の方の多くが、論文として報告された研究成果は、誰しもが認めた「正しいこと」だ、「真実」だと思うかもしれません。しかし、上記のように論文の掲載の可否は、数人による判断でしかなく、論文が誤りを含んでいる可能性もあるわけです。

　論文の出版プロセスの中で、論文のメインの主張に対し、統計的に有意な結果（$p < 0.05$）が得られていない場合、仮説が支持されないためリジェクトされることが多いです。しかしこのような判断は、$p \geqq 0.05$であった結果が世に出ないことになり、出版された内容に偏りが生じるという、**出版バイアス（publication bias）**と呼ばれる問題を引き起こします。例えば、本来は薬の効果が認められなかった場合があるにも関わらず、効果が認められたという結果だけが報告されて

---

4)　ややこしいですが、再投稿可のリジェクトという判断があるジャーナルもあります。また、筋が通らない理由でリジェクトになることもあり、その場合には編集部に申し立てることもあります。

しまい、薬本来の効果が歪められてしまうという問題です。

　他にも上記の出版プロセスと仮説検定が組み合わされて起こる問題があります。若手研究者は一定数以上の論文を出さないと次の職が得られない、または継続して雇用されないなど、厳しい状況に置かれているため、統計解析の結果が$p < 0.05$かどうかが死活問題になります。そのため、なんとかして$p < 0.05$になるようにズルをするp-hackingを促すような構造になっています。

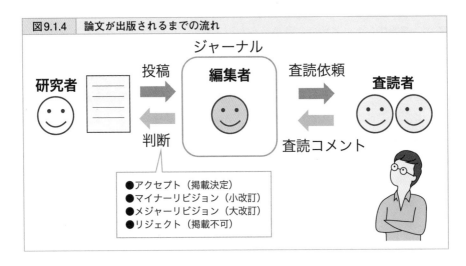

図9.1.4　論文が出版されるまでの流れ

9.2 仮説検定の問題点

● 仮説検定を理解する

　私がとある生物学系の研究会で、統計解析に関する講演をした際、p値の定義を言える方はどのくらいいますかと尋ねたところ、誰も手を挙げず、「あらためて訊かれると言えないものですね…」という反応をもらったことがあります。

　2016年に出されたアメリカ統計協会の声明（Wasserstein & Lazar, 2016）は、p値の誤解について述べたものでした。これらは、データ解析の結果の多くがp値に基づくにも関わらず、仮説検定の仕組みとp値を理解しないまま使っている方が多いという恐るべき状況を示しています。理解しないまま使うことで、「統計的に有意」すなわち$p < 0.05$が得られれば良いという発想になり、p-hackingへとつながる恐れがあります。

● p値をおさらい

　仮説検定については第5章で解説しましたが、理解を深めるために改めてここでおさらいし、補足しておきたいと思います。

　p値の定義は、「帰無仮説が正しい仮定の下で、実際に観察されたデータ以上に極端な値が得られる確率」です。この値が小さいことは、帰無仮説と観察されたデータの間の乖離が大きいことを意味し、有意水準αを下回ったときに帰無仮説を棄却するという判断をするのでした。これにより、第一種の過誤を起こす確率をαに抑えることができるようになります。

　通常、$\alpha = 0.05$を用いるので、帰無仮説が正しいときには平均的に20回に1回ほど、$p < \alpha$が起きます。図9.2.1は、二群の平均値の検定を実施したときに、p値がどのような値をとるかを計算したシミュレーションの結果です。ただし、二群とも平均0標準偏差1の母集団から標本を抽出しているので、帰無仮説が正しい状況です。左図は、標本をランダムに抽出しt検定を実施するという試行を100回行った結果です。p値は毎回様々な値をとりますが、100回中5回ほど0.05を下回っているのがわかります。右図は、10,000回試行したときのp値の分布を表し

ています。p値はおおよそ一様に分布していて、5%ほど$p < 0.05$となることがわかります。

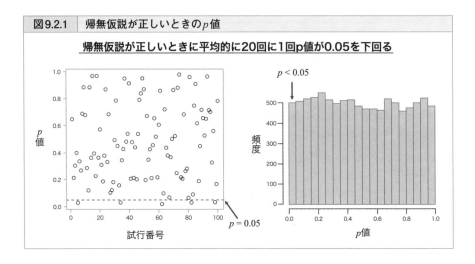

図9.2.1　帰無仮説が正しいときのp値

帰無仮説が正しいときに平均的に20回に1回p値が0.05を下回る

同一の正規分布からランダムに標本を抽出し、二標本のt検定を実行するシミュレーションの結果です。左図の赤点線がp=0.05を表します。

● なぜ$α$=0.05が使われるのか

　科学研究では通常、有意水準として$α$=0.05が用いられます。これは、帰無仮説が正しいときに、平均的に20回に1回程度、帰無仮説を棄却し対立仮説を採択してしまう誤りを許容するということを表します。ではなぜ、$α$ = 0.05という値なのでしょうか。驚くべきことに、0.05を使うことに根拠はありません。統計学者のロナルド・フィッシャーが、恣意的であることを認めつつ、証拠の強さの指標として用いたことに始まり、現在の科学の慣習になっているだけなのです。

　$α$ = 0.05という数値を用いることで、統計的に有意となった結果のうち、実は帰無仮説が正しかった割合は案外高くなります。例えば、帰無仮説が真である場合と対立仮説が真である場合の割合が5:1だとして、検出力$1-β$ = 0.8で検定すると、有意となった結果のうち約24%は帰無仮説が実は正しいことになります（詳

細はP250〜253で解説します）。このような誤りをできるだけ減らすためには、αを小さく設定すれば良いのですが、第5章で解説したように、有意水準αと第二種の過誤を起こす確率βにはトレードオフの関係があるため、αを小さくすればβが上がってしまいます。

　最近、$\alpha = 0.005$という基準を用いることを提案する論文も出ています（Benjamin et al. 2018）。後述するベイズファクターと呼ばれる別の指標から$\alpha = 0.005$を導出し、サンプルサイズnを70%ほど増やすことでβが上がらないようにするというアイディアです。現在、この基準が広く浸透しているわけではありませんが、今後の動向次第では、このような新しいαへの変更が起きる可能性はあります。

● フィッシャー流の検定とネイマン・ピアソン流の検定

　歴史的には、統計学における検定はフィッシャー流の検定と、その後発展したネイマン・ピアソン流の検定の2つがあります。
フィッシャー流の検定では、帰無仮説が正しいときに観察されたデータ以上に極端な値が得られる確率であるp値を計算し、帰無仮説と観察された値の乖離度合いを評価します。仮説の棄却といった概念はなく、p値の大小によって証拠の強さを評価するという特徴があります。

　その後、ネイマンとピアソンは対立仮説を設定し、第一種の過誤、第二種の過誤を考える現代の仮説検定の潮流を作りました。ネイマン・ピアソンの枠組みでは、p値は有意水準α未満か以上かにだけ着目し、仮説の棄却/採択の結論を下します。そのため、p値が0.01であろうが0.001であろうが、$p < 0.05$という点で同じであり、ともに統計的に有意という結果になります。ただし、ネイマン・ピアソン流の検定では、あらかじめ検出したい効果の大きさを決め、設定したαとβから、必要なサンプルサイズnを決定しておく必要があります。サンプルサイズnが大きいと、ほんの小さな差であっても帰無仮説が棄却されてしまうからです。

　ところで、あらかじめサンプルサイズnを設計するネイマン・ピアソン流の検定は、いつでも可能なわけではありません。例えば、実験研究であれば、被験者を集めることでサンプルサイズnをコントロールすることができますが、観察研究ではサンプルサイズnがすでに決まっている場合が少なくありません。そのよ

うな場合には、p値が0.05を下回ったかどうかだけに着目するのではなく、p値の値そのものや、信頼区間または後述する効果量もきちんと報告した上で議論することが望ましいです。

実際、現代の仮説検定では、p値が0.05より大きいかどうかだけでなく、p値の値そのものを記載することや、$p < 0.05, p < 0.01, p < 0.001$といった段階的に*マークをつけることが推奨されています。これはある種、フィッシャー流のp値の大きさそのものにも意義をもたせようとする意識があることを意味していると考えられます（柳川 2017）。

● サンプルサイズnを決める

今述べたように、ネイマン・ピアソン流の検定においてサンプルサイズnは、データを得る前に設計しておく必要があります。9.3で解説しますが、結果を見たあとにデータを追加しサンプルサイズnを増やすことはp-hackingにつながるので、不適切な手順です。

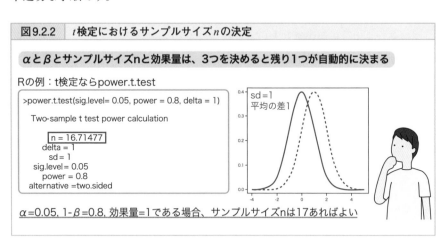

図9.2.2 t検定におけるサンプルサイズnの決定

αとβとサンプルサイズnと効果量は、3つを決めると残り1つが自動的に決まる

Rの例：t検定ならpower.t.test

```
>power.t.test(sig.level= 0.05, power = 0.8, delta = 1)

    Two-sample t test power calculation

      n = 16.71477
      delta = 1
      sd = 1
    sig.level = 0.05
      power = 0.8
  alternative =two.sided
```

sd =1
平均の差1

α=0.05, 1-β=0.8, 効果量=1である場合、サンプルサイズnは17あればよい

仮説検定における有意水準α、検出力$1-\beta$、どのくらい差があれば意味のある差と見なすかの効果量、サンプルサイズnは、4つのうち3つを決めると残り1つは自動的に決まります。そのため、α、$1-\beta$、効果量を決めれば、必要なサンプルサイズnを計算することができます。ただし、計算自体は難しいので、統計ソフトを使って計算します。

統計ソフトRでは、例えばt検定に対してpower.t.testという関数が用意されており、図9.2.2のようにα（sig.level）、$1-\beta$（power）、効果量（delta）、サンプルサイズ（n）のうち、3つを入力すると残り1つを算出してくれます。この例では、効果量すなわち、元々のばらつきに対する平均値の差が1以上を意味のある差と見なし、$\alpha=0.05$、$1-\beta=0.8$とした場合、必要なサンプルサイズnは16.7、すなわち17あれば良いことになります。サンプルサイズnの決め方に関するより詳しい解説は、「サンプルサイズの決め方」（永田, 2003）を参照してください。

● サンプルサイズnとp値

$p=0.01$と小さい値であることを知ったとき、どのくらいの平均値の差があると想像するでしょうか。図9.2.3の左図のように、十分大きな差があると考えるのではないでしょうか。

図9.2.3	サンプルサイズnが大きいときのp値

$p=0.01$と聞いて思い浮かべるイメージ　　　これで$p=0.01$という場合もある

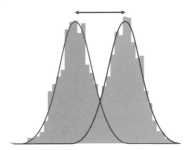 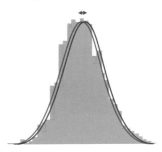

nが大きい（ここでは$n=1{,}000$）場合、小さい差であっても$p<0.05$となりうる

左は、母集団の標準偏差が1で、平均値が0と3の正規分布の場合。右は、母集団の標準偏差が1で、平均値が0と0.1の正規分布の場合です。サンプルサイズ$n=1{,}000$で得られた標本に対しt検定を実施すると、左は$p<2.2\times10^{-16}$と極めて小さくなり、右の場合でも$p=0.01$と、統計的に有意な差が得られてしまいます。

しかし、サンプルサイズnが大きいと右図のように、ほんの少しの差であっても$p=0.01$となることがあります。つまり、p値は差の大きさだけでなく、サンプルサイズnにも依存するのです。

同じ平均値の差に対し、サンプルサイズnを大きくするとp値は小さくなります。これは第4章で解説した、サンプルサイズnが大きくなるにつれて信頼区間の幅が狭くなることに対応しています。

図9.2.4を見てみましょう。平均0標準偏差1の正規分布と、平均1標準偏差1の正規分布から$n=10$ずつで標本を抽出し、t検定を実行すると、$p = 0.17$程度で統計的に有意とはならず、$n=100$ずつの場合は$p = 1.0 \times 10^{-8}$と極めて小さいp値になります。つまり、サンプルサイズ次第で仮説検定の結論が変わりうるのです。サンプルサイズnに対して、p値がどのように変わるかを示したのが、左図の曲線です。ここではp値の平均を縦軸に取っていますが、対立仮説が正しいときにp値が有意水準$\alpha=0.05$を下回る割合である検出力を縦軸にしたのが右の図です。すると、図9.2.2で得られた、検出力0.8に必要なサンプルサイズ$n=17$がたしかに確認できます。

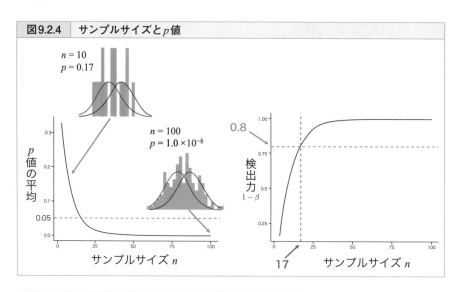

図9.2.4　サンプルサイズとp値

標準偏差1で平均0と1の正規分布からサンプルサイズnで標本を抽出し、t検定を実行しp値を確認する作業を1万回、各nに対し繰り返した例です。

　ここで重要なのは、サンプルサイズnを大きくすればp値は小さくなるため、検出したい効果量（効果の大きさ）を事前に指定し、サンプルサイズnを設計する必要がある点です。

　サンプルサイズnを事前に設計していない観察データで、サンプルサイズnが非常に大きい、例えば$n = 10,000$といったデータが得られることがあります。こういったデータに対して仮説検定を実施すると、前述のようにほんの少しの差であってもp値が小さくなり、統計的に有意な差が検出されます。そのため、$p < 0.05$だけに着目するのは適切ではなく、次に解説するように、効果量や信頼区間を示すことが重要になります。サンプルサイズnが大きすぎるのは良くないという意見を耳にすることがありますが、サンプルサイズnが大きいことは信頼区間が狭くなり、より信頼できる推定値を得ることができるという点において、喜ばしいことです。

● 効果量

　二標本の平均値の比較において$p < 0.05$が得られ、統計的に有意な差があるということがわかったとしても、帰無仮説が正しいとは考えにくい（$\mu_A = \mu_B$ではない）ことを表しているだけで、平均値にどの程度の差があるのかについては言及していません。そのため、効果の大きさを表す**効果量（effect size）も、同時に報告することが望ましいです。**

　まずは、平均値の差を表す効果量を例に解説しましょう。第5章でも少し触れましたが、二群間の平均値の差の効果量には、元の母集団のばらつきを基準に2つの母集団の平均値がどれだけ離れているかを表す量である**Cohen's d**（またはほとんど同一の Hedge's g）があります。

　定義は次の通りで、

$$d = \frac{\overline{x}_A - \overline{x}_B}{s} \qquad \text{(式9.1)}$$

$$s = \sqrt{\frac{n_A s_A^2 + n_B s_B^2}{n_A + n_B}} \qquad \text{(式9.2)}$$

s_A, s_Bは標本A, Bの標本標準偏差s_n、n_A, n_Bは標本A, Bのサンプルサイズを表します（$n-1$で割る標本標準偏差sを用い、n_A, n_Bをn_A-1, n_B-1にした場合、Hedge's g になります）。

Cohen's d を直感的に理解するために、図9.2.5を見てみましょう。2つの母集団の標準偏差がともに1であるとすると、平均値の差が2の場合、Cohen's d = 2/1 = 2になり、平均値の差が1の場合はCohen's d = 1/1 = 1、平均値の差が0.2の場合はCohen's d = 0.2/1 = 0.2になります。一方、標準偏差が0.5と小さい場合には、平均値の差が同じく2, 1, 0.2であっても、それぞれCohen's d = 4, 2, 0.4となります。

　このような定義である理由は、「平均値の差が10です」と報告されても、それが大きいのか小さいのかわからないからです。母集団のばらつきが非常に大きければ、平均値の差が10だとしても大した差ではないと考えることができます。一方、母集団のばらつきが小さい状況で、平均値の差が10であれば大きな差であると言えそうです。そのため、データの値そのもの（および単位）に依存しないように、母集団のばらつきで基準化して平均値の差を捉えるという指標になっています。

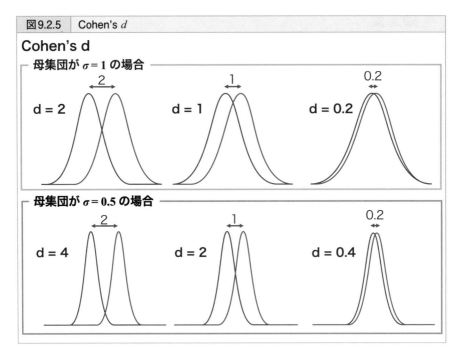

図9.2.5　Cohen's d

　また、p値に見られたようなサンプルサイズnへの依存性はありません。このような効果量は、**メタアナリシス（メタ解析）** のためにも重要です。メタアナリシ

スとは、ある現象に対して報告された複数の論文を統合し、結果を総合的に評価する手法です。単位や評価軸に依らない効果量という統一的な指標を用いることで、研究間の比較や総合的な評価が可能になります。

● 様々な効果量

他にも、分析手法に応じて様々な効果量が提案されています。相関であれば相関係数 r そのものを、回帰であれば決定係数 R^2 を効果量として使うことができるのでわかりやすいでしょう。それ以外も含めて、図9.2.6に一覧にしました。η^2 は、分散説明率（ある要因の平方和／全体の平方和）[5] で、R^2 と同じと思って良いです。ウィルコクソンの順位和検定では、検定統計量が正規分布すると仮定し、得られた p 値から z スコアを計算した後、$r = z / \sqrt{n}$ とします。カイ二乗検定では、2×2 の分割表の場合 $\varphi = \sqrt{\dfrac{\chi^2}{n}}$ を、2×2 以外の分割表の場合、行数と列数のうち小さい方の数 -1 を df_s として Cramer's $V = \sqrt{\dfrac{\chi^2}{(df_s n)}}$ を用います。これらは連関係数とも呼ばれ、0で完全に独立で、1に近いほど行と列が関連していることを意味します。

1つの分析に対して複数の効果量が存在することがありますが、ここでは簡単のため、代表的な効果量を1つずつ記載しています。効果量の大／中／小といった大きさの解釈も参考に記載していますが、研究分野や文脈によって異なるため注意してください。

効果量以外にも、得られた差 ± 信頼区間、または第11章で学ぶベイズ統計の信用区間を報告することでも、（基準化されていないですが）差の大きさについて示すことができます。繰り返しますが、p 値だけを報告するのではなく、こういった効果の大きさも報告することが現代の統計解析では主流になっています。

---

5) 平方和とは、平均と各値の差の二乗を足し上げた値。サンプルサイズ n で割れば分散になります。

図9.2.6　検定手法ごとの効果量

分析	効果量	小	中	大
t検定	d	0.2	0.5	0.8
相関	r	0.1	0.3	0.5
(重)回帰	R^2	0.02	0.13	0.26
ANOVA	η^2	0.01	0.06	0.14
ウィルコクソンの 順位和検定	r	0.1	0.3	0.5
カイ二乗検定 (2×2)	φ	0.1	0.3	0.5
カイ二乗検定 (2×2以外)	Cramer's V	0.1	0.3	0.5

＊ 水本, 竹内（2008）および Fritz,C.O,Morris, P.E,& Richler,J.J.（2012）を参考に作成して
います。

● ベイズファクター

　仮説検定の枠組みでは、$p < 0.05$ が得られた場合、帰無仮説を棄却し対立仮説を
採択するという流れでした。一方、$p \geqq 0.05$ の場合、統計的に有意な差は見られ
ないと表現しますが、帰無仮説を採択するのではなく、判断を保留するというこ
とになります。仮説検定において帰無仮説と対立仮説は対等な関係ではないため、
帰無仮説を支持することはできないからです。

　この問題を解決する策として、**ベイズファクター（ベイズ因子、Bayes factor)**
という p 値に代わる指標があります（Jeffreys, 1935, 1961)。なお、ベイズの考え
方については第11章で解説するので、深く理解するためにはそちらを読んでから、
この先の解説を読むことをおすすめします。

　仮説を数学的に表したものをモデルと呼ぶことにして、あるモデル M が手元の
データ x をどのくらい説明するのにふさわしいかを、

$$p(x \mid M) = \int p(x \mid \theta, M)\, p(\theta \mid M)\, d\theta \qquad \text{(式9.3)}$$

で表します。これを、**周辺尤度またはエビデンス**と呼びます。

　モデル（仮説）Mは、データを生成する確率分布と、その確率分布のパラメータ θ の事前分布で構成されています。$\mu_A \neq \mu_B$ といった対立仮説では、様々な μ_A, μ_B を取る可能性がありましたが、それをパラメータ θ の事前分布として表現しています。周辺尤度は、モデル M の手元のデータ x に対する平均的な予測力と捉えることができるので、大きいほど、モデル M がデータ x を説明できることを表します。

　ベイズファクター B は、手元のデータ x に対して 2 つのモデル（仮説）M_1, M_2 を想定し、それらの周辺尤度の比

$$B = \frac{p(x \mid M_1)}{p(x \mid M_2)}$$

（式9.4）

として定義されます。

　ベイズファクターは比であるため、1 よりも大きければ分母の M_2 に比べ分子の M_1 の周辺尤度が大きく、M_1 の方が手元のデータ x を説明する上でふさわしいと考えます。

　ただし、値の大きさの解釈には注意が必要です。H. Jeffreys（1961）では、1 より大きく 3.2 未満の場合、M_2 と比べて M_1 を支持する傾向があるとは言えても、実質的意味があるとは考えにくく，3.2 よりも大きければその支持には実質的な意味があり，10 より大きければ強い支持を与えるとする基準が提案されています。それを修正した Kass and Raftery（1995）など、他にもいくつか基準が知られています。

　図9.1.1 で紹介した $\alpha = 0.005$ という基準は、ベイズファクターに由来しています。$\alpha = 0.05$ は約 2.5〜3.4（弱い証拠）のベイズファクターに対応し、$\alpha = 0.005$ は約 14〜26（強い証拠）のベイズファクターに対応します。この変更により、後述する偽発見率を減らすことが提案されています（Benjamin et al. 2018）。

● ベイズファクターの特徴と注意点

　p 値の問題であった帰無仮説と対立仮説の非対性は、ベイズファクターでは解消され、2 つの仮説を対等に比較することができ、帰無仮説を支持することも可能です。また、ベイズファクターがある値になるまで（どちらかの仮説が強く支持されるまで）サンプルサイズ n を増やす、逐次的更新が可能であるという利点

があります。他にも、データを予測する度合いが2つのモデルで同程度であるとき、少数のパラメータを持つ単純なモデルが選ばれるという性質や、比較するモデルの中に真のモデルが含まれていればサンプルサイズn→無限大で真のモデルが選ばれる確率が1に限りなく近づく性質（一致性）があるため、良い指標であると言えます。

一方、注意点もいくつかあります。

1つ目は、ベイズファクターは2つの仮説の相対比較でしかないため、片方の仮説が悪いだけでベイズファクターが大きな値になることもあり得ます。そのため、絶対的な仮説の良さのチェックとして、事後予測分布を評価する事後予測チェックを行うことがあります。

2つ目は、ベイズファクターはパラメータθの事前分布に影響されます。

3つ目は、周辺尤度を得る際に、モデルとして設定した取りうるパラメータで平均化するための積分計算が必要になります。そのため、ポンと計算できていたp値に比べ、ベイズファクターの計算には手間がかかる場合があります。なお、これらの問題についての詳細は、岡田（2018）を参照してください。

● 論文が誤っている確率

論文で報告された仮説が本当に正しいのは、一体どの程度なのでしょうか。通常の仮説検定をもとに、簡単な思考実験をしてみます。有意水準$\alpha = 0.05$、対立仮説が正しいときに、きちんと対立仮説を採択する確率である検出力$1-\beta = 0.8$としましょう。そして、重要な要因として、立てた仮説が正しい確率をQとします。このQの値は通常わからないので、もしも○○％だったらと考える思考実験をしてみます。

立てた仮説のうち、$Q = 10\%$が真実だったとします。1,000人の研究者がいて、それぞれ立てた仮説を検証すると、100件が正しく900件が誤っています。検出力$1-\beta = 0.8$で、100件のうち80件が統計的に有意として検出されます。一方、誤っている仮説900件のうち、$\alpha = 0.05$で45件が統計的に有意として検出されます（偽陽性）。すると、統計的に有意として報告されたもののうち、次のようになります。

- 80/(80+45)＝64% は正しく
- 45/(80+45)＝36% は偽陽性

正しいと主張されたもののうち偽陽性である割合を、**偽発見率（FDR; false discovery rate）** と言います。FDR が高いことは再現性の低下に直結しますので、なるべく小さい FDR が好ましいことになります。この α, $1-\beta$, Q での設定の場合、FDR は 36% で、単純に言えば（予備実験や追試をしないで 1 回の実験の結果を報告していれば）、論文の 36% は誤っていることになります。これはかなり大きい値だと感じるのではないでしょうか。

α, $1-\beta$ は同じ値を用い、Q を変えて同様に計算してみましょう。$Q=50\%$ であれば FDR は 5.9%、$Q=80\%$ であれば FDR は 1.5% となり、FDR がかなり低下しました（図9.2.7）。つまり、仮説検定において良い仮説（高い Q）を立てることが、非常に重要であることがわかります。また、図9.2.7 に示すように、有意水準 α を 0.005 と小さくすると FDR を低下させることがわかります。一方、検出力が 0.8 から 0.4 に低下すると、FDR は増加することがわかります。特に、$\alpha=0.05$ のときには検出力の違いが FDR に大きく影響することもわかります。

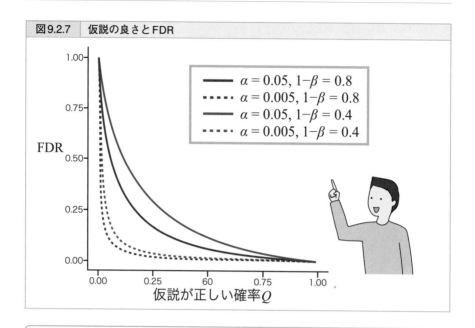

図9.2.7　仮説の良さとFDR

凡例:
- $\alpha = 0.05, 1-\beta = 0.8$
- $\alpha = 0.005, 1-\beta = 0.8$
- $\alpha = 0.05, 1-\beta = 0.4$
- $\alpha = 0.005, 1-\beta = 0.4$

縦軸: FDR（1.00, 0.75, 0.50, 0.25, 0.00）
横軸: 仮説が正しい確率Q（0.00, 0.25, 60, 0.75, 1.00）

仮説が正しい確率QとFalse Discovery Rateの関係を、有意水準$\alpha = 0.005$, 0.05および検出力$1-\beta = 0.4, 0.8$と変えて描いています。Qが下がるとFDRが上がりますが、$\alpha = 0.005$とすると大幅に抑えられることがわかります。

● 良い仮説を立てる

　ここで言う「良い仮説」とは、真実を言い当てている確率が高い仮説を意味します。例えば、「富士山の湧き水がガンを治す」といった仮説を立てたとしましょう。富士山の湧き水も水道水も、基本的にはH_2Oであり、水道水との違いと言えばミネラル分くらいです。それらのミネラルがガンに効くということはあまりないでしょうから、悪い仮説だと言えます。しかし、こういった荒唐無稽な仮説であっても、六甲山の湧き水、蔵王の湧き水などたくさん仮説を立てて検証すると、たまたま$p < 0.05$となり一見効果があるように見え、FDRが上昇します。

　一方、「ガンに関わっていると考えられる遺伝子があり、その発現を抑制する働きをする薬がガンを治す」というのは良さそうな仮説です。このようなメカニズ

ムが想定できる、もしくは理論があるということが良い仮説をもたらします。心理学では、理論が弱いために良い仮説を立てるのが難しいという問題があり、それによって低い再現性がもたらされる可能性が議論されています（池田, 平石 2016)。

しかし、論文としてキャッチーでインパクトがあるのは、これまで誰も考えてこなかった予想外の要素を扱った仮説である傾向があります。そのため、インパクトがありそうな仮説で一発当てようとし、結果的に悪い仮説を検証することが横行することもあり得るでしょう。そのため、予想外かつ良い仮説を立てて検証することに、研究者の腕が問われると言えます。

9.3 *p*-hacking

● *p*-hackingとは

　ここまで、仮説検定自体の問題点や落とし穴について解説してきましたが、ここでは仮説検定を使う側の問題である、*p*-hackingについて解析していきます。

　p-hackingとは、意図する/しないにかかわらず、*p*値を都合の良いように（有意水準$\alpha=0.05$を下回るように）操作することです。数値を改ざんするということではなく、*p*値が0.05を下回りやすくなるような実験デザインや解析を用いることです。これにより、本当は帰無仮説が正しいにも関わらず、対立仮説が正しいという誤った判断を招き、結果として再現性が低くなります。*p*-hackingの怖いところは、意図せずとも「実は*p*-hackingしていた」という状況になる可能性があることです。

　では、*p*-hackingの具体例を見てみましょう。

例1：$p < 0.05$ になるまでサンプルサイズ*n*を増やした

例2：当初の計画通り$n = 30$ で実験したら $p = 0.07$だったので、実験をサンプルサイズ10だけ追加して合計$n = 40$にしたら、$p < 0.05$ になったので報告した

例3：複数の要因を探索し、$p < 0.05$ になったものだけを報告した

● 結果を見ながらサンプルサイズを増やしてはいけない

　上記の例1や例2がなぜダメなのかを考えてみます。サンプルサイズ$n=10$から始めて、二標本の*t*検定を実行し、結果を見ながらサンプルサイズ*n*を増やすシミュレーションをしてみましょう。ただし、2つの母集団は同一として帰無仮説が正しい状況です。サンプルサイズ*n*を1つ増やすごとに*t*検定を実施し、*p*値を確認します。$p < 0.05$になったらそこでサンプルサイズ*n*を増やすことを止めて、解析をストップします。

　最大$n=100$までと仮定して、この試行を繰り返すと、約30%がどこかで$p<0.05$になり、統計的に有意な差ありという結果が得られてしまいます。有意水準$\alpha=0.05$としているため、偽陽性が起こる確率は5%であるべきなのに、30%にまで上昇しています。これは、サンプルサイズnを増やす中で、少なくとも1回$p<0.05$になる確率は、0.05よりも増加するためです。

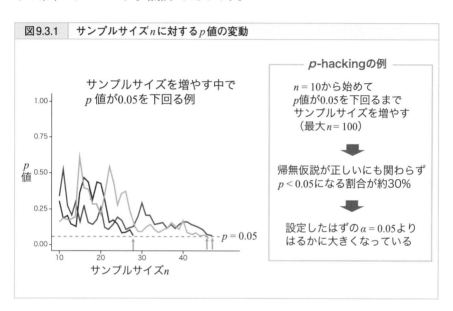

図9.3.1　サンプルサイズnに対するp値の変動

　サンプルサイズnを増やしたときにどこかで$p<0.05$になる試行の例を、3つほど図示しました。帰無仮説が正しいときに、サンプルサイズnを少しずつ増やしながらp値を見ると、ふらふらと変動していることがわかります。すると、どこかで0.05を下回ることがある一定の確率で起きてしまいます（矢印）。

　前ページの例2の場合は、結果を見てもう少しデータを追加したら$p<0.05$になるかもしれない、という期待を抱くような状況です。これも同様に、帰無仮説が正しい状況でシミュレーションしてみます。$n=30$ずつで、$0.05\leqq p<0.1$だった場合のみ実験を追加し、$n=40$ずつにして再度解析したとします。すると、トータルで$p<0.05$になる確率が7%近くなります。これもまた、設定した有意水準$\alpha=0.05$からズレてしまっています。

● うまくいった解析だけを報告してはいけない

例3の状況を考えてみます。薬を開発することを想像してください。開発した薬Aに効果があるかを調べるために実験を行い、その結果、$p \geqq 0.05$となり、統計的に有意な効果が見つからなかったとします。次に、新たに薬Bを開発し実験を行い、これも同様に$p \geqq 0.05$でした。次は薬Cを試して…ということを繰り返します。

例えば、7番目の薬Gで$p < 0.05$となり、統計的に有意効果があるという結果が得られたとしましょう。ここで、「薬Gに効果があると仮説を立て、実験を行った。その結果、$p < 0.05$で仮説が支持された」という論文を書いてしまいがちですが、これはp-hackingになります。特に、p-hackingに関連する概念である**HARKing**の例です。HARKingとは、Hypothesis After the Results are Knownの略で、データを得て結果を見てから仮説を作ることです。具体的には、多くの実験を繰り返す、またはデータの様々な変数をこねくり回して意味のありそうな結果だけをピックアップし、最初から立てていた仮説として報告することです（図9.3.2）[6]。HARKingもp-hacking同様に、再現性の低下につながります。

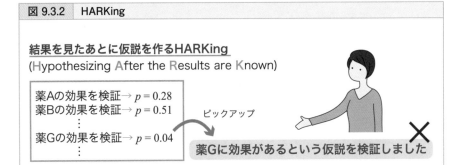

図 9.3.2　HARKing

結果を見たあとに仮説を作るHARKing
(Hypothesizing After the Results are Known)

薬Aの効果を検証→ $p = 0.28$
薬Bの効果を検証→ $p = 0.51$
⋮
薬Gの効果を検証→ $p = 0.04$

ピックアップ

薬Gに効果があるという仮説を検証しました　✕

理屈：$\alpha = 0.05$では効かない薬が20個あれば平均的に1個有意な結果が得られる。

対策：予備実験で探索し仮説を立て、絞って本実験を新たに実施する。
　　　または多重比較で補正し、効果がなかったものもすべて報告する。

---

6)　より広い意味では、自説に都合の良い根拠だけをピックアップして自説を論じることを、チェリーピッキングと言います。

　HARKingが再現性の低下につながる理由は、意味のないゴミデータをたくさん集めると、意味のありそうに見える結果がたまたま得られるからです。例えば、全く効果がない薬を20個（薬A, B,…, T）用意して実験し、それぞれ有意水準$\alpha = 0.05$で検定を実施すると、20個のうち平均的に1個が有意になります。あるいは、20個のうち少なくとも1つが統計的に有意と判定される確率は、64%にもなります。これは検定を繰り返し実施することにおける、多重性の問題と同じです。

　ピックアップされず捨てられてしまった結果が論文に載っていなくても、論文の読者は捨てられたことに気づくことができません。そのため、HARKingしているかを見抜くことが難しいという問題があります。

● 仮説検証型研究と探索型研究

　HARKingを起こさないようにするために、薬A, B, C,…と色々試すのは予備実験として行い、そこで得られた結果からどの薬に効果があるかについて仮説を立て、本実験として薬を絞って再度実験することが望ましいです。ただし、本実験として取り直した新しいデータは、独立に解析される必要があります。予備実験で得られたデータを混ぜて使ってしまうと、有意になりやすいバイアスがかかってしまい、偽陽性を起こす確率が設定した有意水準αよりも大きくなってしまうからです。

　上記の様々な薬を試す研究のように、網羅的に探索的に解析する研究を、**探索型研究**と言います。それに対し、仮説を立て、仮説を検証するための研究を、**仮説検証型研究**と言います。

　仮説検証型研究によって、正しく仮説検定を使うことが理想的です。探索型研究しかできない状況であれば、試した実験や解析に用いた変数を全て報告し、有意水準αを、検定を繰り返した回数で割るといったボンフェローニ法で補正することが必要です。分散分析などの多群間の比較で多重比較の補正をすることはよく知られていますが、こういった探索型研究での検定の多重性は見落とされがちです。

　他の状況として、変数が100個あり、その間の相関係数を測ることをしたとしましょう。例えば、脳活動の研究で、脳の様々な部位の脳活動時系列が得られ、それら部位間の関連性を調べるために、各部位間で相関係数を測るといった状況です。100の部位がある場合、$_{100}C_2 = 4950$通りのペアがあるので、それらが全て

独立だとしても、有意水準 $\alpha = 0.05$ の下で統計的に有意な相関は平均的に約250個現れてしまいます。そのために、0.05を4950で割った値を有意水準として用いることで補正し、偽陽性を減らす必要があります。

● 事前登録

得られたデータをこねくりまわすことで仮説を引き出し、あたかも最初から考えていたとして報告することに問題を防ぐため、**事前登録 (preregistration)** という制度が最近広がっています。事前登録とは、研究を実施する前に、研究計画として仮説と実験デザイン、解析手法等を登録しておくことです。登録した内容に従って研究を実施することで、得られたデータを見てから仮説を立てるHARKingを防ぐことができます。

一方、結果が $p < 0.05$ とならなかった場合に、どうしたら良いか頭を悩ませるかもしれません。最近では、事前登録の段階で審査され、結果がどうであれ採択される事前審査つき事前登録や、ネガティブデータを掲載するという雑誌も増えつつあります。今後、これら事前登録に関していっそう整備されていくことが予想されます。詳しくは、長谷川ら（2021）を参照してください。

● p 値に関しての総括

仮説検定の問題、再現性の問題、そして p-hacking をいかに防ぐかといった問題に対し、完璧な答えはまだありません。しかし、本章で解説した以下の点を押さえることで、多くの部分が対処できると思います。

- p 値をきちんと理解して使う
- 仮説検定を繰り返すことは、多重性の問題が起こり、偽陽性が増えることを理解する
- 探索型研究と仮説検証型の研究の違いを理解する
- 実施した実験や解析をきちんと報告する
- 再現性があるかを意識する。可能であれば再実験を行い、再現性をチェックする
- 良い仮説を立てる

● 仮説検定の理解のチェック項目

　最後に、仮説検定の理解度のチェック項目をまとめておきます。

これは、Greenland et al.（2016）および折笠（2018）に掲載された、よく誤解されるポイントとして紹介されているものから抜粋したものです。

・*p*値とは、帰無仮説が正しい確率のことである。→**誤り**

（例）検定結果が *p* = 0.01であれば、帰無仮説が正しい可能性は1％しかない。

　　　→**誤り**

・*p*値とは、偶然のみで観察データが出現した確率である。→**誤り**

（例）*p* = 0.08であれば、偶然のみでそのデータが出現した確率は8％である。

　　　→**誤り**

帰無仮説が正しい仮定の下、偶然のみでデータまたはそれより極端なデータが出現した確率であれば正しい。

・有意な結果（*p* < 0.05）は、帰無仮説が誤っていることを意味する。→**誤り**

・有意ではない結果（*p* ≧ 0.05）は、帰無仮説が正しい、または帰無仮説を受理すべきであることを意味する。→**誤り**

・*p*値が大きければ、帰無仮説を支持する証拠である。→**誤り**

・*p* ≧ 0.05は効果がないことが観察された、または効果がないことが立証されたことを意味する。→**誤り**

・統計的に有意であるとは、科学的に大変重要な関係が示されたことを意味する。→**誤り**

・統計的有意でなければ、効果量が小さいことを意味する。→**誤り**

・p値とは、帰無仮説が正しい時にデータが偶然に出現する確率のことである。→**誤り**
「データまたはそれより極端なデータが偶然に出現する確率」なら正しい。

・$p < 0.05$ だったので帰無仮説を棄却した。この場合、偽陽性の確率は5%である。→**誤り**
帰無仮説が正しいのにそれを棄却すれば、偽陽性の確率は100%である。

・p値は不等号で表すのが正しい。→**誤り**
（例）$p=0.015$のときに$p < 0.02$としたり、$p=0.70$のときに$p > 0.05$と書くべきでない。正確な値が望ましい。

・統計的有意性は調べたい現象を説明する性質であり、検定により現象の意義を見つけ出す。→**誤り**
検定結果は単なる統計的結論にすぎず、現象の意義までは言えない。

因果と相関
誤った解釈をしないための考え方

第10章では、変数間の因果関係と相関関係について解説します。因果と相関はしばしば混同されることがありますが、これらは大きく異なるため注意が必要です。因果と相関の違いはデータ分析の結果をどのように解釈するべきかに直結しますし、因果関係を明らかにすることで介入の効果を推定することができます。因果関係を知ることは簡単ではありませんが、様々な統計分析手法が提案されていますので、それらも合わせて解説していきます。

10.1 因果と相関

● 因果関係を明らかにする

　我々が生きる世界は、原因と結果、すなわち因果関係に満ち溢れ、複雑に入り組んだネットワークを構成しています。例えば、どんな食べ物を食べるかによって健康状態は変化しますし、良い健康状態は高い幸福度をもたらします。そして、個人の幸福度は社会的な関係を通じて他人へ影響することがあります。このような原因と結果を図10.1.1のように丸と矢印で描いたものを、**因果グラフ**と言います。

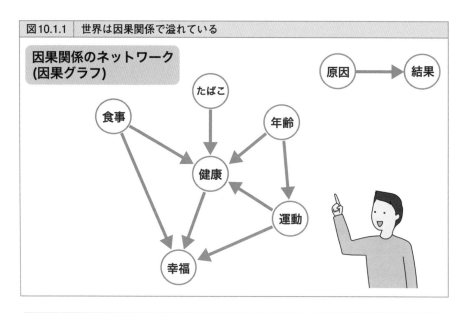

図10.1.1　世界は因果関係で溢れている

因果関係のネットワーク (因果グラフ)

原因 → 結果

たばこ　食事　年齢　健康　運動　幸福

矢印の根本が原因で、先が結果を表します。ここで描いたのは簡単な概念図で、世の中はさらに複雑な因果関係に溢れています。

　因果関係を明らかにすることは、食生活をどのように変えれば健康になるのか、そして幸福度を上げられるのかといったように仕組み（メカニズム）についての知見を与えてくれます。そのため、因果関係を理解することは、世界の仕組みを

理解することだと言っても過言ではありません。

とは言え、因果関係を明らかにすることは容易でありません。実験の実施や、工夫した統計分析が必要になります。

● 因果関係と相関関係

第1章でも述べたように、統計解析の目的の1つは変数間の関係を理解することです。変数間の関係には、前述した因果関係と第7章で触れた相関関係の2つの種類があります。因果関係と相関関係はしばしば混同されることがありますが、因果関係と相関関係は大きく異なるため、注意が必要です。特に、因果関係がないのに、因果関係があると主張してしまう誤りを起こすことが多く、データ分析の際には常に慎重に構えておかなければなりません。

因果関係という言葉は日常的にも使われるように、原因と結果の関係です（統計学における因果関係の厳密な定義については、10.2で説明します）。すなわち、原因を変えることで結果が変わる関係であり、原因→結果という向きがあることも特徴です。

一方、相関関係はデータに見られる関連性（association）です。関連性という言葉はイメージが掴みにくいかもしれませんが、関連性の最も単純な例は、第7章で紹介した線形な相関関係で、一方の値が大きいとき、もう一方も大きな（または小さい）値であるという関係です。より一般的に言えば、ある特定の組み合わせが起きやすいということで、数学的に言えば、確率変数間が独立ではないことを意味します。

第7章で登場した相関係数（例えば、ピアソンの積率相関係数r）は、2つの量的データの関連性を数値化したものですが、相関関係はデータのタイプによらない広い概念であることに注意してください。

● 因果と相関の違い

具体例を挙げながら、因果関係と相関関係の違いについて説明していきます。図10.1.2には、高校生を対象に、朝ごはんを食べる頻度と高校での成績の関係を調べた仮想の例を示しました。仮説として「朝ごはんを抜かずにきちんと食べる

と成績が上がる」を立てたとしましょう。ご飯を食べることで脳に栄養を行き渡り…といったように、メカニズムとしてあり得そうな仮説です。この仮説は因果関係に関する仮説であり、朝ごはんが原因で、成績が結果です。

　この仮説を検証するために、高校生にアンケートを取り、普段の朝ごはんの頻度と、成績のデータを得たとします。これは実験をせずに、現在の状態を観察する**観察研究**によって得られた**観察データ**であることに注意してください。そして、このデータに対し、例えば線形回帰で分析して、回帰係数が統計的に有意に0ではなく、正であることが統計解析から明らかになったとします（図10.1.2左）。一見、朝ごはんを食べることで成績が上がるように見えてしまいます。しかし、この結果からわかることは、相関関係があるというだけで、「朝ごはんをきちんと食べると成績があがる」という因果関係を主張することはできません。

　その理由は、仮に朝ごはん→成績の因果関係がなくても、第三の変数として家庭環境という要因が朝ごはんと成績の両方に影響する場合、同様の右肩上がりのパターンと統計解析結果が得られる可能性があるからです。裕福な家庭環境であれば、朝ごはんはきちんと欠かさず用意され、教育への惜しみない投資によって成績が上がる可能性はあり得るでしょう。ここでの朝ごはんと成績の両方に関連するような外部の変数が存在することを**交絡**と言い、その変数を**交絡因子（交絡変数, confounder）**と言います。交絡因子のデータも取得し、分析に組み込むことは重要です。なぜなら、交絡因子を考慮することで、注目している変数の因果の効果の大きさを評価することが可能になるためです。詳しくは後から述べます。

　また、常識的には考えにくいですが、成績が上がったとこで、ご褒美として朝ごはんの頻度が高まるという逆向きの因果関係によっても、同様の右肩上がりのパターンが得られてしまいます。以上の結果において注意するべき点は、朝ごはん→成績の因果関係がないのではなく、これらの可能性を区別することができないという点です。相関関係があることはわかるが、因果関係についてはわからないということになります。

　次に、図10.1.2の右図を見てみましょう。実は、データとグラフが左図と同一です。しかし、各学生にランダムに朝ごはんを食べる頻度を割り当てる介入実験

を行い、その後の成績を調査する**実験研究**から得られたデータという点で異なります。この場合、朝ごはん→成績の因果関係を主張することができます。これは10.2で解説する、**ランダム化比較試験（Randomized Control Trial; RCT）**の一種です。ランダム化比較試験によって得られたデータから因果関係を見抜ける理由は、朝ごはんの頻度という条件をランダムに割り当てることで、それ以外の家庭環境等の要因の影響を除くことができるからです。

　詳しい解説は後に回すとして、ここでの教訓から、データがどのようにして得られたか、特に観察データなのか実験データなのか、交絡因子はあるのかという点に注目することが、因果関係を考える上で重要であることがわかります。

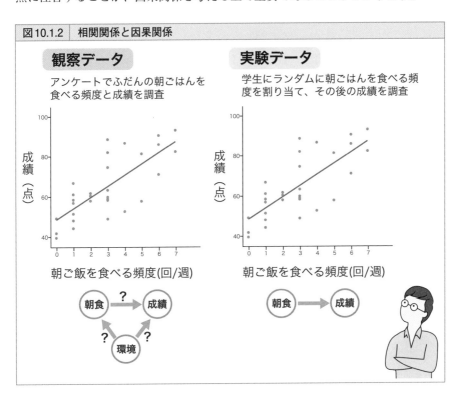

図10.1.2　相関関係と因果関係

左図は観察から得られたデータ、右図は学生にランダムに朝ごはんを食べる頻度を割り当てる実験から得られたデータです。

● 因果 – 相関 – 疑似相関

　相関関係は、2つの要素 X, Y があったときに、X が大きいときに Y が大きい（または小さい）、X が小さいときに Y が小さい（または大きい）というような関連性でした。

　因果関係はないけれど相関関係がある場合を、**疑似相関（spurious correlation）** と言います。疑似的に因果関係があるように見える相関という意味です。先ほどの、家庭環境という交絡因子が朝食の頻度と成績に影響し、朝食の頻度が成績に影響していない場合は疑似相関です。

　一方、因果関係があると、その間に関連も生じるので必ず相関関係もあると思われがちですが、相関関係がない場合もあります。本書では詳しく解説しませんが、交絡因子がある場合や、合流点バイアスがある場合、X→Z→Yという中間変量がある場合、他にも線形でない相関の場合です。相関関係と因果関係をベン図で描くと、図10.1.3に示すような関係になります。

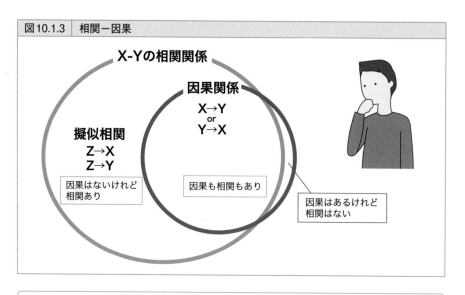

図10.1.3　相関ー因果

X-Yの相関関係

因果関係
X→Y
or
Y→X

擬似相関
Z→X
Z→Y

因果はないけれど
相関あり

因果も相関もあり

因果はあるけれど
相関はない

相関と因果のベン図。X-Y に相関関係はあるけれど、因果関係がないものを擬似相関と言います。因果関係があるけれど相関関係がない場合もあるため、因果関係の円が相関関係の円から少しはみ出ています。

　再度喚起しますが、相関は必ずしも因果を意味しません。「必ずしも意味しない」という点も重要で、相関関係があって因果関係がある場合もあるし、因果関係がない場合もあるということです。それらの可能性を、相関関係があるという事実だけから区別することはできません。

● 因果関係を知ることでできること

　因果関係を知ることは、相関関係を知ることよりも深いレベルの理解を与えてくれます。前述の例でいうと、朝食（原因）→成績（結果）という因果関係があることを明らかにできれば、朝食を食べる行為から、成績までの間に何らかのメカニズムがあることがわかります。そして、次の研究として朝ごはんを食べる行為のどの要因が成績に影響しているかといったように対象の理解を深めていくことが可能になるでしょう。

　因果関係を明らかにすることの極めて重要な点は、朝ごはんを食べさせることで、成績を上げるという介入が可能になる点です。これを一般的に表現すると、原因の変数を変化させること（介入）で、結果の変数を変えることが可能になるということです。

　一方、2つの変数の間に因果関係がなく相関関係だけがある場合には、一方の変数を変化させても、もう一方の変数は変わりません。前述の例で、朝食と成績の間には因果関係がなく、家庭環境という第三の変数が朝食と成績に影響していることがわかった場合、朝食をこれまで食べてなかった人を食べさせるように介入しても、成績は上がりません。介入の効果を推定できることは、因果関係を明らかにすることの最も大きなメリットだと言えるでしょう。

● 相関関係を知ることでできること

　相関関係は必ずしも因果関係を意味しないといっても、相関関係がわかることも1つの重要な結果です。相関関係があれば、その間に因果関係が存在する可能性があります。因果関係を明らかにする前段階として、相関関係を元に、因果に関わる変数の候補を絞っていくといったことも可能でしょう。

さらに、相関関係は2つの変数X, Yの間の関連性であるため、一方の変数からもう一方の変数予測を可能にします。注意として、ここでの「予測」は、Xに何らかの方法で介入し、Xを変えたことでYがどのように変化するかを予測することではありません。同一条件の下、新規にXの値が観測したときに、Xの値からYの値を予測するという意味での予測です。

　ちなみに、相関は2つの変数間に方向性がないので、YからXの予測でも構いません。前述の例では、図10.1.2に示した回帰直線の予測モデルを使うことで、新たに（予測モデルを作るために使ったデータには含まれない新規の）学生に朝食の頻度を尋ねれば、その学生の成績がある程度予測できるということです。
因果関係を知ること、相関関係を知ることで、可能になることが異なる点を理解しておきましょう。

● 疑似相関の例

　ここで閑話休題として、2つの変数の間に因果関係はないけれど相関関係がある例を紹介しましょう。有名な例に、アイスの売上とプールの溺死事故数に正の相関があるという話があります（図10.1.4）。アイスの売上が高いときは、溺死事故数も多く、アイスの売上が低いときは、溺死事故数も少ないという関連性です。我々は常識から、アイスがたくさん売れることで事故数が増えるわけでも、事故数が増えることでアイスの売上が伸びるわけでもないことを知っています。

　この場合は、交絡因子として、気温がプールの溺死事故数とアイスの数に影響しているというのがカラクリです。気温が高くなると、プールで遊ぶ人が増えることで事故数が増え、また、気温が高いとアイスが多く売れるということです。相関関係があるので、アイスの売上からプールの溺死事故数をある程度予測することはできます。ただし、事故数の原因である気温から予測する方が予測精度が高いので、実用的ではないでしょう。

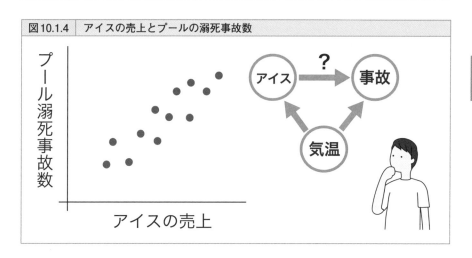

図10.1.4　アイスの売上とプールの溺死事故数

アイスの売上とプールの溺死事故数には、正の相関関係があります。これは、それらの間の因果関係から生じる相関ではなく、気温という第三の変数がそれら2つに影響していることによって起きる相関です。

● 時間は交絡因子になりやすい

　交絡因子になりやすい変数として、時間または年齢があります。時間とともに増加（減少）するXとYは容易に相関してしまいます（図10.1.5）。世の中には、時間とともに増加（減少）するような現象が数多くあります。人体は加齢と共に

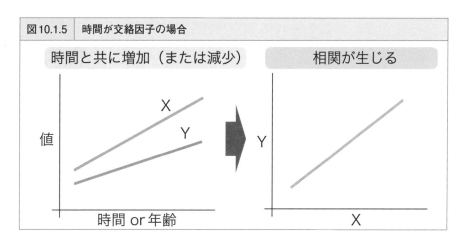

図10.1.5　時間が交絡因子の場合

衰えますし、気温は温暖化で年々高まっています。米国メイン州の離婚率と、1人あたりのマーガリン消費率は強い正の相関を示すそうですが、単にどちらも年々下がっているということが相関関係として現れているに過ぎないというのが真実でしょう。注目する変数に、時間の変数が関わっていないか、常に注意することが必要です。

● チョコレート消費量とノーベル賞の数

　他の有名な例も紹介しましょう。2012 年に The New England Journal of Medicine 誌において、国別のチョコレートの消費量とノーベル賞受賞数には正の相関があることが報告されました（図10.1.6）。にわかには信じがたい結果ですが、相関係数は $r = 0.791$ と高い値を示しています。では、チョコレートをたくさん食べれば（原因）、ノーベル賞を多くとれる（結果）ようになるでしょうか。チョコレートの成分が脳に良い影響を与えることは可能性として考えられますが、おそらくノーベル賞受賞数にまで影響を与えている可能性は低そうです。

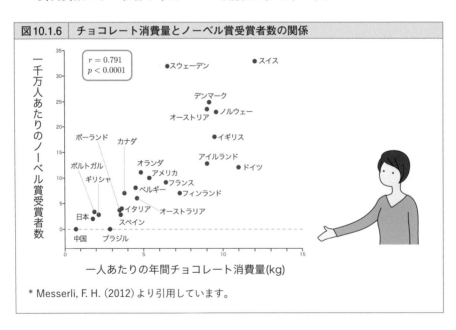

図10.1.6　チョコレート消費量とノーベル賞受賞者数の関係

$r = 0.791$
$p < 0.0001$

一千万人あたりのノーベル賞受賞者数

一人あたりの年間チョコレート消費量(kg)

* Messerli, F. H. (2012) より引用しています。

　この現象の背景には、GDPが交絡因子として考えられます。高いGDPはチョコレートの消費量を増やし、同時に高いGDPは研究への投資を増やしノーベル賞を増やすという可能性が高そうです。この推察が正しければ、チョコレートとノーベル賞の間には因果関係がないため、チョコレートを与えて介入しても、ノーベル賞を増やすという効果は見込めないことになります。しかし、仮にある国のノーベル賞の数を知らなかった場合に、チョコレートの消費量を知っていれば、ノーベル賞の数をある程度予測することができます（この例で、予測が役に立つとはあまり思えませんが）。

● 偶然生じる相関

　他にも、偶然生じる相関があります。有名な例では、ある年のニコラス・ケイジの映画の出演本数と、その年のプールでの溺死数の間の正の相関です。当然、この間には因果関係はないでしょう（あったら大変なことです）。そして、相関関係があるといっても、それら2つに共通して影響する第三の変数が存在しているのでなく、偶然生じた相関であると考えられます。

　これは第9章でも警鐘を鳴らした点ですが、たくさんの変数をむやみやたらに解析することで、統計的に有意な結果が得られてしまうという問題です。世界にはニコラス・ケイジ以外に俳優はごまんといるでしょうし、プール以外の死亡要因もたくさんあるでしょう。その中からたまたま統計的に有意になった、強く相関した組み合わせをピックアップしてくれば、ニコラス・ケイジとプールの溺死数のように、意味がありそうに見えるデータが得られてしまいます。
仮に、1,000人の俳優と10の死亡要因があれば、10,000ペアの相関を測ることになり、10,000ペアもあれば、全くのランダムであっても$p < 0.05$になる相関は500ペアも存在することになります。さらにその一部には、強く相関しているように見えるペアも存在するでしょう。大量の無相関の組み合わせを示さずに、ニコラス・ケイジとプールの溺死数だけを示すことで意味がありそうに見せるのは、p-hackingやHARKingに近いと言えます。
　当然、このような偶然生じた相関からは、新規に得られるデータの予測はうまくいきません。来年のニコラス・ケイジの映画出演本数から、プールでの溺死数は予測できないでしょう。

10.2 ランダム化比較試験

● 因果関係を明らかにするために

　因果関係を明らかにするためには、どのような実験または観察をすれば良いのでしょうか。そして、どのようなデータ分析を実施すれば良いのでしょうか。まずは、因果関係を見抜くための基本的な考え方を紹介します。

　因果関係を見抜くことを困難にさせる1つの要因は、交絡因子の存在です。交絡因子とは、10.1でも少し触れましたが、2つの変数 X, Y の両方に関連する変数を指します。例えば、朝ごはんと成績の例では家庭環境、アイスとプール溺死事故数であれば気温です。他にも、飲酒する人に肺がんが多いという例では、喫煙が交絡因子になっています。

　なぜ、交絡因子があると因果関係を見抜くのが難しくなるかを、飲酒と肺がんの例で説明しましょう。観察データから、飲酒をする群としない群の間で、肺がんのなりやすさを比較すると、たしかに飲酒をする群で肺がんのなりやすさが高

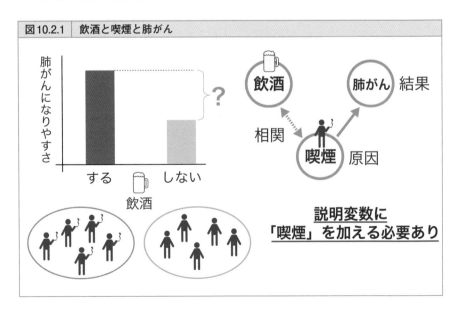

図10.2.1　飲酒と喫煙と肺がん

いことは事実です。しかし、飲酒する群としない群で、喫煙する／しないの割合がそもそも異なっています（図10.2.1）。これでは、喫煙の効果が含まれてしまっており、飲酒をする群としない群で、飲酒の肺がんに対する効果を比較したとしても、飲酒の効果なのか、喫煙の効果なのか区別することができません。よって、飲酒の肺がんに対する効果を知りたければ、飲酒以外の要因を同一にしないといけないことがわかります[1]。

　ここで紹介する因果効果を推定する手法であるランダム化比較試験や、10.2で解説する傾向スコアマッチングという観察データの解析手法は、注目する要因以外の要素を同一にするというアイディアに基づいています。それにより、注目する要因の効果だけを抽出することが可能になります。

● ランダム化比較試験

　変数Xから変数Yへの因果効果を推定する最も強力な手法は、**ランダム化比較試験（Randomized Control Trial; RCT）**です。ランダム化比較試験とは、要因として注目している変数Xにサンプルをランダムに（無作為に）割り当てて介入実験を実施し、Yを比較する手法です。例えば、薬の効果が知りたい時に、処理群（treatment group）と対照群（control group）にランダムに被験者を割り当て、その薬の効果を分析する手法です。ビジネス分野ではABテストとも呼ばれます。これは、t検定などの解説の際に出てきた実験そのものです。

　なぜ、ランダム化比較試験が、因果効果を推定する強力な方法なのでしょうか。その理由は、交絡因子を観測していなくても、それらの効果をランダム化によって無効化でき、注目する変数の効果だけを推定できるからです。図10.1.1の因果グラフで示したように、ある対象に関わると考えられる変数は無数にあり、そういった交絡因子を全て観測することは難しいことが多いでしょう。そのため、それらを観測していなくても無効化できるランダム化比較試験は強力な手法なのです。

---

1) ここでのデータは仮想の例で、飲酒は肺がんを引き起こさないとしていますが、実際には飲酒自体も肺がんのリスクを上げる可能性が指摘されています（参考 Shimizu et al.（2008）Alcohol and risk of lung cancer among Japanese men: data from a large-scale population-based cohort study, the JPHC study. Cancer Causes Control. 2008 Dec;19（10）:1095-102）。

● 統計学における因果関係

　もう少し数学的に解説しましょう。ここまで、因果関係という語を厳密に定義しないまま話を進めてきました。因果関係という言葉は日常においても使われ、実際に様々な定義が存在し、哲学においても古くから議論があります。ここでは、統計学における因果関係の一般的な定義を述べ、これに従って考えていくことにします。

　2つの変数X, Yに対し、$X=0$がダイエットしない（介入なし）、$X=1$がダイエットする（介入あり）、Yが体重という例を考え、ダイエットすることが体重に影響するのかを検証するとしましょう。

　ある1人のiさんに注目し、iさんがダイエットをしないことを$X_i=0$、ダイエットすることを$X_i=1$と表記し、同様に、iさんがダイエットをしなかったときの体重を$Y_i^{(0)}$ ダイエットをしたときの体重を$Y_i^{(1)}$と表記することにします。

すると、本当に知りたい因果の効果τ（介入の効果）は次のように書くことができます。

$$\tau = Y_i^{(1)} - Y_i^{(0)}$$

　iさんがダイエットしたときの体重としなかったときの体重の差分です。

　しかしながら、この値は現実には観測することができません。なぜなら、iさんがダイエットをした世界とダイエットをしなかった世界を両方観測することができないからです（図10.2.2）。つまり、因果効果を調べることは原理的に不可能であるという事実に突き当たります。これを、**因果推論の根本問題**と言います。

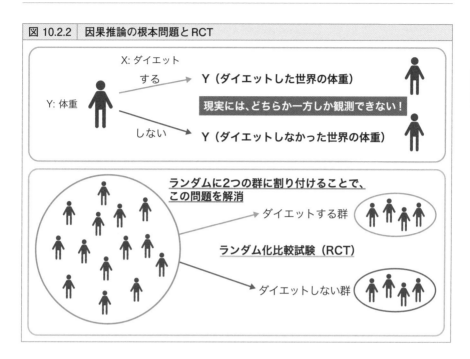

図 10.2.2　因果推論の根本問題と RCT

● ランダム化比較試験の理論的背景

　因果推論の根本問題によって、個人レベルでは因果を知ることはできませんでした。そこで、個人レベルではなく集団レベルを考え、因果の平均的な効果である

$$\tau = E\left[Y^{(1)} - Y^{(0)} \right] = E\left[Y^{(1)} \right] - E\left[Y^{(0)} \right]$$

に注目します。ここで $E[\ ]$ は母集団の期待値を表し、$E[Y^{(1)}]$ と $E[Y^{(0)}]$ はそれぞれダイエットをした場合の期待値と、ダイエットをしない場合の期待値を指します。しかしこれも、ダイエットをした場合としない場合の両方を観測することはできません。

　実際に観測可能なのは、ダイエットをする群に割り当てられた人の体重と、ダイエットしない群に割り当てられた人の体重の期待値の差である

$$\tau' = E\left[Y^{(1)} \mid X = 1 \right] - E\left[Y^{(0)} \mid X = 0 \right]$$

です。$E[Y^{(1)}|X=1]$（または $E[Y^{(0)}|X=0]$）は条件付き期待値で、ダイエットをする

（しない）群に割り当てられた人に限定した体重の期待値です。これを変形すると、次のように書けます。

$$\tau' = E\left[Y^{(1)} - Y^{(0)} \mid X = 1\right] + E\left[Y^{(0)} \mid X = 1\right] - E\left[Y^{(0)} \mid X = 0\right]$$

ダイエットの平均的な効果の大きさは、割り当てられる群とは独立だと仮定すると、$E[Y^{(1)}-Y^{(0)}|X=1] = E[Y^{(1)}-Y^{(0)}]$ となり、知りたいτそのものになります。後半が、ダイエットする群、ダイエットしない群に割り当てられる人の、それぞれの介入なしの場合の期待値です。ランダム化比較試験では、ランダムに$X=1$と$X=0$の群に割り当てられることにより、次のようになります。

$$E\left[Y^{(0)} \mid X = 1\right] - E\left[Y^{(0)} \mid X = 0\right] = 0$$

よって、$\tau=\tau'$となり、$\tau'=E[Y^{(1)}|X=1] - E[Y^{(0)}|X=0]$を推定することで、因果の効果を推定することができます。具体的には、ダイエットする群とダイエットしない群にランダムに割り当て、例えば半年後の体重をt検定等で2群間比較すれば良いでしょう。

● セレクションバイアス

ランダム化比較試験では、$E[Y^{(0)}|X=1] - E[Y^{(0)}|X=0] = 0$となりました。しかし、観察データなどで、ランダムに割り当てられていない場合、ダイエットをする人、ダイエットをしない人で潜在的な体重が異なる場合があります。

例えば、ダイエットに意欲的な人は、そもそも体重が重い人であると考えられます。そのため、$E[Y^{(0)}|X=1] - E[Y^{(0)}|X=0]$ は0にならず、プラスの値をとり、$\tau' = \tau + E[Y^{(0)}|X=1] - E[Y^{(0)}|X=0]$として、観測できる$\tau'$は本来知りたい効果$\tau$にバイアスが加わった値になります。これを、**セレクションバイアス**と言います[2]。

これまで何度も出てきた交絡因子の存在がセレクションバイアスを生じさせるため、因果関係を見抜くことを難しくさせていたのです。

---

2) 母集団からランダムに標本を抽出できないという意味の選択バイアスとは異なります。

10.3 統計的因果推論

● 因果効果を推定するための他の方法

　ランダム化比較試験は、因果効果を推定するための強力な手法です。しかし、いつでもそのような介入実験ができるわけではありません。なぜなら、介入実験を実施するには倫理的に問題がある場合や、介入自体が不可能である場合があるからです。

　例として、タバコの健康に及ぼす影響を調べたいときに、ランダムに被験者を選び、タバコを吸わせる群、吸わせない群を作り、その後の健康状態を追跡するというランダム化比較試験を考えることができます。しかし、被験者に悪影響を与える可能性がある実験を行うことは倫理的に難しいでしょう。ましてや、タバコの未成年への影響を調べるとして、未成年にタバコを無理やり吸わせる実験を行うのは不可能です。また、介入実験には多くのコストがかかることや、大きなサンプルサンズを集めるのは難しいといった問題点もあります。

　そこで、ランダム化比較試験を行わず、観察データから因果効果を推定したいという発想が生まれてきます。前述したように、観察データから因果効果を推定することは簡単ではありませんが、**統計的因果推論**という因果効果を推定する手法、および統計的因果探索という因果構造を指定する手法の開発が活発に行われています。ここでは、統計的因果推論を簡単に紹介したいと思います。

● 重回帰

　交絡に対処する手段として、第8章で紹介した重回帰分析を使うことができます。原因の変数を説明変数x、結果の変数を目的変数yとし、さらに交絡因子zを説明変数として追加し、重回帰モデルを以下のように作成します。

$$y = a + b_1 x + b_2 z$$

　重回帰モデルにおける偏回帰係数b_iは、他の説明変数との相関を取り除いたx_iの影響であると解釈することができるので、因果効果を表せることになります。

そのためには、考えられる交絡因子を測定しモデルに組み込むことが重要です。このように交絡因子を組み込むことを、**調整**すると言います。ただし、どの変数を重回帰モデルに投入するかによって、誤った因果効果を推定してしまうことがあります。そのため、想定される因果のグラフ（因果の向き）をドメイン知識や先行研究にもとづいて描き、さらにバックドア基準と呼ばれる基準にしたがってモデルへ投入するかどうかを決めることが望ましいです（参考：『入門 統計的因果推論』、落海浩 訳）。

● 層別解析

他の統計的因果推論として交絡因子をもとにいくつかのグループ（層）に分けることで、各層内で交絡因子の効果をできるだけ小さくする手法があります。これを、**層別解析**と言います。

例えば、性別で男女に分ける、または年齢を10代、20代、…といったように分け、それぞれ解析します。図10.3.1は、中学生の身長と覚えた英単語数の関係の仮想のデータ例を示しています。層別する前は、身長が高い中学生ほど覚えた英単語数が多いという一見不思議な関係が見られますが、中学1年、2年、3年の3つの層に分け、それぞれの学年で解析すれば、身長と英単語数にはほとんど関係がないという結果になります。

図10.3.1　層別解析の例

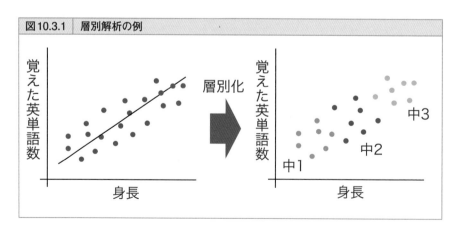

重回帰では、それぞれの説明変数が独立に因果効果を持つことを仮定しますが、層別解析では層ごとに異なる因果効果を推定することができます。一方、層別解

析は、層別化する交絡因子をどのように選べば良いかはある程度恣意的になる点、そして、交絡因子が連続値である場合にどのように離散化するかは恣意的になるという問題があることには、注意する必要があります。

● 傾向スコアマッチング

　交絡に対処するために、原因の変数＝0の群と、原因の変数＝1の群から、似た交絡因子を持つデータを見つけてペアにする、**マッチング**と呼ばれる手法があります。交絡因子の値が似たデータをマッチングさせることで、交絡因子の効果を打ち消し、ランダム化比較試験に近い効果を得る手法です。

特に、ドナルド・ルービンとポール・ローゼンバウムによって提案された**傾向スコアマッチング（Propensity Score Matching; PSM）**は、**傾向スコア**という一次元の値を基準にペアを選ぶ手法としてよく使われます。傾向スコアは、原因の変数＝1に割り当てられる確率を表します。

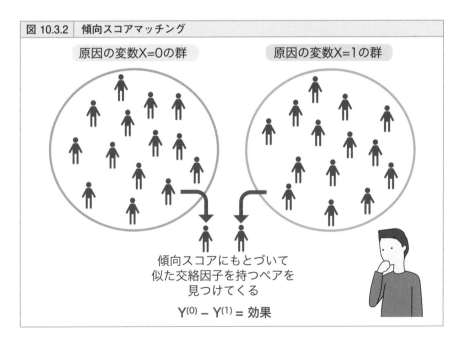

図 10.3.2　傾向スコアマッチング

　傾向スコアを求める具体的な手順としては、目的変数を原因の変数（0 or 1）にし、交絡因子を説明変数にしたロジスティック回帰を実行します。これによって、

どういった交絡因子が、原因の変数=1に割り付けられるかを評価しています。多くの交絡因子を同時に扱える利点があります。

そしてペアの中で目的変数の差を算出し、その平均をとった値を効果の推定量とします（図10.3.2）。

● 差の差分法

異なるグループA, Bに対し、Aに処理を加えBに加えない研究デザインの場合、交絡因子によって因果効果の推定が困難になりますが、時間の軸を導入し、グループ間の差に対してさらに処理前後の差分をとることで、因果効果の推定が可能になります。この手法を、**差の差分法（Difference in differences; DID）** と言います（図10.3.3）。ただし、Aに処理が加えられなかった場合、Bと同じだけの増分であるという平行トレンドの仮定が必要になります。図10.3.3の例では、A_1 と A'_2 の傾きが、B_1 と B_2 の傾きに等しいという仮定が必要になります。

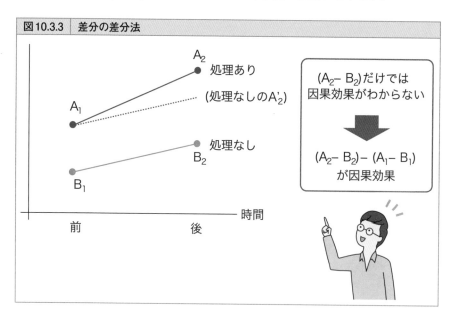

図10.3.3　差分の差分法

第**11**章

ベイズ統計
柔軟な分析へ向けて

本書でこれまで紹介してきた統計学の手法は、頻度主義統計という枠組みに分類されます。そして統計学にはもう1つ、ベイズ統計と呼ばれる枠組みがあります。ベイズ統計では、分析者が持っているパラメータに関する情報を確率分布として表現し、データによって更新していく分析手法です。ベイズ統計は複雑な統計モデルまで推定することができるため、強力な手法になりつつあります。

11.1 ベイズ統計の考え方

● 統計学における2つの枠組み

本書ではここまで、様々な統計手法を紹介してきました。これらの手法は**頻度主義統計（frequentist statistics）**と呼ばれる枠組みに分類されます。一方、本章で紹介する手法は、**ベイズ統計（Bayesian statistics）**と呼ばれる枠組みで、頻度主義統計とはやや異なった考え方に基づいています。

過去に、これらの2つの枠組みの間には激しい論争がありましたが[1]、それらの違いは確率の捉え方の違いや数理的な仮定の違いであり、用途に応じて使い分けるのが良いでしょう。特にベイズ統計は、コンピュータを駆使することで複雑な統計モデルも推定できるようになりました。そのため、ベイズ統計は今後、さらに重要性が増してくると思われます。

● 不確実性の扱い

統計学では、不確実性を扱うために確率を用います。これまで登場した頻度主義の枠組みにおける不確実性は、母集団から標本を抽出する際の不確実性です。例えば、日本の成人男性の母集団からランダムに標本を抽出すると、たまたま身長が高い人が含まれることや、たまたま身長が低い人が含まれることがあるように、必ず不確実性があります。このような不確実性を、固定されたパラメータ θ を持つ確率分布（母集団）を想定し、データ x が現れる確率（または確率密度）$p(x|\theta)$ として表現しました（図11.1.1）。この確率のアイディアを使うことで、帰無仮説が正しいと仮定したときの手元のデータ以上に極端な値が現れる確率を考える仮説検定や、$p(x|\theta)$ を最大化する θ を求める最尤法を実行することができたわけです。そして頻度主義での確率とは、無限回試行した結果としての客観的な頻度を表します。それが頻度主義と呼ばれる所以です。

一方、ベイズ統計は、確率を確信度合いとして解釈する枠組みです。母集団分

---

1) 『異端の統計学 ベイズ』シャロン・バーチュ・マグレイン著 冨永星訳、を参照してください。

布をモデル化する場合には、そのパラメータθについて分析者がどれだけ知っているかを確率分布として表します[2]。

θについて何も知らなければ、様々なθが起き得るという意味で不確実性が高いということになります。そして、データxを得てθについての情報を得ると、θの不確実性が減り、θの確率分布が変化していくイメージです。

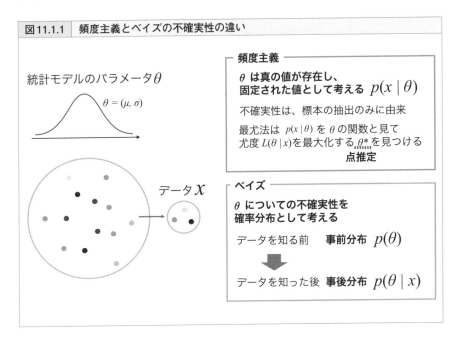

図11.1.1　頻度主義とベイズの不確実性の違い

統計モデルのパラメータθ

$\theta = (\mu, \sigma)$

データx

頻度主義

θ は真の値が存在し、固定された値として考える $p(x \mid \theta)$

不確実性は、標本の抽出のみに由来

最尤法は $p(x \mid \theta)$ を θ の関数と見て尤度 $L(\theta \mid x)$ を最大化する θ^* を見つける
点推定

ベイズ

θ についての不確実性を確率分布として考える

データを知る前　事前分布　$p(\theta)$

データを知った後　事後分布　$p(\theta \mid x)$

● ベイズ統計のイメージ

　直感的にわかりやすい例で考えてみましょう。宇宙探査船から、地球によく似た星で地球外生物の存在が確認されたと連絡を受けたとします。そして、その生物種の生態的な特徴を知るために、平均体長を知りたいとします。分析のために、地球の多くの生物に見られるように、体長の分布は正規分布であると仮定してみます。ここでの目的は、体長を表す正規分布の平均を表すパラメータμを知ることになります（図11.1.2）。

2）　ベイズ統計は、母集団分布を想定しないことも可能な広い枠組みです。

データを得る前、私たちはその地球外生物の体長について情報を持ち合わせていません。ただし、地球の環境に似ているということから、微生物のように1mmにも満たない可能性や、哺乳類のように数cmから数mの可能性が考えられます。最大では、50m程度の可能性もありそうです。そこで、平均体長μがどのくらいの値なのかわからないということを、どれも等しく起き得ると考えて、0〜50mの一様分布を考えてみます[3]。

　そして、実際にその地球外生物を測定し、データが10m, 12m, 11m, …と得られたという連絡が来たとします。すると、これまで0〜50mのどの値もあり得そうと考えていたのが、10〜12m付近の可能性が高まることになり、図11.1.2の右下のようにパラメータμの確率分布が変化することになります。これが、ベイズ統計の大まかな考え方です。

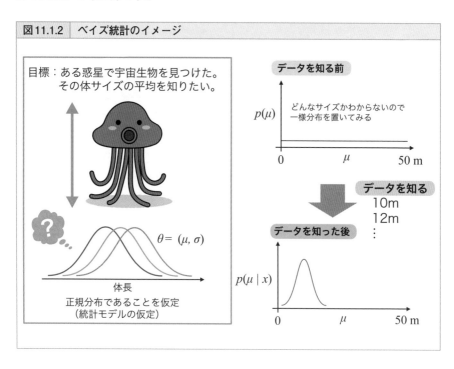

図11.1.2　ベイズ統計のイメージ

● 統計モデル

　ベイズ統計のイメージを大まかに掴んだところで、次に本格的な解説をしていきましょう。ベイズ統計を学ぶ際に、統計モデルから考えると理解しやすいため、まずは統計モデルを定式化しておきます。統計モデルの目的と方針はこれまで紹介した手法と同様で、データの生成元である母集団の真の分布 $q(x)$ を知ることが目的であるけれど、$q(x)$ を直接知ることは通常不可能であるため、手元にあるデータ $x_1, x_2, ..., x_n$ から分布 $q(x)$ について推測していく方針をとります（図11.1.3）。このような、データから母集団の真の分布 $q(x)$ について推測することを、第4章で紹介したように**統計的推測（statistical inference）**と言います。

　各データを同一の分布 $q(x)$ から毎回独立に無作為抽出することによって、データ $x_1, x_2, ..., x_n$ を、母集団の確率分布 $q(x)$ から得られる確率変数 x の実現値と見なすことができます。これによって現実世界から得られたデータを、確率という数学の世界で考えることが可能になります。

　前述のように、母集団の真の分布 $q(x)$ を直接知ることは通常できません。そこで、確率分布を元にした統計モデル $p(x)$ を考えます。統計モデルは常に仮定でしかありませんが、データを用いて推定した統計モデル $p(x)$（これを予測分布と呼んで $p*(x)$ と書きます）が、母集団の真の分布 $q(x)$ とどの程度合っているかを定量化することで、統計モデル $p*(x)$ の良さを評価することができます。なるべく $q(x)$ に近い $p(x)$ を得ることによって、現象の理解や予測という目的を達成しようとする試みだと言えます。

　統計モデルはパラメータ θ を持ちますので、$p(x|\theta)$ と書くことにします。θ を色々と変えることで、統計モデルの形状が変わります。縦棒の右側の θ に具体的な値が与えられれば、確率分布 $p(x|\theta)$ は形状が1つに定まることになります。

　例えば、統計モデルとして正規分布を仮定すると、パラメータ θ は平均と標準偏差の2つから構成され、平均10標準偏差1とすれば、確率分布が1つに定まります。統計的推測は、仮定した統計モデルに対し、データからパラメータ θ を何らかの方法で決めることに他なりません。そして最尤法やベイズ推定による推測は、パラメータ θ を決める一連の方法ということになります。

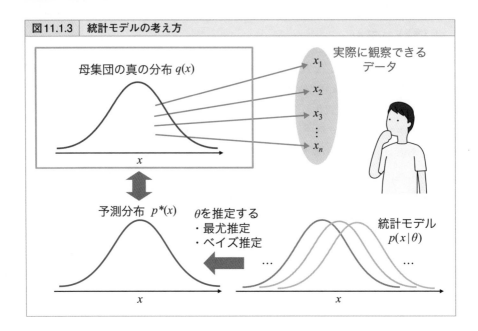

図11.1.3　統計モデルの考え方

母集団の真の分布 $q(x)$

x_1
x_2
x_3
$\vdots$
x_n

実際に観察できる
データ

予測分布 $p^*(x)$

θを推定する
・最尤推定
・ベイズ推定

統計モデル
$p(x|\theta)$

統計モデル $p(x|\theta)$ を仮定し、母集団の分布 $q(x)$ から得られたデータ $x_1, ..., x_n$ を用いてパラメータ θ を推定し、その予測分布 $p^*(x)$ が $q(x)$ とどの程度似ているかによって推定したモデルの良さを評価します。

● 最尤法

第8章で解説した最尤法を、おさらいしておきましょう。あるパラメータ θ に対し、データ $x_1, x_2, ..., x_n$ の起こりやすさ[4]は統計モデルを用いて、次のように表されます。

$$p(x_1, x_2, ..., x_n | \theta) \tag{式11.1}$$

この式に対し、データを固定してパラメータ θ の関数と見なし、

$$L(\theta | x_1, x_2, ..., x_n) = p(x_1, x_2, ..., x_n | \theta) \tag{式11.2}$$

---

4) 離散の確率分布であれば起きる確率そのもの、連続の確率分布であれば確率密度関数です。

としたLを、尤度または尤度関数と呼びました。

　尤度が大きいことは、指定したパラメータθでデータが起こりやすいことを意味するので、尤度関数$L(\theta)$を最大化するθを持つモデルが、手元にあるデータを生成する可能性がもっとも高いだろうと考えたわけです。このアイディアに基づき、パラメータθを決定するのが最尤法または最尤推定です。数式として書くと、次のようになります。

$$\hat{\theta} = \arg\max L\left(\theta \mid x_1, x_2, \ldots, x_n\right)$$ 　　　（式11.3）

　$\arg\max L(\theta)$は、関数$L(\theta)$を最大化するθを表します。尤度を最大化するθの値を、$\hat{\theta}$と表し、これが最尤法によって得られたパラメータで、最尤推定値と呼ばれます。最尤法、そして頻度主義統計では、パラメータの推定は「点」として1つの値が得られるのが特徴です。

この推定したパラメータ$\hat{\theta}$を統計モデルのパラメータθに代入した$p(x|\hat{\theta})$を、最尤推定で得られる予測分布$p^*(x)$と言います。

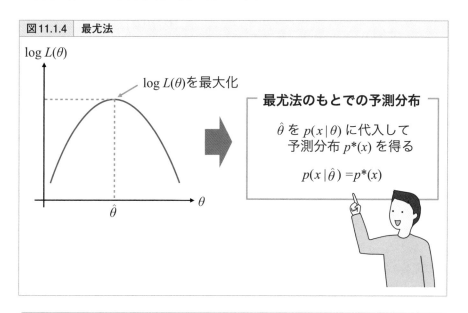

図11.1.4　最尤法

$\log L(\theta)$を最大化

最尤法のもとでの予測分布

$\hat{\theta}$ を $p(x|\theta)$ に代入して
予測分布 $p^*(x)$ を得る

$$p(x|\hat{\theta}) = p^*(x)$$

尤度を最も大きくするθを点として求め、その値を統計モデルに代入したものが、最尤推定における予測分布$p^*(x)$になります。

● ベイズ統計学の考え方

ベイズ統計では、統計モデルのパラメータ θ を確率変数として扱い、その確率分布を考えます。そしてベイズ統計における推定は、データを知る前に持っているパラメータ θ に関する情報がデータを知ることで更新され、どういった θ の値が起きやすいかを知ることができるようになるイメージです。

具体的な方法について解説していきましょう。ベイズ統計の準備として、統計モデル $p(x|\theta)$ に加え、分析者がデータを知る前の段階における θ の確率分布、すなわち**事前分布 $p(\theta)$ (prior distribution)** を用意する必要があります。それらをもとに、データを知ったあとのパラメータ θ の確率分布である、**事後分布 $p(\theta|x)$ (posterior distribution)** を得ることが、ベイズ統計における推定です。

データ x、統計モデル $p(x|\theta)$、事前分布 $p(\theta)$ から事後分布 $p(\theta|x)$ を得るために、**ベイズの定理**を用います。

$$p\big(\theta\,|\,x_1, x_2, \ldots, x_n\big) = \frac{p\big(x_1, x_2, \ldots, x_n\,|\,\theta\big)\,p\big(\theta\big)}{p\big(x_1, x_2, \ldots, x_n\big)} \qquad \text{(式11.4)}$$

ベイズの定理自体は、条件付き確率から簡単に導出される関係式です。右辺の分子には、あるパラメータ θ を持った統計モデルからデータが得られる確率（パラメータ θ の関数と見れば尤度）と、事前分布 $p(\theta)$ の積の形になっています。分母は $p(x)$ のみで、これはデータ x が得られる確率です。

ベイズ統計は、事前分布と尤度から事後分布を求めることが目的ですが、式11.4の分母を直接的に求めることは多くの場合難しく[5]、その代わり、後述するMCMC法（モンテカルロ・マルコフ連鎖法）という乱数を発生させるアルゴリズムを用いることで、近似的に事後分布を求めます。これが可能なのは、式11.4の分母を、確率変数 θ を含まないので定数と見なすことで、式11.4は次のようになり[6]、分母の計算を避けることができるからです。

---

5) 事前分布と事後分布が同じ種類の分布になるように設定した事前分布（これを共役事前分布と言います）を用いることで、直接求めることもできますが、実用上は限定的です。

6) $\propto$ は比例することを意味します。

$$（事後分布）\propto（尤度）\times（事前分布）$$

　事後分布の形状は、尤度と事前分布の積に比例し、確率を直接計算できなくても、発生させた乱数のヒストグラムの形状から事後分布の近似的な分布（経験分布）を得ることができます。

　頻度主義統計の多くの仮説検定手法では、計算を簡単に実行することができます。それに比べると、ベイズ統計はやや複雑な手順を踏む必要があります。

● 事前分布

　事前分布 $p(\theta)$ は、データ x を得る前にパラメータ θ がどんな分布をしているか、あらかじめ実験・解析する人が設定する必要がある分布です。この分布を、解析する人の主観的な判断で決定しなければならないという点において、ベイズ統計は頻度主義統計の専門家から批判されてきた歴史を持ちます。

　その批判に対する1つの対応策としては、事前分布に一様分布や十分に大きな分散を持った正規分布を設定するといったように、情報を持たないような分布を与えることです。一様分布とは、最小値と最大値の間のどの値も等しく起こりうるような分布であり、特にこの値が出やすい、出にくいという傾向がないため、情報を持ちません。それゆえ、一様分布は無情報事前分布として、ベイズ推定の際に用いられることがあります。

　例えば、日本人の成人男性の身長が母集団だとすると、統計モデルとして正規分布を設定し、その平均値 θ の事後分布を求めたいときに、平均値は負の値を取ることはないですし、300cm以上になることも常識的にないので、0～300cmの一様分布を事前分布 $p(\theta)$ として設定することは妥当だと言えるでしょう。

　一方、パラメータについて分析者が情報を持っている場合は、それを事前分布に反映させることができるという利点もあります。

● ベイズ推定の予測分布

　ベイズ推定で得られたパラメータ θ の事後分布 $p(\theta|x)$ から、予測分布 $p^*(x)$ を作ることができます。ベイズ推定では、パラメータ θ が分布として得られている

ので、統計モデルを平均した

$$p*(x) = \int p(x|\theta)p(\theta|x_1, x_2, \ldots, x_n)d\theta \qquad \text{(式11.5)}$$

として、予測分布を得ることができます。

　ベイズ推測とは、真の母集団の分布 $q(x)$ は、おおよそ $p*(x)$ だろうと考えることです（渡辺, 2012）。そして、$q(x)$ と $p*(x)$ がどの程度合っているかを考えることで、$p*(x)$ の良さを定量化することになります。

● 情報量基準

　母集団の真の分布 $q(x)$ と予測分布 $p*(x)$ がどの程度合っているかを評価するために、2つの確率密度関数 $f(x)$ と $g(x)$ の近さを測る、**カルバック-ライブラー情報量（KL divergence）** を用います。

$$D(f \| g) = \int f(x) \log \frac{f(x)}{g(x)} dx \qquad \text{(式11.6)}$$

　これは、$f(x)$ と $g(x)$ が近いほど小さな値になります。常に $D(f\|g) \geqq 0$ であり、任意の x に対して $f(x) = g(x)$ のときに、$D(f\|g) = 0$ という性質を持ちます。$q(x)$ と $p*(x)$ に対して、カルバック-ライブラー情報量 $D(q(x)\|p*(x))$ を計算し、小さい値であるほど、$p*(x)$ が真の母集団の分布 $q(x)$ をうまく表しており、$q(x)$ から新しく得られるデータを予測する性能が高いことになります。

　最尤推定の場合、$D(q(x)\|p*(x))$ を小さくすることは、

$$\text{AIC} = -2\log L(\theta) + 2k \qquad \text{(式11.7)}$$

を小さくすることに一致します。これが第8章で登場した、AICの出どころです。

　AICのような、モデルの良し悪しを評価するための指標を、情報量基準と言いました。頻度主義の最尤法に用いられる情報量基準として、AICの他に、cAICやBICがあります。

　ベイズ推定の場合、$D(q(x)\|p*(x))$ を小さくすることは **WAIC（Widely Applicable Information Criteria）** を小さくすることに一致します。WAICは、複雑なモデル（例えば、階層構造を持つモデルや、隠れた変数を持つモデル）で

も使えるという特徴があり、近年使われ始めている情報量基準です（渡辺, 2012）。他にも、**WBIC（Widely Applicable Bayesian Information Criterion）**があります。

● ベイズ統計の利点

　ベイズ統計の利点はいくつかあります。1つは、推定の結果、統計モデルのパラメータを分布として得ることができる点です。すなわち、仮定した統計モデルと事前分布、得られたデータをもとにして、パラメータがこの範囲である確率が何％というように、定量的に評価することができます。例えば、2つの母集団の平均値の差が3.5以上である確率が80％である、というような情報を得ることができます。これは、我々人間の直感で理解しやすく、様々な意思決定の場面で役立つでしょう。

　他の利点としては、ベイズ統計で用いられる計算手法MCMC（11.2で解説します）は乱数を発生させ、シミュレーションとして事後分布に従うパラメータを得るため、複雑なモデリングが可能になるということです。最尤推定でパラメータを推定する場合、後述する階層構造を持つなど、複雑なモデルに対しては計算が困難になります。その場合、MCMCを用いて、シミュレーションでパラメータを探索することで、複雑なモデルであってもパラメータを推定することが可能になります（久保, 2012）。

　ただし、MCMCは乱数を発生させるシミュレーションの一種であるため、全く同じデータに対して同じ解析を行ったとしても、解析結果が少しずつ異なります。推定がうまくできている場合には、結果の違いはほとんど無視できる程度に小さいですが、モデルの仮定が不適切な場合など、分布がうまく収束しないこともあるので注意が必要です。

11.2 ベイズ統計のアルゴリズム

● MCMC

　ベイズ統計は、得られた観察データと実験者が設定した事前分布から式11.4を用いて、左辺の事後分布を求め、統計モデルのパラメータがどのように分布するかを知ることが目標でした。しかし、事後分布を直接式11.4から計算することは難しいため、その代わりに**MCMC法（マルコフ連鎖モンテカルロ法; Markov Chain Monte Carlo method）** という計算のアルゴリズムを使います。

　一言で言うと、MCMC自体は、ある確率分布に従う乱数を発生させるアルゴリズムです。ベイズ統計では、そのMCMCを用いて、事後分布に従う乱数を多数発生させ、その乱数の集まりを観察することで事後分布の性質を分析します。
本書では、MCMCの数理的な詳細には踏み込みません。その代わり、MCMCによる乱数発生のイメージを捉えることで、ベイズ統計の分析が何をしているのか大まかに掴んでみたいと思います。

● モンテカルロ法

　MCMCの名称にある**モンテカルロ法**とは、乱数を多数発生させてシミュレーションし、近似解を得る手法です。最も簡単なモンテカルロ法の例は、図11.2.1のような正方形の内部に (x, y) の2変数の一様乱数を多数発生させ、原点からの距離が1以下である点の個数をカウントすることで、円周率 π の値を近似的に求める例です。実際に100万個の乱数を発生させて、そのうち原点からの距離が1以下である割合を算出し、1辺2の正方形の面積＝4に掛けると、3.140444が得られました[7]。

確かに、円周率 $\pi = 3.1415\cdots$ と近い値が得られています。このようにモンテカル

---

7)　乱数を用いているため、得られた値は実行する度に毎回少し変わることに注意しましょう。

ロ法は、数式を変形して求めるような厳密な方法とは異なり、たくさんの乱数を発生させて力技で近似解を求める方法です。これによって、厳密な解を得ることが難しいような状況でも、解を得ることが可能になります。

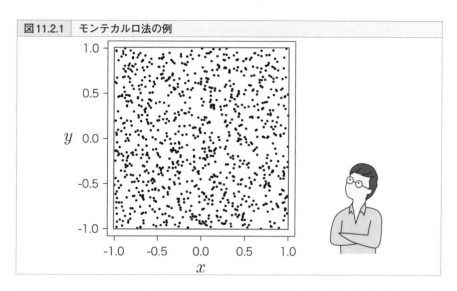

図11.2.1　モンテカルロ法の例

モンテカルロ法で円周率πを求める例。-1〜1の間の一様分布から(x, y)の乱数を発生させ、プロットしました（図示のため、1,000点のみ表示）。半径1の黄色の円の中に入る点の割合は、（円の面積）/（正方形の面積）$= \pi / 4$であるため、円に入る乱数の数をカウントすることで、円周率πを近似的に求めることができます。

● マルコフ連鎖

もう1つ、MCMCの名称には**マルコフ連鎖**という語があります。これはある状態から別の状態に変化する現象を確率で表現したモデルの一種です。特に、現在の状態から次の時刻へ変化する確率が、現在の状態にのみ依存するという特徴があります。

　例として、天気が晴れと雨の2種類だけがあり、1日の中ではどちらかだとしましょう。今日、天気が晴れである場合、明日も晴れである確率が0.8で、雨が0.2、

もし今日が雨なら確率0.5で明日も雨で、0.5で天気が回復し晴れになるような状況です。つまり、明日の天気は、昨日やさらに過去の天気には依存せず、今日の天気だけに依存して確率的に決まります（もちろん、現実の天気はそうではなく、過度に単純化したモデルであると言えます）。

このような確率的なモデルを解析することで、どのような状態（天気）が平均的に起きるかなど、様々な性質を得ることができます。詳しくは、第13章で解説します。

● MCMCの例

MCMCは名前の通り、マルコフ連鎖とモンテカルロ法の2つを組み合わせて、事後分布に従う値をサンプリングします。円周率を求めるモンテカルロ法では、各点は独立に得られていましたが、MCMCでは今得られた値を参照して、次の値を決定します。それがマルコフ連鎖である所以です。

MCMCの簡単な例として、2次元正規分布に従う乱数をサンプリングしてみましょう。ただし、2つの確率変数X, Yは独立ではなく、相関係数が0.7になるような分布を想定しています。正解の分布は図11.2.2左で、MCMCを用いてサンプリングした結果が図11.2.2右です。初期状態（5, 5）から始めて、中央に寄ってきて、その周辺でウロウロしていることが見て取れます。最終的には、2次元正規分布に収束していることになります。ここで言う収束とは、ある1つの値に収束するのではなく、ある分布に収束することを意味します。

具体的な計算手順としては、片方の変数を固定し、固定されていない変数を確率的に動かすという作業を交互に繰り返していきます。この手法は、ギブスサンプリング法と呼ばれるMCMCの1種です。

図11.2.2右では、初期状態は収束する分布からはあえて外れたところを選んで図示しています。初期状態ではまだ分布に収束していないので、始めてからある程度の時間が経ち、分布が収束してから値をサンプリングし、観察することが重要です。そのため、初期状態から収束するまでの期間を捨てる必要があり、この期間をバーンイン、またはウォームアップと呼んだりします。

　MCMCにはこの他にも、メトロポリス・ヘイスティング法、ハミルトニアンモンテカルロ法など、様々なアルゴリズムがあります。MCMCは、MCMC専門のソフトウェアであるstan等を用いて計算を実行することが多く、ソフトウェアによってどのアルゴリズムが使われているかは異なることがあります。

図11.2.2　MCMC（ギブスサンプリング）の例

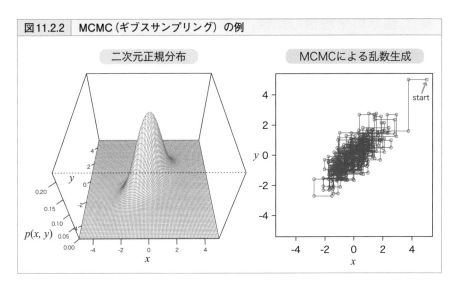

左は二次元正規分布の正解の分布、右はMCMCの1種、ギブスサンプリングによる乱数生成です。Startは初期状態の点を示します。時間的な経過を線で表しました。

11.3 ベイズ統計の例

● 二標本の平均値の比較

ベイズ統計を用いたデータ解析例を紹介しましょう。

高血圧患者20人を2つのグループに分け、それぞれ新薬と偽薬を与えて血圧を測定し、新薬の効果を評価することが目標です（図11.3.1）。これまでだと、t検定を用いて仮説検定を実行するところをベイズで解析してみます。

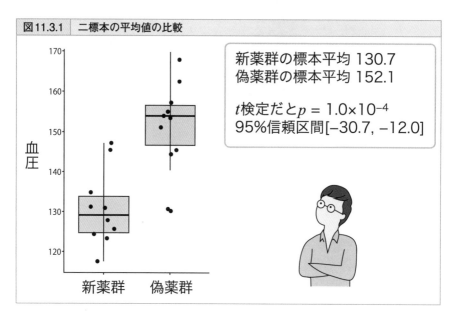

図11.3.1　二標本の平均値の比較

新薬群の標本平均 130.7
偽薬群の標本平均 152.1

t検定だと$p = 1.0 \times 10^{-4}$
95%信頼区間$[-30.7, -12.0]$

事前分布は最小値0最大値300の一様分布に設定し、MCMCは最初の1000ステップをバーンインとして捨てて、1001〜21000ステップを分析に使用します。それを1つのチェインと呼び、これを5チェイン独立に実行します。

図11.3.2は、MCMCによって得られる2つの母集団を推定する統計モデルの平均値パラメータを、ステップに対して表示しています。最初は大きな値を取ることもありますが、ステップ数を経ると、ある値の周りで揺らいでいることがわかります。

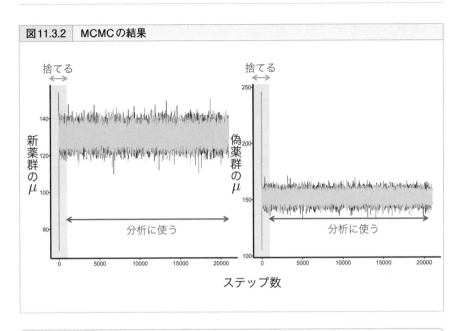

図11.3.2　MCMCの結果

捨てる

捨てる

新薬群の μ

偽薬群の μ

140

120

100

80

250

200

150

100

分析に使う

分析に使う

0　　5000　　10000　　15000　　20000

0　　5000　　10000　　15000　　20000

ステップ数

MCMCによって得られるパラメータ（新薬群の μ、対照群の μ）の、推定値の時間的変化です。1000ステップまでは捨てる期間としました。1001〜21000ステップを、収束した事後分布として分析に使っています。5チェインが線の色の違いとして描かれていますが、1001〜は重なっているのでほとんど見えません。

　図11.3.3が、平均の差の事後分布です。これは図11.3.2の左図と右図の差を取り、バーンインの期間を捨てたあとのデータを分布として描いています。線が少しだけガタガタして見えるのは、発生させた2万ステップ×5チェイン＝10万個の乱数の分布を描いていることに由来します。

　この分布を要約するために、点推定値として、平均値である**事後期待値（expected a posteriori; EAP）**や、最頻値である**事後最頻値（maximum a posteriori probability; MAP）**を計算することができます。点での推定ではなく、幅を持たせての推定としては、**$(1-\alpha)$ ％信用区間または確信区間（Credible Interval）**を得ることも可能です。$\alpha=0.05$ とすれば95％信用区間で、よく使われる指標です。推定の結果として、95％の確率で統計モデルのパラメータはこの範囲にあることを示します。第4章で紹介した頻度主義統計における信頼区間とは、

意味が異なるので注意しましょう。

　実際に図11.3.3の分布を要約すると、EAPは−21.3で、95％信用区間は［−31.0、−11.6］となります。さらにこの分布を詳しく見ることで、2つの群の平均値差が−10以下になることは98.7%など、定量的な議論が可能になります。他にも、平均の差を標準偏差で基準化した効果量で評価することもできます。

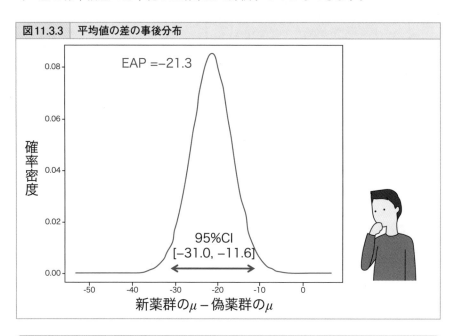

図11.3.3　平均値の差の事後分布

MCMCで得られた統計モデルのμの差を、確率密度（ヒストグラム）として描いています。乱数にもとづいているため、少しデコボコしているのがわかります。

● ポアソン回帰の例

　今度は図11.3.4の左のデータに対し、第8章で学んだGLMのポアソン回帰をベイズで推定してみましょう。ベイズ推定の結果として、パラメータである切片項aと傾きbの事後分布が、それぞれ得られることになります。

　事前分布を一様分布に設定し、MCMCの結果として得られたパラメータa, bの

事後分布を図11.3.4に示しました。点推定として、aのEAPは-1.35、bのEAPは
0.373となりました。また、95%信用区間も得られ、bに注目すれば説明変数の目
的変数に対する効果が定量的に得られ、モデルと現実の現象の対応をより深く検
討することができるようになるでしょう。

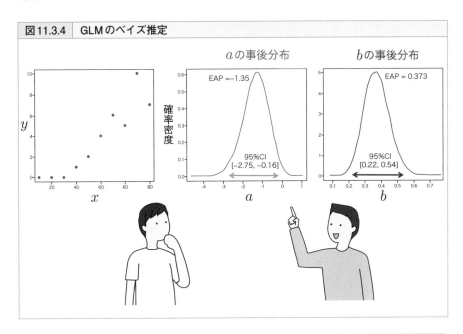

図11.3.4　GLMのベイズ推定

ポアソン回帰のパラメータa, bをベイズ推定した例です。

● 階層ベイズモデル

GLMをベイズ推定する例まで紹介したので、次は個体差を組み込んだGLMM
をベイズで考えてみましょう。

第8章で解説したように、GLMMでは個体差を表すパラメータr_iが登場し、$a+bx$
$+r_i$といった切片項や、$a+(b+r_i)x$といった傾きでのランダム効果としてモデル
に組み込みました。ベイズ統計では、r_iも確率変数として扱い、その事後分布を
求めることになります。

事後分布を得るためには、事前分布の設定が必要です。そこで、r_iの事前分布

は、平均0で標準偏差sの正規分布に従うと仮定してみます。ここでのsは、個体差のばらつきの大きさを決めるパラメータです。最尤推定では、sは1つの値として推定しますが、ベイズではこれも事後分布として推定します。事後分布を推定するためには、やはり事前分布が必要なので、$p(s)$として無情報事前分布として幅広い一様分布を置いたりします。

　このように、個体差r_iの事前分布$p(r_i|s)$の形を決めるパラメータsがあって、さらにこのsについても事前分布$p(\mathrm{s})$が設定されている場合、$p(r_i|s)$を階層事前分布と呼ぶことがあります。また、パラメータsを超パラメータ（ハイパーパラメータ）、事前分布の事前分布である$p(s)$を超事前分布と呼んだりします。このような階層事前分布を使っているベイズ統計モデルを、**階層ベイズモデル**と言います。

第 **12** 章

統計分析に関わる
その他の手法

主成分分析から機械学習まで

多変量のデータになると、データの特徴が掴みにくく
なるだけでなく、統計解析の実行上でも問題が起きる
ため、変数の数を減らす次元削減の手法が重要になり
ます。さらに、規模の大きい複雑なデータに対して予
測する場合には、近年発展した機械学習の手法が有用
です。これらを学ぶことで、広い視野をもってデータ
分析に臨むことができるようになるでしょう。

12.1 主成分分析

● 変数の次元

　第3章で解説したように、データにおける変数の数を次元と呼びます。例えば、各学生から国語・数学・理科・社会・英語のテストの点数をデータとして集めれば、5つの変数があるので5次元のデータとなります。健康診断では、身体計測、血液検査、視力検査など、検査項目を増やした分だけ次元が増えます。ゲノムデータや遺伝子発現データは、次元が数千から数万にものぼる高次元データです。

　次元が高いということは情報が多く、一見良いことであるように思えますが、冗長である状況がしばしば発生します。「冗長である」ことを理解するために、極端な例を考えてみましょう。身長を測ったけれども、何らかの手違いがあって、図12.1.1左に示すようにcm単位とm単位の表記で2つの変数を作って身長の数値が記入されていたとします。これら2つの変数は、身長という同じ特徴を数値化したものなので、完全に相関します（相関係数$r = 1$）。

　この場合、どちらか一方の変数だけの場合と比べて情報は増えていません（一方、データ量は2倍多いです）。すなわち、この両方の変数を持つデータは冗長であると言え、どちらか一方の変数があれば十分だと考えます[1]。

　今の例は完全に相関する特殊な例ですが、図12.1.1右に示す数学と理科の点数が正の相関を示す場合には、2つの変数を理系科目の得意度合いとして1つの変数にまとめて要約することで、データの特徴を捉え、分析や結果の解釈に役立てることができます。このように変数の数を減らすことを、**次元削減（dimension reduction）または次元圧縮**と言います。

---

1) 画像ファイルや動画ファイルの圧縮は、相関の高い冗長なデータをうまく削減することで、なるべく情報を保ったままデータ量（ファイルサイズ）を減らす技術です。画像を構成する各ピクセルは、隣り合うピクセルとよく似た値を取る、つまり相関します。この性質を利用してデータを圧縮しています。

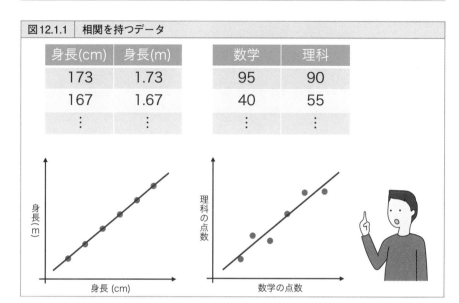

図12.1.1　相関を持つデータ

● 変数の数を減らす

　統計分析において変数の数を減らすのは、単にデータが冗長だからというだけではありません。統計分析では、変数の数が多いと分析する上で様々な問題が起こりうるため、少数の変数にうまく変換することが必要になる場合があります。1つ目の問題として、高次元データの解釈の困難さがあります。次元削減することで、例えば2つの合成変数に変換することができれば、2次元平面にプロットすることで可視化し、解釈が容易になります（図12.1.2）。

　また、第8章で解説したように、重回帰分析では、説明変数同士が強く相関する状況を多重共線性があると言い、回帰係数の推定が不安定になるという問題がありました。特に変数の数が多い場合、相関する変数のペアが増える傾向にあります。多重共線性の問題を回避するためには、相関する変数がなくなるように次元を削減し、重回帰分析を行うのが望ましいです（図12.1.2）。

　他の問題としては、変数の数が多いことは、回帰分析ではその分パラメータの数が多くなるため、サンプルサイズnが十分でない状況では、回帰係数の推定が

うまくいかないという問題が起きます。これは一般に次元の呪いと呼ばれる問題で、第8章の図8.1.8で説明しました。この問題に対処するためにも、次元を減らすことが重要です。

　一般に、高次元データを扱うことは容易ではありませんが、最近ではスパースモデリング等の高次元データの解析手法の研究が盛んに行われています。

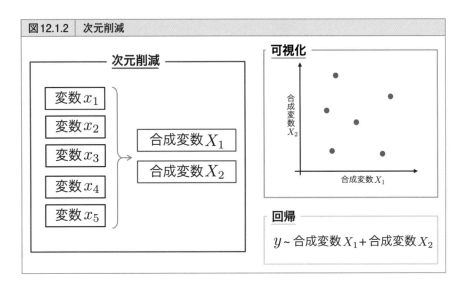

図12.1.2　次元削減

日常における次元削除

　実は、私たちも日頃から次元削減を行っていると言えます。例えば食事を考えると、料理を構成する変数は、甘味、塩味…といった味覚に関する変数から、料理の温度や食感まで様々あり、高次元のデータです。そこから私たちは、美味しい or 美味しくない等の少数の変数を合成し判断しています。他の感覚情報についても同様で、我々人間（または生物）は低次元（少数の変数）で物事を考える習性があると言えるでしょう。これは認知的な制約なのかもしれません。

主成分分析

次元削減のための最もベーシックな手法は、**主成分分析（PCA; Principal Component Analysis）**です。主成分分析は例を挙げたように、相関している変数同士はまとめることができるというアイディアに基づいています。

主成分分析では、新しい軸を設定し、その軸上の値としてデータを新しく眺めます。イメージを掴むために具体例で考えてみましょう。図12.1.3に示すように、数学の点数と理科の点数が強く相関しているとします。新しい軸は、データのばらつきが最も大きくなる方向に設定します。この1つ目の新しい軸のことを、**第一主成分（PC1）**と言います。そして、PC1と直交する方向かつデータのばらつきが最も大きくなる方向に、2つ目の軸であるPC2を設定します[2]。

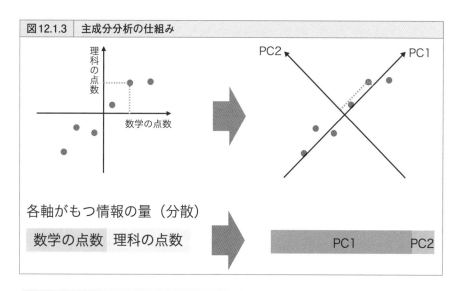

図12.1.3 主成分分析の仕組み

数学と理科のテストの点数に対し、新しい軸であるPC1とPC2を得た例。元の各軸が持つ情報の量が、右のPC1とPC2の世界ではPC1に押し込められていることがわかります。ちなみに、各軸は平均を通るように描いており、点線は平均からの距離を表します。

なぜこのような決め方をするかというと、各軸が持つ情報はデータのばらつき

---

2) この例では元々2変数しかないため、PC1が決まると直行する軸はばらつきの大きさに関係なく1つに定まります。

で表されると考えるからです。図12.1.3の点線で表すように、各値の位置の情報は、平均からの距離と考えることができます。したがって、右図のようにPC1の軸方向に距離（ばらつき）が大きい（点線が長い）ことは、PC1が情報を多くもつことを意味しています。一方、PC2には、PC1で表せなかった残りの少量の情報が含まれています。その下のバーで描いたように、各軸が元々持っていた情報を、PC1に押し込めるイメージです。

　仮に、数学の点数と理科の点数が相関係数$r = 1$で相関していると、PC1が全ての情報を持つようになります。図12.1.3の右図で、PC2方向の点線の長さが全て0になることを想像するとわかると思います。逆に、数学の点数と理科の点数が無相関であれば、PC1とPC2を作っても情報を持つ量にはほとんど違いがなく、次元削減することはできません。

　主成分分析では、変数の数をMとすると第M主成分まで作ることができます。ただし、情報が最も多く含まれる順にPC1、PC2 …と設定していきます。各主成分が持つ情報（分散）の割合を**寄与率**と言い、第1から第k主成分までで全体の情報の何％が含まれるかを**累積寄与率**と言います。元の変数間に強く相関がある場合、少数の変数で全体の情報の大部分を持ち、次元削減がうまくいくことが期待できます。

● 主成分分析の結果

　主成分を求める際には、PC1であれば

$$Z_1 = a_1 x_1 + a_2 x_2 + \cdots + a_M x_M$$

として、Z_1の分散が最大になるように係数$a_1, ..., a_M$を求めます。PC2以降は、それまで得られた主成分と直交するように作ります。直交するという性質のため、新しい軸の変数同士は無相関になります。

　主成分分析の具体的な計算としては、元のデータの分散共分散行列または相関行列（変数の単位やスケールが異なる場合には、相関行列を用いる）の固有値と固有ベクトルを求めます。すると、$a_1, ..., a_M$といった係数は固有ベクトルに、各固有値を固有値の総和で割ったものが寄与率に対応します。

　主成分分析の結果の例を見ながら、どのように解釈すれば良いかを説明していきます。元は国語、数学、理科、社会の点数の4変数から構成されるデータだと

します。各主成分が求まった後、各主成分の寄与率と累積寄与率を確認します（図12.1.4）。累積寄与率がこのくらいあれば充分という絶対的な基準はありませんが、この例では第2主成分までで全体の94%の情報を持っているので、第2主成分まで見れば良いことにします。

次に、各主成分がどのような軸であるかを調べるために、各主成分の値と元の各変数の相関係数を計算します。この値を**主成分負荷量**、または**因子負荷量**と言います。図12.1.4の2つ目の表を見ると、PC1は数学および理科と強い正の相関を示しているため、PC1が理系科目の得意度合いであると解釈できます。同様に、PC2は文系科目の得意度合いであることがわかります。この例では解釈が容易ですが、実際には解釈が難しい場合もあります。

最後に、元の各データを新しい変数を用いて表してみましょう。これを**主成分得点**と言います。図12.1.4の例から、ID1はPC1が大きくPC2が小さいので、理系科目は得意だけれど文系科目が苦手な学生であること、ID2はPC1もPC2も大きいので両方得意な学生であることがわかります。

先に述べたように主成分分析の結果は、変数間の相関の構造次第です。元々の変数同士が無相関であるデータの場合、主成分分析を実施し、新しい変数を作っ

図12.1.4　主成分分析の結果例

	PC1	PC2	…
寄与率	0.68	0.26	
累積寄与率	0.68	0.94	

PC2までで94%の情報が含まれる

主成分負荷量

	PC1	PC2	…
国語	0.08	0.93	
数学	0.96	-0.22	
理科	0.98	0.07	
社会	0.28	0.90	

PC1は理系科目
PC2は文系科目
を表す

主成分得点

ID	PC1	PC2	…
1	47	-32	
2	51	28	
⋮			

ID1は理系科目は得意だが文系科目が苦手
ID2は理系科目も文系科目も得意

ても、少数の主成分に情報を押し込めることができないため、次元削減はうまく
いきません。

● 因子分析

　主成分分析では、元の変数をいくつかの少数の新しい変数に要約しました。こ
れに対し、元の各変数には少数の共通因子があり、それが原因となってデータの
各変数が構成されているというアイディアに基づく手法が、**因子分析（factor
analysis）**です（図12.1.5）。

　共通因子と独自因子は、観測ができない潜在的な因子であり、また独自因子は
各変数へ独自に作用する因子で、通常は誤差として扱われます。前述の例では、
主成分分析は各テストの点数を理系の得意度合いという変数に要約しましたが、
因子分析は、理系能力という潜在的な因子と各科目独自の要因がどのように合わ
さり、数学の点数や理科の点数が構成されるのかを調べます。

　因子分析では、事前に共通因子の数を設定します。これは共通因子の存在を想
定するからです。すなわち、因子分析は共通因子の存在および、共通因子と観測
されている変数の間の因果構造を（ドメイン知識にもとづいて）想定できる場合
に用いられる手法です。分析自体は、観測された変数間の相関関係にもとづいて
いるため、データから因果関係を発見することはできない点には注意しましょう。

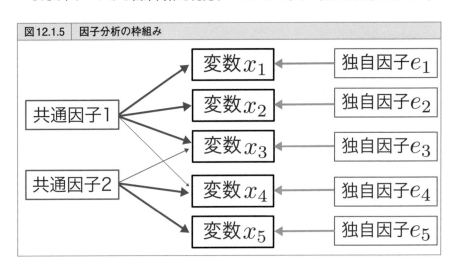

図12.1.5　因子分析の枠組み

12.2 機械学習入門

● 機械学習とは

　本書は統計学の入門書ですが、機械学習は統計学と関連が深いため、ここで簡単に触れておきたいと思います。最近、機械学習は統計学同様に、ビジネス界隈でも使われるようになってきました。特に、画像判定や自動運転技術、自然言語処理[3]などの複雑なデータ分析の背後には、機械学習が使われています。中でもディープラーニング（深層学習）という機械学習の一種は、極めて高い性能を示し、最近の機械学習ブームの火付け役になりました。

　機械学習は大きく次の3つに分類されます（図12.2.1）。

・教師なし学習（unsupervised learning）
・教師あり学習（supervised learning）
・強化学習（reinforcement learning）

　「教師」とは、正解データを指します。そのため教師なし学習と教師あり学習の違いは、正解データの有無です。教師なし学習は、主成分分析といった次元削減であるとか、12.3で紹介するデータをまとめるクラスタリングといったデータの要約や特徴抽出が主な目的です。

　教師あり学習は、データ x と正解データ y の関係を学習する手法、つまり統計学における回帰の発展版です。強化学習は、正解データは与えられるものの、直接的ではなく、エージェント（個体）が環境に対し行動を起こし、逐次的に状態と報酬を得て行動を更新していく枠組みです。

　本書では、特に統計分析と関連がある教師なし学習と教師あり学習を紹介します[4]。

---

3) 私たちが日常的に用いる言語をコンピュータが処理する技術を、自然言語処理と言います。
4) 強化学習は自動運転やロボットの制御など、環境内での個体の振る舞いといった場面で使われます。

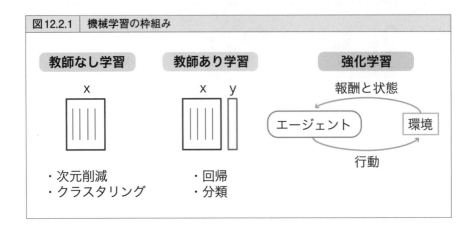

図12.2.1　機械学習の枠組み

教師なし学習　　**教師あり学習**　　　**強化学習**

x　　　　　x　y　　　　報酬と状態

エージェント　　環境

行動

・次元削減　　・回帰

・クラスタリング　・分類

教師なし学習、教師あり学習、強化学習の違い。xは入力データ、yは正解の出力データを表します。

● 統計学と機械学習の違い

　統計学は小さいサンプルサイズのデータを対象に説明や解釈を重視する傾向があるのに対し、機械学習（教師あり学習）は大量のデータを対象に予測を重視する傾向があります。統計学の線形回帰では、単純な切片と傾きをも持つモデルを用いました。傾きは説明変数が1だけ変わったときに目的変数がどれだけ変化するかを表しており、容易に解釈できます。

　一方、機械学習のモデルは複雑である（非線形でパラメータを多く持つ）ため、モデルを解釈することは多くの場合困難です[5]。しかし、複雑なモデルは単純なモデルよりも表現力が高く、複雑な現象に対する予測性能が一般に高いと言えます。

---

5)　最近の機械学習の研究では、解釈性や説明可能性を持たせようという試みがあり、どの変数が重要であるかといった変数の重要度を評価するような手法も開発されてきています。

12.3 教師なし学習

● 教師なし学習とは

　教師なし学習には正解データはなく、データの背後にある構造をうまく抽出するといった目的に使われます。似たデータのまとまりを発見するクラスター分析と、高次元のデータを少数の次元に落とす次元削減が代表的です。

● クラスター分析

　データには、似ている値が含まれていることがあります。例えば、洋服の購買行動のデータにおいて、価格とデザインの派手さの2変数で見ると、似た購買のパターンを持つ客がいるような状況です（図12.3.1）。このような場合、データから、どの客がどのまとまり（クラスター）に属するかを求めたくなります。それがわかると、各クラスターの特徴を詳細に調べる、クラスターごとに異なる施策を打つ等、深い解析へと進むことができるようになります。

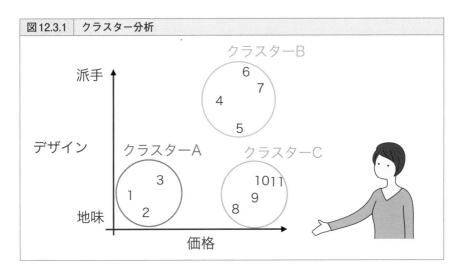

図12.3.1　クラスター分析

このような、各データがどのクラスターに属するかを求める手法を、**クラスター分析（クラスタリング）**と言います。クラスター分析では、教師データ、つまりこのデータはこのクラスターに属しますという正解データはないため、分析の結果はデータの構造と分析する人の与える設定から決まります。

　最もベーシックなクラスタリング手法は、*k*-meansです。始めに、分析する人が何個のクラスターに分けるかというクラスター数*k*を与える必要があります。次に、各データにランダムにクラスターを割り振り、各クラスターの中心位置（つまりデータの平均）を求めます。次に、各データに対し最近傍のクラスターを割り振り、中心位置を再計算します。この手順を繰り返し、クラスターの割り当てが変化しない、または割り当ての変化量が一定以下になった場合に、計算を止めて各データに対するクラスターの割り当てを得ます。

　例えば、*k*=3として、図12.3.1のデータをクラスタリングすると、図に示すような3つのクラスターに分けられます。*k*-meansの結果は初期のランダムなクラスターの割り振りによって変わってしまう可能性があるので、改良した*k*-means++が使われることがあります。

　他にもよく使われるクラスタリング手法として、**階層クラスタリング（hierarchical clustering）**があります。全てのデータが異なるクラスターに属する状態から始めて、最も距離の近い（似ている）クラスター同士を順に合体させていくことで、図12.3.2に示す樹形図（デンドログラム）を描くことができます。

　あらかじめクラスター数を与えるのではなく、どの段階で眺めるかによって、クラスター数が変わります。下に行けば行くほど、細かくデータを眺め、上に行けば行くほど粗く眺めることに相当します。例えば、図12.3.2の中央の赤い線で示す段階でのクラスターを見れば、図12.3.1と結果は一致し、3つのクラスターに分けられます。

　クラスター分析では、データ間の類似度を測るためにデータ間の距離を計算しますが、距離の定義には様々あり、分析者が指定する必要があります。距離の定義によって結果が変わる可能性もあり、なおかつ、これを使えば良いという正解はありません。そのため、結果には分析者の恣意性が入ることを覚えておきましょう。

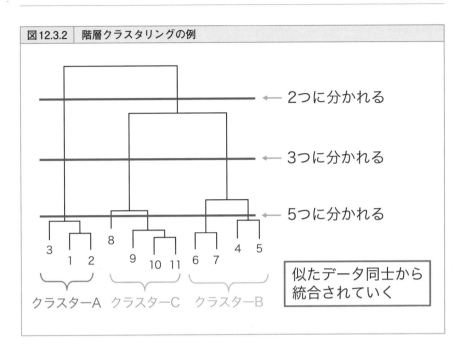

図12.3.2　階層クラスタリングの例

← 2つに分かれる

← 3つに分かれる

← 5つに分かれる

3　1　2　8　9　10　11　6　7　4　5

似たデータ同士から
統合されていく

クラスターA　クラスターC　クラスターB

階層クラスタリングは、データを似ている順に結合しクラスターを作ってい
くことで樹形図を描きます。どの段階で眺めるかによって、クラスター数が
異なります。

● PCA以外の次元削減手法

12.1では、次元削減の手法の1つとして主成分分析を紹介しました。ここでは、
最近の機械学習分野で発展した次元削減手法を紹介します。

主成分分析は線形な相関関係にもとづいており、非線形な関係には対応できな
いという問題があります。それに対し、**t-SNE（t-distributed Stochastic
Neighbor Embedding)** は複雑な非線形な関係に対しても適用可能な手法です。

例を見てみましょう。機械学習のサンプルデータとしてよく使われる、手書き
の数字の画像データ（28ピクセル×28ピクセルの784次元のデータ）5000枚に対
して、t-SNEとPCAを実行し、2次元平面で可視化した例が図12.3.3です。t-SNE
で各数字のまとまりがはっきり見えるため、データの構造をうまく捉えているこ

とがわかります。一方、PCAでは異なる数字でも重なって分布してしまい、データの構造が捉えきれていないことがわかります。

　他にも、t-SNEと同様に、非線形な関係に対して適用可能な次元削減手法として、**UMAP（Uniform Manifold Approximation and Projection）**があります。

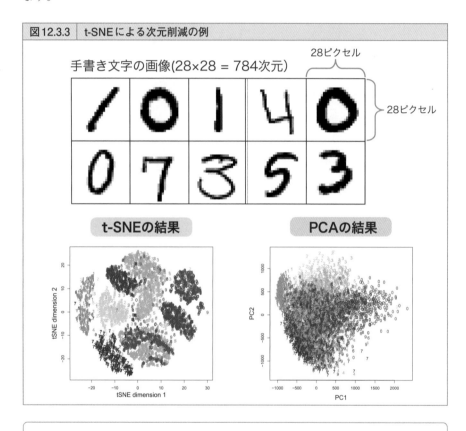

図12.3.3　t-SNEによる次元削減の例

　手書きの数字の画像データ（28ピクセル×28ピクセルの784次元のデータ）5000枚に対して、t-SNEとPCAを実行した結果です。図の各色と数字は、手書き文字の数字に対応しています。

12.4 教師あり学習

● 教師あり学習とは

　統計学の回帰モデルでは、説明変数xと目的変数yの間の関係を関数として表しました。機械学習の教師あり学習においても同様で、説明変数xと目的変数yの間の関係を関数として表すことが目的です。ここでの「教師あり」とは、説明変数xに対応した正解のyの値が与えられていることを意味します。つまり、あるxの値のときにどのようなyの値になるかというデータをもとに、その関係を学習していく（関数を求める）手法です。

　ここでの学習とは、モデル（関数）から得られる出力をなるべく実際のyに近づけるために、モデルのパラメータを更新することです。計算としては、モデルの出力と実際のyの違いを**損失関数**として定式化し、それを最小化するパラメータを求めることになります（ただし、過剰適合を避けるため、正則化という手法を用いる場合があります）。線形回帰では、二乗誤差が損失関数であり、二乗誤差を最小化する傾きと切片のパラメータを求める最小二乗法を用いました。機械学習でも損失関数を最小化するパラメータを求めるという点で同じだと言えます。

　統計学の回帰と機械学習の教師あり学習の違いは、機械学習の方が、統計の回帰モデルよりも大量のデータ用いること、複雑な関数を用いること、そして予測に特化していることだと言えます。

　教師あり学習は、目的変数yのデータの型に応じて、回帰と分類に分けられます。目的変数yが量的変数の場合を**回帰**、カテゴリ変数の場合を**分類 (classification)** と言います。分類は、2クラスの分類が最も単純なケースですが、多クラス分類も実行することができます。

● 予測と交差検証

　教師あり学習は予測に特化していると言いましたが、予測について再度解説しておきます。学習を通して、説明変数xと目的変数yの関係をモデルとして表すわけですが、予測とは、学習に用いたデータ（学習データ、訓練データ）を説明、予測することではなく、同一条件下で得られる未知データ（検証データ、テストデータ）に対して、説明変数xから目的変数yを予測することです。実務的な状況を想像するとわかりますが、これまで手元にあるデータをもとにxからyを予測するモデルを作ったとして、実際にそのモデルを使って予測するときには、新しく得られた説明変数xを用いて、未知である目的変数yを予測しなければなりません。そのため、学習データにフィットし、学習データをいくら予測できたとしても、未知のデータを予測できなければ意味がありません。

　同一条件下で得られた未知のデータをどれだけ予測できるかを検証するためには、手元にあるデータを分割し、一部のデータを用いて学習して、残りのデータを用いて予測の良さを評価する必要があります（図12.4.1）。この手法を、**交差検証（cross validation）** と言います。

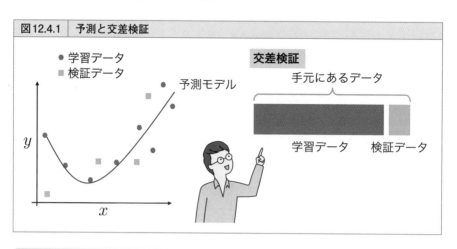

図12.4.1　予測と交差検証

学習データ（赤丸）を用いて作成された予測モデルは、学習データではなく、検証データ（緑四角）をどれだけ予測できるかが重要です。

　交差検証は、どのようにデータを分割するかによっていくつかの種類に分けられます。代表的なのは K-分割交差検証で、データを K 個に分割し、K-1 個を学習データに、残り1個を検証に用いて予測性能を測るという手順を、検証データを K 通りに実施し、予測性能を平均化する手法です。また、Leave-one-out 交差検証は、K-分割交差検証の $K=1$ の場合で、データを1つだけ選び検証データとし、残りを学習データとする手順を、全データが1回ずつ検証データにする手法です。

　学習データに対し予測性能が高く、検証データに対し予測性能が低い場合、過剰適合（overfitting）が起きていると言います。これは、学習データのランダムなばらつきにもモデルがフィットしてしまっており、検証データをうまく予測できないことを表します。

　一般に、モデルが複雑であるほど過剰適合が起こりやすくなるため。モデルの複雑さを調整するファクターを損失関数に導入することがあり、それを**正則化（regularization）**と言います。

● 予測の良さを測る -2クラス分類

　目的変数が2つのクラスA, Bである場合、2クラス分類と呼ばれます。例えば、病気が発症する/しない、購入する/しない等を予測する問題です。このような分類問題の予測の性能を測るにあたって、実際のデータのクラスとモデルによって予測されたクラスから、以下の4パターンを考えます（仮説検定での真実と判断の4パターンと同様です）。

・偽陽性（False Positive; FP）…本当は陰性だが、陽性と判定
・偽陰性（False Negative; FN）…本当は陽性だが、陰性と判定
・真陽性（True Positive; TP）…正しく陽性を陽性と判定
・真陰性（True Negative; TN）…正しく陰性を陰性と判定

　これを図示したのが、図12.4.2です。ちなみにこれらは、機械学習の予測に限らず、正解と判定結果の関係一般に用いられます。例えば、病気の診断でも同様の考え方が用いられます。

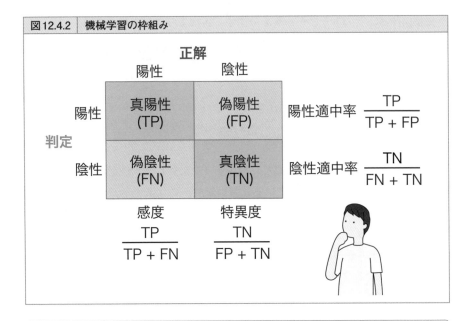

図12.4.2　機械学習の枠組み

TP, FP, FN, TNは、それぞれ何個あったか表す数です。

　各説明変数xの値に対し、正解データのクラスとモデルから予測されたクラスを、4パターンのどれに該当するかを確認し、それぞれ何個あったかをカウントします。それによって予測の成功/失敗を確認することができます。真陽性と真陰性が多く、偽陽性や偽陰性が少ないほど予測の性能が良いことになります。

　予測の良さを数値として評価するために、目的に合わせて以下の値が使われます（図12.4.2も参照）。

- ・感度（Sensitivity or Recall）…陽性に対して、正しく陽性であると判定した割合
- ・特異度（Specificity）…陰性に対して、正しく陰性であると判定した割合
- ・陽性適中率（Positive Predictive Value）…陽性と判定した内、正しく陽性だった割合
- ・陰性適中率（Negative Predictive Value）…陰性と判定した内、正しく陰性だった割合
- ・正解率（Accuracy）…全ての判定のうち正しく予測できた割合

　一般に、感度が高いほど特異度が低くなるというトレードオフの関係があります。極端に言えば、どんなデータにも陽性であると判定すれば、感度は1になりますが、特異度は0になります（これでは、データを用いて予測モデルを作る意味はないですが）。そこで、感度と特異度の両方を考慮して予測の良さを数値化するために、以下で説明するROC曲線とAUCが使われることがあります。

● ROC曲線とAUC

　分類の予測の良さを評価するための、**ROC（Receiver Operating Characteristic）曲線**を紹介します。2クラス分類の予測モデルは、実際には0〜1といった実数値を出力します。これに対し、ある閾値を設け、それよりも下であればクラス0に、上であればクラス1に分類するという仕組みです。ROC曲線は、その閾値を小さい値から大きい値に順に変化させた時に、偽陽性率（＝1−特異度）を横軸に、感度を縦軸にプロットしていくことで描かれる曲線のことです（図12.4.3）。

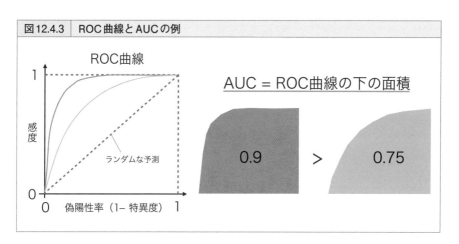

図12.4.3　ROC曲線とAUCの例

　2つの予測モデルに対し、それぞれのROC曲線を赤と緑で描きました。AUCはそれぞれ0.9、0.75となり、赤のモデルの方が予測のパフォーマンスが良いモデルであると言えます。

　ROC曲線が、（0,0）と（1,1）を結ぶ対角線（ランダムな判定）よりも左上に位

置すればするほど、偽陽性率が低いときに真陽性率が高いことになるため、予測
が良い（はっきりと2つのクラスを分類できている）ことを意味します。例えば、
図12.4.3で偽陽性率 = 0.5と固定すると、赤のモデルの感度はほぼ1（陽性をきち
んと陽性と判定できる）ですが、緑のモデルの感度は0.8程度です。よって、赤の
モデルの方が良いことになります。

ROC曲線の結果を1つの数値として表したい時には、ROC曲線よりも下の面積の
大きさを用います。これを **AUC（Area Under the Curve）** と呼び、1に近いほ
ど予測が良いことを表します。図12.4.3では、赤のモデルが0.9、緑のモデルが0.75
となり、赤のモデルの方が優れたパフォーマンスを示すことがわかります。AUCが
0.5であることは、ランダムな判定に相当し、予測が最も悪いことを表します。

● 予測の良さを測る – 回帰

目的変数が量的変数の場合は、正解の値y_iとモデルから得られた値$\hat{y}_i$との残差
の **平均二乗誤差（Mean Square Error; MSE）**

$$\frac{1}{n}\sum_{i=1}^{n}\left(y_i - \hat{y}_i\right)^2 \qquad \text{(式12.1)}$$

や、その平方根を取った **二乗平均平方根誤差（Root Means Square Error; RMSE）**

$$\sqrt{\frac{1}{n}\sum_{i=1}^{n}\left(y_i - \hat{y}_i\right)^2} \qquad \text{(式12.2)}$$

が、予測の良さの指標として使われることが一般的です。ただし、これらの値は
外れ値の影響を受けやすいので、絶対値を用いた **平均絶対誤差（Mean Absolute
Error; MAE）**

$$\frac{1}{n}\sum_{i=1}^{n}|y_i - \hat{y}_i| \qquad \text{(式12.3)}$$

を使う方が良い場合もあります。これらの値は小さいほど、モデルから得られた
値と正解の値の差が小さいため、予測のパフォーマンスが高いことを表します。
他にも、線形回帰で登場した決定係数R^2値が使われることもあります。その場合
は、1に近いほど、予測のパフォーマンスが高いことを表します。

● ロジスティック回帰

　一般化線形モデルで登場したロジスティック回帰は、機械学習分野でも用いられます。0または1の目的変数に対し、1が起こる確率をモデルとして出力するので、クラス分類に使うことができます。実際に予測する場合には、ロジスティック回帰の出力は確率なので、その確率に対しある閾値を設けて、それよりも下であればクラス0、上であればクラス1を予測値として出力します。

　ロジスティック回帰は線形モデルであるため、単純な分類だけが可能な線形分類器です。例えば、直線や平面で異なるクラスを分離することになります。

● 決定木とランダムフォレスト

　決定木（decision tree）は、説明変数に対し $x_1 > 10$ なら枝Aに、そうでなければ枝Bに、といった条件分岐で木構造を作り、データを分類する手法です。分析にあたっては、あらかじめ木の深さを指定する必要があります。決定木の予測性能を向上させるために、複数の決定木を構成し、それらの多数決的に行う**ランダムフォレスト**といった手法もあります。

● SVM

　比較的古くに開発された機械学習の手法として、**サポートベクターマシン（Support Vector Machine; SVM）**があります。SVMは、各データ点との距離が最大になる境界を求める手法で、汎化性能が高いと言われています。データをカーネル関数という関数を用いて変換することで、非線形な分類も可能な手法です。

● ニューラルネットワーク

　ニューラルネットワークは、脳の神経細胞（ニューロン）のネットワークを人工的に構成したモデルです。最近では、その1つとしてディープラーニング（深層学習）が一躍有名になりました。

　ニューラルネットワークは、大雑把に言えば、複数のロジスティック回帰の出力が、別のロジスティック回帰の入力になったモデルです（図12.4.4）。複数の層

を持つことで、単一のロジスティック回帰では表現できない複雑な表現が可能になります。ディープラーニングは、この層が深い（一般に、4層以上の）ニューラルネットワークを指します。

　ニューラルネットワークにおける学習は、ニューロン間の重みw_{ij}を調整することに相当します。一般に、誤差逆伝播法（back propagation）という手法で重みを調整していきます。これは、モデルの出力と正解データの誤差を出力層から入力層の方向に伝播させ、誤差を小さくするように重みw_{ij}を変更するアルゴリズムです。

　ニューラルネットワークは、複雑な関係を表せる表現力が高い手法ですが、パラメータ（重み）の解釈は難しいという欠点があります。そのため、ブラックボックスのモデルであるとも言えます。他にも、ディープラーニングがなぜうまくいくのかといった数理的な理論や、どのようなモデルを作れば効率良く学習できるのかといった理解は完全には得られておらず、研究が盛んに行われています[6]。

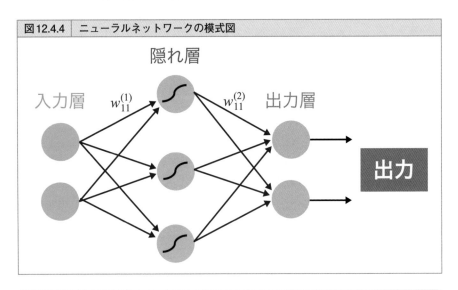

図12.4.4　ニューラルネットワークの模式図

ニューラルネットワークは、入力層といくつかの隠れ層、および出力層が構成されます。層の間の重み（$w_{11}^{(1)}$は入力層のニューロン1から隠れ層のニューロン1への重みを、$w_{11}^{(2)}$は隠れ層のニューロン1から出力層のニューロン1への重みを表す）を変えることによって、入力データと出力データの間の関係を関数として得ます。

---

6)　『深層学習の原理に迫る：数学の挑戦』今泉允聡 著、を参照

● 分離の特徴

　ロジスティック回帰、決定木、SVMおよびニューラルネットワークの違いを直感的に理解するために、2クラス分類を実行した際の例を、図12.4.5と12.4.6に示しました。説明変数は横軸と縦軸の2つで、目的変数のクラスは赤丸か青丸かで表されています。ただし、データ点は学習データを表しています。オレンジ色の領域と水色の領域が、モデルから得られた分類の結果です。手法名の横の数値は、学習データに対する正解率（赤丸がオレンジの領域に、青丸が水色の領域にある割合）と検証データに対する正解率を表しています。

　図12.4.5は右上に赤丸が、左下に青丸が多く分布していて、1本の直線で分けられるような分離が簡単なデータの例です。これを**線形分離可能な問題**と言います。実際に、線形のロジスティック回帰で得られた分離境界でうまく分けることができていますし、他の手法でもうまくいっています。各手法の特徴を見てみると、ロジスティック回帰は1本の直線で分離し、決定木は各説明変数に対して条件分岐で分離境界を作るため、横軸、縦軸に平行な線の組み合わせで分離しています。SVMやニューラルネットワークは非線形な分離境界を作ることができるので、曲がった線が確認できます。

　図12.4.6は、左上または右下が赤丸で、右上または左下が青丸という複雑な例です。この場合、直線（一般には線形な境界）を1本引いただけで赤丸と青丸を分離することができないため、**線形分離不可能な問題**と言います。ロジスティック回帰の結果を見ると、うまく分離できていないことが見て取れます。一方、他の手法ではうまく分離できています。

　ここでは2つの例だけを示しましたが、問題の種類によって各手法のパフォーマンスが異なるため、複数の手法を試して予測性能を比較すると良いでしょう。また、決定木のように分岐の条件が得られ、解釈が容易である手法もあります。したがって、予測性能はほどほどで解釈したい、または解釈せずに予測性能だけを高めたいといったように、分析の目的に応じて手法を選択すると良いでしょう。

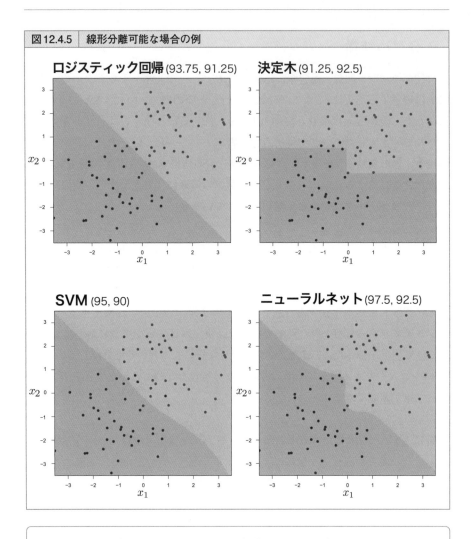

図12.4.5　線形分離可能な場合の例

数字は、学習データに対する正解率（左）と、検証データに対する正解率（右）を表しています。

図12.4.6 線形分離不可能な場合の例

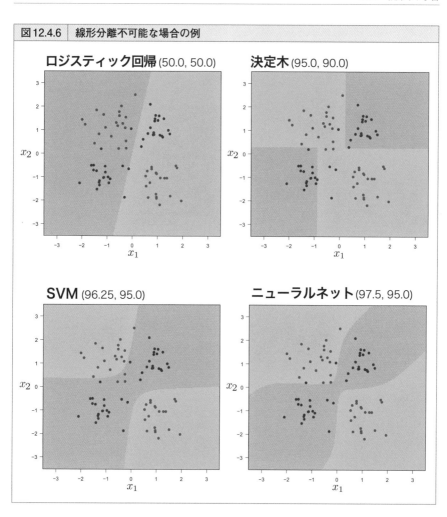

数字は、学習データに対する正解率（左）と、検証データに対する正解率（右）を表しています。ロジスティック回帰はうまく分離できておらず、正解率は低い値になっています。

第13章

モデル

統計モデル・機械学習モデル・数理モデル

最後の章では、モデル一般について解説します。モデルには、これまで解説した統計モデルと機械学習モデル、さらに数理モデルがあります。数理モデルは、例えば微分方程式に代表されるような、ルールを与え、何が起こるかを演繹的に得るモデルです。数理モデルはデータと合わせて用いることも可能で、現象の深い理解および予測・介入のための強力な手段になります。

13.1　モデルとは

● 統計モデル・機械学習モデル・数理モデル

　本書では主に、確率的なモデルとして統計モデルについて解説してきました。第12章では機械学習について解説しましたが、これも1つのモデルと見なすことができるので、機械学習モデルと呼ぶことにします。

　そして、もう1つ重要なモデルとして**数理モデル**があります。数理モデルは、現象のプロセス/メカニズムを仮定してその挙動を調べるモデルです。例えば、ニュートンの運動方程式や感染症伝播のモデル、さらに人間行動を記述するモデルさえあります。

　統計モデル、機械学習モデル、数理モデルといった数学にもとづいたモデルを広義の数理モデルと呼ぶこともありますが、本書では現象のプロセス/メカニズムを仮定して挙動を調べるモデルを数理モデルと呼ぶことにします。本章では、モデルの役割、そして新しく登場した数理モデルについて解説したいと思います。

　図13.1.1に示したのが、統計モデル、機械学習モデル、数理モデルのそれぞれの主な特徴です。統計モデルや機械学習モデルは、データから出発し、モデルのパラメータを推定することでモデルを得ます。データから、それらを統べる法則性を導く手法であるため、帰納的な手法であると言えます。一方、本章で紹介する数理モデルは、メカニズムを数学的に表すところから出発し、論理的に何が起こるかを調べる手法です。そのため、演繹的な手法であると言えます。演繹的とはいえ、モデルのパラメータをデータから推定し、現実の現象と突き合わせて深く理解することも可能です。

　数理モデルは多くの場合、メカニズムにもとづいてモデルを構築しているため、データによって経験できていない範囲であっても予測や制御が可能になる場合があります。これは、データを当てはめるための統計モデルや機械学習モデルにはない特徴です。

図13.1.1　それぞれのモデルの特徴

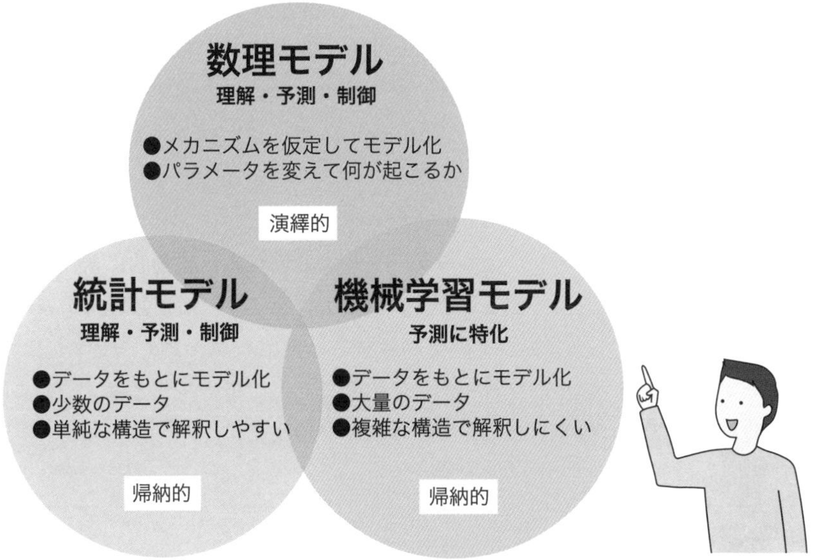

統計モデル、機械学習モデル、数理モデルの主な特徴。これまで紹介した統計モデルと機械学習モデルは、データを用いて確率モデルを推定しました。一方、数理モデルはメカニズムに関する仮定を置いて何が起こるかを調べる手法です[1]。

● モデルは現象を理解する道具

そもそも「モデル」とは何でしょうか。私たちは日頃から、対象を簡略化して考えています。例えば、コンビニへの道のりを紙に描いて欲しいと頼まれれば、簡略化された地図を描くと思います。現実は、地図に描かれてない目立たない家々があったり、でこぼこした地面や脇に生えた木々があったりと、描いた地図より圧倒的に複雑です。しかし、簡略化された地図はコンビニに辿り着くという目的のためには十分に役立つでしょう。

この例での「モデル」とは、この簡略化された地図のことに他なりません（ただし、数学的なモデルではありませんが）。すなわち、モデルとは現象をうまく記

1)　近年、機械学習モデルであっても、因果関係にもとづいた手法が発展しつつありますが、ここでは他の手法との比較のため、簡単に予測に特化としています

述し、理解できるようにするための簡略化の方法だと言えます。

　モデルを作る際には、現象の本質を捉えつつ簡略化することが重要です。多くの場合、現象には重要な部分と重要でない部分があります。重要でない部分は捨て、重要な部分に焦点を当てることで、理解に役立つ、扱うことができるモデルを手にすることができます。

　統計モデルであれば、「データは正規分布やポアソン分布といった数学的に扱うことができる確率分布から得られた」という仮定にもとづいてモデルを作りました。対して、機械学習モデルは複雑なデータを大量に与え、自動的に重要な部分に焦点を当ててモデルを構築する手法であるとも言えます。また数理モデルであれば、運動方程式 $F = ma$ において物体の質量 m は重要なファクターですが、（空気抵抗を無視すると）物体の材質や形状に依りません。モデル化とは、このような簡略化によって物事の本質を抜き出すことだと言えます。

● 完璧なモデルは存在しない

　統計学者ジョージ・ボックスの「全てのモデルは間違っているが、そのうちいくつかは役に立つ」という言葉があります（Box, 1979）。現実の現象は我々の想像を超えて遙かに複雑であり、現象を完璧にモデル化することはできません。複雑というだけでなく、現象に関わる要素を全て想定しつくすことができないことも、完璧にモデル化できない原因です。前述の地図の例で言えば、ある日、突然工事によって道のりが変わるかもしれないし、地震によって地形が変わってしまうかもしれません。すなわち、私たちは全てを想定しつくすことはできず、現象の真の姿＝真のモデルを手にすることはできないと言えるのです（図13.1.2）。

　しかし、真のモデルでなくとも現象を適切に記述できるモデルであれば、理解に役立ち、予測や制御といった目的を達成することができます。

　例えば、化学で登場する気体の状態方程式 $PV = nRT$（P:圧力, V:体積, n:物質量, R:気体定数, T:温度）は、1つの数理モデルです。この方程式を用いることで、圧力と温度といった変数間の関係をシンプルに理解できます。しかし、このモデルでは、気体が理想気体であることが仮定されています。

　理想気体とは、気体分子自体の体積と分子間の引力がない気体のことです。実際の気体分子には、小さいながらも体積があり、また分子間力が働くため、現実の気体は厳密には理想気体ではありません。ですが、その仮定から大幅に外れなければ、$PV=nRT$の関係に精度良く従うため、モデルを理解に役立てることができます。

　モデルはあくまで現象を理解するための近似の道具であり、現実の現象そのものとモデルは違うものだと意識しておくことは重要です。そして、手にしたモデルがどれだけ良いモデルかを問うことも、分析者にとって必要なことです。

図13.1.2　現象とモデル

本質を捉えつつ簡略化

現実の現象
複雑かつ
想定し尽くせない

モデル
分析のために使う

現実の現象は極めて複雑で、多くの場合、現象に関わる要素を想定し尽くすことはできません。モデルは、現象にとって重要である部分を抜き出して簡略化したものと言えます。

● 数理モデルとは

本章で新しく登場するのが、数理モデルです。物理的実体がある必要はなく、

社会現象である流行の広がりや、経済現象である株価の変動も対象にすることができます。それゆえ適用範囲は広く、物理学から工学、生物学、経済学、社会学、心理学など様々な分野で使われます。

　数理モデルを一言で言えば、仮想の世界を想定し、あるルールを与えたときに何が起こるかを調べる手法です。例えば、運動方程式というモデルは、物体の速度の変化に関するルールを与えます（図13.1.3）。そのルールに従ったときに何が起こるかを観察することで、時間に沿って物体の速度がどのように変化し、さらに物体がどこにあるかを知ることができます。

図13.1.3　数理モデル

微分方程式　＝ルール

$$\frac{dx}{dt} = f(x)$$

- x が時間とともにどう変わるか？
- 関数 $f(x)$ のパラメータが変わったらどうなるか？

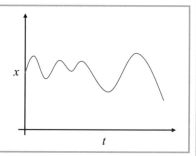

例

運動方程式　＝ボールを支配するルール

$$m\frac{d^2x}{dt^2} = 0,\, m\frac{d^2y}{dt^2} = -mg$$

- ボール はどこに着地するか？

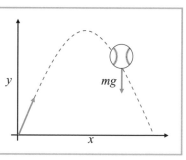

● 数理モデルの種類

数理モデルには様々な種類がありますが、大きく分けて次の2つに分類できます。

・決定論的モデル：微分方程式・差分方程式・偏微分方程式など
・確率的モデル：ランダムウォーク・マルコフ過程など

　決定論的とは、ある時刻での状態が決まったら、次の時刻の状態がただ1つに定まる性質のことです。つまり、確率的な性質を持たないことを意味します。先ほどの運動方程式は、ある方向にある速度でボールを投げれば、必ずどこに着地するか予測できるため決定論的です。決定論的な性質が現象の本質である場合には、決定論的なモデルを使うのが良いでしょう。

　一方、確率的な挙動が本質的である現象もあります。例えば、ギャンブルで勝ったり負けたりを繰り返すような場合、確率的な変動が重要な要素になります。こういった現象には、確率的モデルを作ると良いでしょう。もちろん、決定論的な性質と確率的な性質を組み合わせることも可能で、例えば確率微分方程式といったモデルもあります。

● モデルを分析する

　モデルが単純であれば、手で計算して解を得ることができます。これを、解析的に解くと言います。解析的に得られた解は、何が起こるのかを広く見通せるため、理解しやすいという大きな利点があります（図13.1.4）。しかし、現実の現象を忠実に表現するためには、複雑なモデルが必要になることがあります。数理モデルが複雑になる（非線形で変数の数が多い）と、多くの場合で解くことが困難になり、コンピュータを使った数値計算が必要になります。数値計算は、数式に従って1通りの結果を出力するだけなので、何が起こるのかを見通すためには、様々なパラメータを変えて計算しなければなりません。

　さらに、数式で表現するのが難しいほど複雑な現象を扱うこともあります。その場合、コンピュータのシミュレーションを用います。ただシミュレーションも、あるルールに従った1通りの結果を出力するだけなので、なぜその結果になるのかといった理解は容易ではありません。

　数理モデルでも統計モデルと同様に、モデルが複雑であるほど理解が難しくな

るため、モデルの複雑さと理解のしやすさにはトレードオフの関係があることになります。

　次の13.2からは、決定論的な数理モデルと確率的論的な数理モデルの代表例を紹介し、数理モデルとはどういうものかを解説していきます。

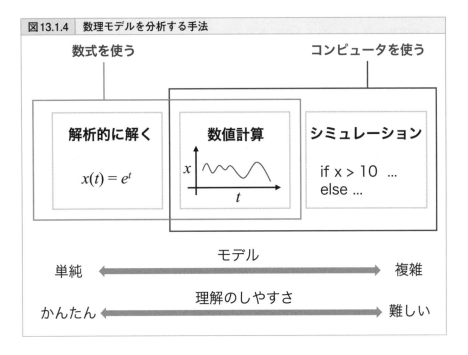

図13.1.4　数理モデルを分析する手法

13.2 　数理モデル −微分方程式−

● 微分方程式・差分方程式

　代表的な数理モデルには、決定論的なモデルである**微分方程式（差分方程式）**があります。ニュートンの運動方程式も、化学反応のミカエリス・メンテン式も、微分方程式の1種です。微分方程式は、時間によって変化する変数xと、時間によって変わらないパラメータから構成され、関数$f(x)$の形とパラメータが、変数xの動態を決定するルールになります。

　微分方程式を含む数理モデルの目的は、与えられたルールに従ったときに何が起こるのかを調べることです。特に微分方程式は、時間とともに変数xがどう変化するかという、時系列の動態（ダイナミクス）を対象にします[2]。

　13.2では、微分方程式とは何かを実感するために、簡単な数の変化の数理モデルから出発して、感染症のモデルまで紹介していきます。

● 数の変化をモデルで表す

　最も簡単な数理モデルを考えるにあたって、数の変化を例にします。

　数の変化は、生物の個体数変化、化学物質の濃度変化など、様々な現象に広く見られます。数の変化をモデルで表すために、漫画『ドラえもん』の17巻に出てくる「バイバイン」という道具の話を考えてみましょう。のび太くんが、おやつの栗まんじゅうを食べようとしていますが、食べるとなくなってしまうと嘆きます。そこで、ドラえもんは「バイバイン」という道具を使って、栗まんじゅうが5分ごとに2つに分裂するようしてくれます。すると、最初に1個だった栗まんじゅうは、5分後に2個、10分後には4個と増えていきます（食べると咀嚼されるからか、お腹の中で増えることはない仕組みです）。

---

2)　統計モデルとしての時系列解析は、数理モデルとは別個にあります。時系列の統計解析に関しては、本書で紹介したような回帰分析では不適切な場合があるので注意が必要です。

ではここで、栗まんじゅうが倍々に増えるという現象をモデルで表してみましょう。時間は$t = 0, 1, 2, 3, \cdots$として、とびとびの値（離散時間）で、5分ごとの時間を表すとします。つまり、$t = 1$が5分後、$t = 2$が10分後です。そして、x_tを時刻tにおける栗まんじゅうの個数とすると、5分後の時刻の個数は現在の個数の2倍なので、次の関係式が成り立ちます。

$$x_{t+1} = 2x_t \qquad \text{(式13.1)}$$

　これは増え方のルールを表した差分方程式です。このルールに従うときに、栗まんじゅうの数に何が起こるか、すなわち時刻tで何個なのかを知るのが、このモデルの目的です。そのための1つの方法は、x_tに具体的な値を入れて、$t = 0$で$x_0 = 1$, $t = 1$で$x_1 = 2$…と順繰りに計算することです。もう1つの方法は、この差分方程式を解くことです。差分方程式または微分方程式を解くとは、例えば二次方程式$x^2 = 1$の解$x = \pm 1$といったように値を得ることではなく、$x_t = f(t)$のように、x_tをtの関数として得ることです。式13.1は、初項$x_0 = 1$（$t = 0$における栗まんじゅうの個数は1個）、公比2の等比数列なので、時刻tにおける栗まんじゅうの個数は次のようになります。

$$x_t = 2^t \qquad \text{(式13.2)}$$

　これが、差分方程式（式13.1）の解です。

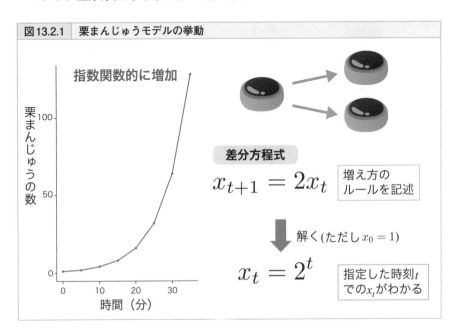

図13.2.1　栗まんじゅうモデルの挙動

なお、式13.2をグラフにしたのが、図13.2.1です。時間が経つにつれ、急激に増えることがわかります。これは式13.2に示すように、2のt乗、すなわち指数関数であるため、**指数関数的増加（または指数的増加）** と呼ばれます。

● 指数関数的増加

　指数関数的な変化は、私たちの直感から外れることがしばしばあります。例えば、式13.1の5分ごとに倍々に増える差分方程式の場合、最初の個数が1個であっても、1時間後には4096個に、2時間後には1677万7216個にもなります。

　面白いことに、式13.1のような一定時間後に何倍かに増えるモデルは、栗まんじゅうの個数だけでなく、生物の増殖や、感染症の伝播を表すモデルでもあるのです（図13.2.2）。大腸菌は平均して20分に一度分裂するので、その数は20分ごとに倍になりますし、感染症の例では1人の感染者が5日ごとに2人に感染させた後に治るとすると、感染者の数は5日ごとに倍になります。全く違う現象であるにも関わらず、同じ数式でモデル化できるのは、増える量が現在の数に依存しているという性質が共通するためで、このモデルはその本質を捉えていることになります。

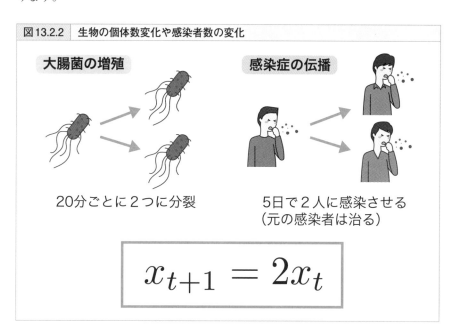

図13.2.2　生物の個体数変化や感染者数の変化

大腸菌の増殖

20分ごとに2つに分裂

感染症の伝播

5日で2人に感染させる
（元の感染者は治る）

$$x_{t+1} = 2x_t$$

● 指数増殖の一般解と分岐図

　前述の例を一般的に書くと、図13.2.3のようにパラメータrを用いて表すことができます。栗まんじゅうが倍々に増えるというのは、$r = 2$の場合に相当します。では、もしもrが異なる値だったら、何が起こるでしょうか。
rが1より大きいときには、定量的には異なるものの、定性的には指数的に増えるという点で同じだと言えます。つまり、十分時間が経てば、非常に大きな数になります。rがちょうど1のときには、時間が経ってもx_tは変わりません。そして、rが1よりも小さいときには、今度は指数的に減少していくことがわかります。

　これを見やすくするために、**分岐図（bifurcation diagram）**としてパラメータrを横軸に、十分時間が経った後のx_∞を縦軸に描くと、図13.2.4のようになります。rが1より大きいか小さいかで、質的に異なる振る舞いをすることが一目瞭然になります。
　このように、パラメータを様々に変えた時に何が起こるかを調べることができるのは、数理モデルの強みだと言えます。

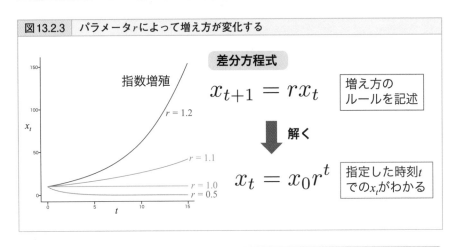

図13.2.3	パラメータrによって増え方が変化する

　初期状態を$x_0 = 10$として設定し、rごとにx_tを描いています。

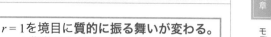

図 13.2.4　分岐図の例

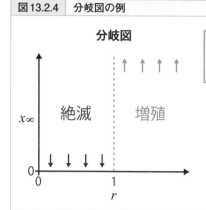

分岐図

$x\infty$

絶滅　　増殖

0

0　　　　1

r

$r = 1$を境目に**質的に振る舞いが変わる。**
$r > 1$ 指数的に**増加。**
$r < 1$ 指数的に**減少。**0へ。

● 微分方程式

差分方程式では時間 t が0, 1, 2,...のように飛び飛びでしたが、この時間の間隔を短くすることで、連続時間のモデルである

$$\frac{dx}{dt} = ax$$　　　　**（式13.3）**

を得ることができます。これが**微分方程式（differential equation）**で、極めて短い時間での変化率を表します。式13.3は最も単純な線形の微分方程式（線形の意味についてはP341のコラム参照）なので、解が容易に得られ、次のようになります。

$$x(t) = x(0)e^{at}$$　　　　**（式13.4）**

指数的増加または減少といった性質は同じですが、その分かれ目は、パラメータ $a=0$ になります。なぜなら、微分方程式は変化率を表すため、式13.3が0より大きいと増加、0より小さいと減少を表すからです。

● 密度効果

式13.1の差分方程式も、式13.3の微分方程式も、x 自身の定数倍で表される線

形方程式です。指数的な増加や減少は、線形方程式の典型的な挙動です。しかし実際には、指数的な増加がいつまでも続くことは現実的ではないでしょう。そこで、xが増えてくるとその増加率が抑えられるような効果、すなわち密度効果を入れたモデルを考えることは自然だと考えられます。

そこでよく使われるのが、

$$\frac{dx}{dt} = ax\left(1 - \frac{x}{K}\right)$$ **（式13.5）**

という形のロジスティック方程式です。これは、式13.1の右辺に、$(1-x/K)$を掛けることで、xがKというパラメータ（これを生物の個体数を表す文脈では、環境収容力と言います）に近づくと増加率（すなわちdx/dt）が0に近づくようになっています。

　指数的増加の場合とロジスティック方程式を比較したのが、図13.2.5です。ロジスティック方程式では、時間が経つとKという値に飽和することがわかります。そして一旦、$x = K$になれば増えることも減ることもない状態になります。これを、**平衡状態または平衡点**と言います。平衡点は$dx/dt = 0$を満たすxを表し、実際に簡単な計算で$x = K$が平衡点であることがわかります。$dx/dt = 0$を満たすもう1つの点である$x = 0$は、個体数が0であれば0であり続けることを意味しており、例えば、生物の個体数が一旦0になって絶滅してしまえば、勝手に復活することがない事実に対応しています。

　そして、xがKよりも小さく、または大きくなったとしても、$x = K$の平衡状態に戻ってくるという性質があります。このような平衡点を、**安定平衡点**と呼びます。xがKよりも大きくなると$dx/dt < 0$となり、xは減り、xがKよりも小さいと$dx/dt > 0$となり、xは増えるからです。一方、$x = 0$という平衡点は、xが0より少し大きくなると、$dx/dt > 0$となり、xは増え始めてしまいます。一旦、$x = 0$から離れると、自然にこの平衡点に戻ってくることはないため、**不安定平衡点**と呼びます。

　このように、立てた微分方程式の平衡点を調べ、その平衡点が安定か不安定かを調べることで、そのモデルの性質の一端を明らかにすることができます。そこ

で用いられるのが、線形代数で登場する固有値・固有ベクトルです。本書ではこれ以上の数学的な解説はしませんが、興味を持たれた方は是非勉強してみてください。

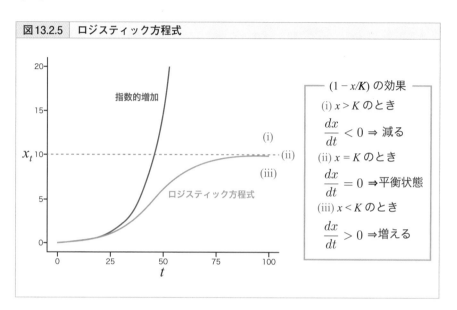

図13.2.5　ロジスティック方程式

初期値$x_0 = 0.1$、パラメータ$a = 0.1$、ロジスティック方程式に対しては$K = 10$に設定しました。赤線が式13.3の指数的に増加し続けるモデルで、青線が式13.5のロジスティック方程式を示しています。

線形と非線形

　微分方程式（または差分方程式）は、線形と非線形に分類できます。線形方程式とは、変数xの定数倍と和で書ける方程式を指します。最初に登場した$x_{t+1} = rx_t$は、次の時刻の値は、現在の値の定数倍であるために線形な差分方程式です。

　式13.3の微分方程式も同様に、線形な微分方程式です。一方、式13.5で表されるロジスティック方程式は、非線形な方程式です。なぜなら、式を展開するとx^2の項、すなわち$x \times x$という積があるからです。線形と非線形の違いを直感的に理解するためには、線形はいつでもルールが同じであるのに対し、非線形は変数xの値に依存してルールが変わると考えると良いでしょう。

例えば、$x_{t+1} = rx_t$ は、x_t がどんな値でも、常に r 倍されるというルールがあります。一方、ロジスティック方程式では、x_t が0に小さい場合は、$(1-x_t/K)$ がほとんど1であるために指数的な増え方をしますが、x_t が K に近づくと増加率が小さくなり、さらに x_t が K になれば x_t は変化しなくなるという、x_t に依存したルールの違い（状態依存性）が見られます。それゆえ、線形な方程式は主に、指数的に増加（or 減少）するといった単純な挙動を示しますが、非線形な方程式は複雑な挙動を示すことがあります。

　また、線形な方程式は解くこと（x_t を t の関数として得ること）ができますが、非線形な方程式は多くの場合解くことができず[3]、数値計算に頼る or 平衡点の近くで線形方程式に近似して挙動を調べるといったアプローチを取ります。

● 感染症のモデルを例に

　さて、いよいよ感染症のモデルを考えてみましょう。これまでのモデルは x_t という1変数だけでしたが、今度は3つの変数 $S(t)$（感受性保持者, Susceptible）、$I(t)$（感染者, Infected）、$R(t)$（免疫保持者, Recovered）があり、時刻 t におけるそれぞれの人数を表します。$S(t)+I(t)+R(t)=$人口（一定）として、トータルの人数は変わらないという仮定を置くと、人口を1として、$S(t), I(t), R(t)$ を割合と解釈できます。感受性保持者は感染者と接触することで一定の感染率 β で感染者に変化し（すなわち感染）、感染者は一定の割合 γ で免疫保持者に変化します。

　これを微分方程式で表現すると、次のようになります。

$$\frac{dS}{dt} = -\beta S(t)I(t) \tag{式13.6}$$

$$\frac{dI}{dt} = \beta S(t)I(t) - \gamma I(t) \tag{式13.7}$$

$$\frac{dR}{dt} = \gamma I(t) \tag{式13.8}$$

これが感染症の基本モデルで、**SIRモデル**と呼ばれます。式13.6と式13.7で S

---

3)　ここで紹介したロジスティック方程式は非線形ですが、例外的に解くことができます。

とIが積になっているのは、感染のしやすさが感染者の数に比例するからです。この項があるため、SIRモデルは非線形な微分方程式だということになります。

図13.2.6に、SIRモデルの挙動の例を示しました。初期状態は、$S(0) = 0.999$, $I(0) = 0.001$, $R(0) = 0$として、誰も感染者がいない状態にほんの少し感染者(I)が現れたとしています。感染動態の初期のあたりでは感染者が指数的に増加し、感染が急激に広がるのがわかります。そして、感受性保持者(S)が減ってくると感染者数は減り始め、最終的に多くの人たちが感染を経験して免疫保持者(R)になっています（最終的な免疫保持者の割合は、パラメータβ, γに依存します）。

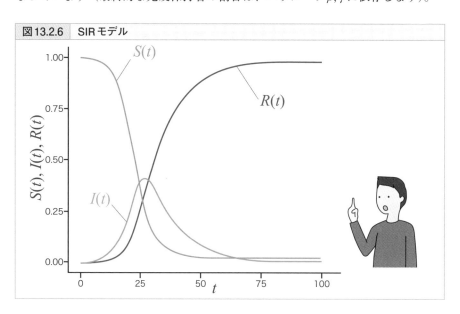

図13.2.6　SIRモデル

SIRモデルを$\beta=0.4$, $\gamma=0.1$で数値計算した例です。

● 分岐図

図13.2.4に示したような分岐図のアイディアを思い出すと、感染動態の初期に、最初に現れた感染者の数$I(0)$が増えていくかどうかが、感染流行が起きるかどうかを決めることになります。すなわち、式13.7から

$$\frac{dI(0)}{dt} = \beta S(0)I(0) - \gamma I(0) \qquad \text{(式13.9)}$$

$$= I(0)\big(\beta S(0) - \gamma\big) > 0 \qquad \text{(式13.10)}$$

が成り立つときに、感染流行が起こるのがわかります。

　基本再生産数 R_0（免疫保持者の R とは別なので注意）を次のように定義して、式13.10の条件を書き直すと、

$$R_0 = \frac{\beta}{\gamma} S(0) > 1 \qquad \text{(式13.11)}$$

となります。$S(0)$ はほぼ1なので、β/γ が1より大きいかどうかで流行が起きるかどうかが決まります。横軸を β/γ、縦軸を最終的な R として分岐図を描いたのが、図13.2.7です。基本再生産数 R_0 は、感受性保持者だらけの集団において1人の感染者が感染させる人数（二次感染者数）の平均なので、1より大きい R_0 が流行拡大に対応することは直感的にも合っています。

　基本再生算数 R_0 は、対策をしていない無防備な集団に対し、感染初期でどれだけ広がりやすいかを表す値です。一方、流行が始まり、ワクチン対策によって免疫保持者が存在する、あるいは行動変容によってパラメータ β や γ が変わる場合には、実効再生産数 R_t を考えます。実効再生産 R_t は、R_0 同様に1人の感染者が感染させる人数（二次感染者数）の平均なので、同様に1より大きいことが感染者数の増加に対応しています。

　マスクをするまたは外出を控える等の行動変容は、元々の β を小さくする変化に対応し、感染したら早期に隔離されるといった対策は γ を大きくする変化に対応しています。例えば、接触率が半分になれば β が半分になり、実効再生産数 R_t は元々の基本再生算数 R_0 を半分にします。これによって、例えば $R_0 = 1.8$ で流行が拡大するはずのところを抑えることが可能なります。

　これらのSIRモデルの結果から、私たちが感染症予防に重要だと考えていることが、このモデルにもきちんと現れ、感染症の流行という現象に対して一歩深い理解ができたと言えます。

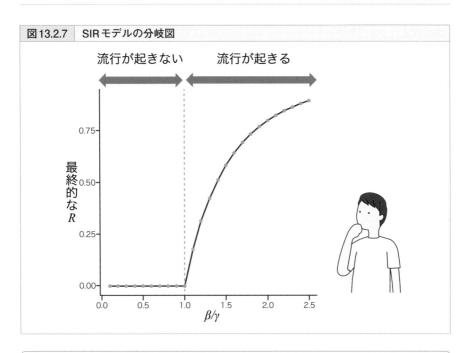

図13.2.7　SIRモデルの分岐図

流行が起きない　　流行が起きる

最終的な R

横軸に基本再生産数 $R_0 = \beta/\gamma$ を、縦軸に最終的な免疫保持者数 R（感染経験者数）を描きました。$\beta/\gamma = 1$ を境に流行が起きるかどうかが変わることが見て取れます。

● **予測**

　ここまで、数理モデルを構築しパラメータを変えることで現象を理解しました。データからモデルのパラメータを推定することで、未来の値の予測を行うことも可能です（図13.2.8左）。ただし、これまでとパラメータ（感染のルール）は変わらないという条件のもとでの予測であることに注意してください。

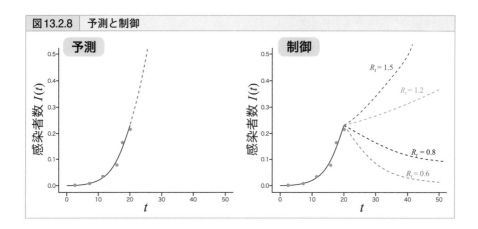

図13.2.8　予測と制御

t=20までのデータが得られており、その後の未来をモデルを用いて予測または制御する例です。点線が未来の予測の値、または制御した場合の未来の値を示しています。

● 制御

　さらに、一旦数理モデルを作ると、もしも〜したら何が起こるかや、どうすれば望みの状態が得られるかをモデル上で考えることができます。

　引き続き、感染症の数理モデルを例にします。感染者が広がった後の、免疫保持者がいる状況下での、1人の感染者が生む新規感染者の数である実行再生算数 R_t を小さくすることができた場合に、感染者数がどのような動態を示すのかを色々とシミュレートすることができます（図13.2.8右）[4]。

　逆に言えば、減少させたいのであれば、実行再生算数 R_t をどの程度小さくする必要があるかもわかります。こういった数理モデルによるシナリオを探索するアプローチは、経験していないこと、すなわちデータとして得られていない条件に対しても知見が得られるという、統計モデルや機械学習モデルにはない強みだと言えます。

---

4)　予測（forecast または prediction）との区別を明確にするために、プロジェクション（projection）と呼ぶこともあります。

● 複雑なモデルへ

　今述べたような、現実の現象に対する予測や制御は、現象を適切に表わす良い
モデルほどうまくいきます。紹介したSIRモデルは非常にシンプルながらも、感
染症の流行をうまく記述することが知られています。もちろん、さらに良いモデ
ルを手にするためには、SIRモデルの仮定を変更し、現実的な要素を取り入れる
ことが重要になります。

　例えば、SIRモデルでは人は同質であるという仮定が入っていますが、実際に
は年齢によって感染率や回復率が異なるでしょう。そのため、年齢構造を考慮し
たモデルとして発展させることは重要な方向性の1つです。

　さらにSIRモデルでは、接触する相手はランダムであるという仮定が置かれて
いますが、現実には複雑な社会ネットワークの構造があります。こういった要素
を取り入れてより良いモデルに拡張することは、実際にネットワーク科学分野で
行われています。他にも、ワクチンの効果を導入したモデルを考えることで、ワ
クチンが感染者割合の動態をどのように変化させるか調べることができます[5]。

---

5)　入門的な書籍としては「感染症疫学のためのデータ分析入門」(西浦博著,金芳堂編集)があります。

13.3 数理モデル ―確率的モデル―

● 確率的モデル

　現実の現象では、予測が難しい不確かな要素が本質である場合があります。本章の冒頭でも述べたように、ギャンブルの勝ち負けのような現象は確率で記述するのが良さそうです。

　物理現象であっても、たくさんの数え切れない分子の運動を確率として記述することが有用である場合があります。これには、原理的には決定論的であっても、要素の数が膨大であるために決定論的なモデルとして扱うことが困難であるため、確率を用いて統計的に扱えるようになるという背景があります。

● ランダムウォーク

　確率的モデルの最もシンプルな例として、**ランダムウォーク（random walk）**を紹介します。

　あるギャンブラーが、100万円の資金を元手にギャンブルを始めたとしましょう。各時刻 t において、確率 $1/2$ で1万円を得て、確率 $1/2$ で1万円を失う、勝ち負けが均等のギャンブルを考えます。単純化のために借金も可能、つまり持ち金がマイナスになることもあるとしましょう。

　このとき、元手の100万円は、時間とともにどのように変化するでしょうか。これを表現したのが、1次元ランダムウォークというモデルです。図13.3.1に、確率的なシミュレーションを実行した例を示しました。確率的なモデルなので毎回結果が異なりますが、面白いことに、ある法則性が現れてきます。

　勝敗の確率は均等なので、お金の増減の期待値は0です。しかし、時間を経るにつれ、徐々に大きい値や小さい値を取ることが増えてきます。実は、時刻 t が十分経つと、手元のお金の分布は平均100万円、標準偏差 $\sigma\sqrt{t}$（ここでの σ は、$+1$ と -1 が均等に出る確率分布の標準偏差 $= 1$）の正規分布で近似できます。これは、$+1 + (-1) + (+1) + \cdots$ という確率変数の和が正規分布に従う中心極限定理から説

明できます。そして、この正規分布の標準偏差が$\sigma\sqrt{t}$であるため、各人の手元のお金は、時間とともに100万円から離れていく傾向があることがわかります。

　ランダムウォークは、ギャンブルのモデルであるだけでなく、粒子のブラウン運動と拡散過程のモデルでもあります。さらに、株価や生物の中立遺伝子の動態・固定などのモデルとしても使われます。このような、確率的に時間変動する現象を記述する数理モデルを、**確率過程（stochastic process）**と言います。

図13.3.1　1次元ランダムウォークの例

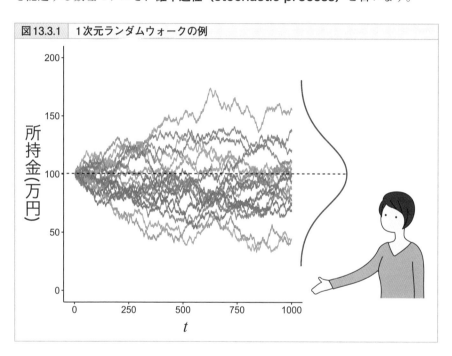

　$t=0$で元手100万円から始めた1次元ランダムウォークです。異なる色が異なる試行を表しています。

● マルコフ過程

　ランダムウォークを一般化した確率過程として、**マルコフ過程（Markov process）**があります。マルコフ過程は、次の状態が過去の状態に依らず、現在

の状態のみによって決定される確率過程です。この「過去に依らず、現在によって未来が決まる性質」を、マルコフ性と言います。ランダムウォークでは、ギャンブルの勝敗はどのような過去があったかに関係がなく決まる（と仮定している）ため、マルコフ性を持つと言えます。

マルコフ過程の例として、よく登場するのは天気です。天気の状態には{晴れ, くもり, 雨}の3つの離散的な状態があり、時間も昨日、今日、明日のように離散的であるとします（このような離散状態、離散時間のマルコフ過程を、一般にマルコフ連鎖と言います）。すると、今日の天気から明日の天気への移り変わる過程を、図13.3.2のように書くことができます。

矢印についている数値が確率を表し、例えば、今日が晴れだった場合、明日も晴れる確率は0.5、くもりになる確率が0.3、雨になる確率が0.2といった具合です。もちろん、このモデルのマルコフ性や、これらの確率の値は仮定に過ぎませんが[6]、こういった仮定を置いたら何が起こるかを考えていきましょう。

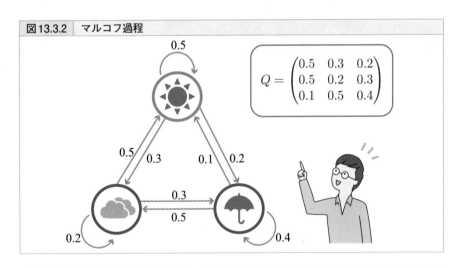

図13.3.2　マルコフ過程

$$Q = \begin{pmatrix} 0.5 & 0.3 & 0.2 \\ 0.5 & 0.2 & 0.3 \\ 0.1 & 0.5 & 0.4 \end{pmatrix}$$

丸が各状態を表し、状態間の数値が遷移確率を表します。

---

6) 実際には、明日の天気は過去何日かの影響を受けると考えられる。例えば、3日前〜今日の天気の状態から決まると考えられるのであれば、現在の状態に3日前〜今日の状態を含むように改良することで、マルコフ過程として表現することができます。

　このマルコフ過程を解析するためには、各状態に晴れ= 1, くもり= 2, 雨= 3として番号をつけ、状態 i から状態 j への遷移確率である p_{ij} を並べた行列

$$Q = \begin{pmatrix} p_{11} & p_{12} & p_{13} \\ p_{21} & p_{22} & p_{23} \\ p_{31} & p_{32} & p_{33} \end{pmatrix} \qquad \text{(式13.12)}$$

を考えると便利です。これを、**遷移行列（transition matrix）**と言います。時刻 t における各状態の確率を、$\boldsymbol{\pi}_t = (q_1^{(t)}, q_2^{(t)}, q_3^{(t)})$（ただし、$0 \leq q_i^{(t)} \leq 1$ （$i = 1, 2, 3$）, $q_1^{(t)} + q_2^{(t)} + q_3^{(t)} = 1$, 上についている t は t 乗ではなく、t 番目であることを表す添字）として表し、遷移行列を掛けることで、現在の状態から未来の状態を計算することができます。例えば、今日（$t=0$）が晴れだった場合、現在の状態は晴れであることが確定しているので、$\boldsymbol{\pi}_0 = (1, 0, 0)$ と表せ、

$$\boldsymbol{\pi}_1 = \boldsymbol{\pi}_0 Q$$

を計算すると、翌日（$t=1$）の状態の確率分布 $\boldsymbol{\pi}_1 = (0.5, 0.3, 0.2)$ を得ることができます。そして、あさって（$t=2$）の状態の確率分布は、

$$\boldsymbol{\pi}_2 = \boldsymbol{\pi}_1 Q = \boldsymbol{\pi}_0 Q^2$$

で計算でき、$\boldsymbol{\pi}_2 = (0.42, 0.31, 0.27)$ となります。すなわち、晴れの日の n 日後の状態の確率分布は、次のように計算できます。

$$\boldsymbol{\pi}_n = (1, 0, 0)Q^n$$

　また、時間が充分経った後には、Q を掛けても各状態の確率分布が変化しなくなる、定常状態 $\boldsymbol{\pi}$ に至ることがあります。その場合、定常状態は $\boldsymbol{\pi} = \boldsymbol{\pi} Q$ を解くことで得ることができます。ここでの例では、$\boldsymbol{\pi} = (0.38, 0.33, 0.29)$ となります。

　ここまでは確率を仮定したときの挙動を調べるという流れでしたが、最尤法等を用いることによって、遷移確率をデータから推定することもできます。

● 数理モデルの役割

　本章では、微分方程式モデルと確率的モデルを紹介しながら、数理モデルについて解説してきました。これらの例から、数理モデルとは「もしもこうだったら、何が起こるだろう？」という思考実験を、厳密な形で行うことだとわかるでしょう。

　人間の自然言語（通常私たちが用いる言語）による推論や、人間の持つ直感は、ときに優れた判断をもたらしますが、役に立たない場面もあります。例えば、指数関数的な増加、前述の例で言えば、5分ごとに倍々になる栗まんじゅうが、1個から始まって2時間後には1600万個以上に爆発的に増えることを理解するのは、数学なしには難しいでしょう。

　つまり、数学は人間の日常的な感覚では届かない場所に連れて行ってくれる道具であると言えるのではないでしょうか。もちろん、モデルは現実の現象を一部切り取り、私たちが立てた仮定の下に作られたものであることを忘れてはダメなのですが。

　現実の現象をどの程度予測できるかといった視点から、モデルの良し悪しを評価すること、およびモデルを改良することを怠らないようにしましょう。

おわりに

　本書では、本格的なデータ分析に必要不可欠な統計学の考え方と様々な統計分析手法について、網羅的に解説してきました。様々な分析手法が登場しましたが、基本的な考え方は一貫しているため、その考え方のコツさえつかめば、分析手法の違いは細かい差異でしかないことがおわかりいただけたかと思います。そのため、○○検定と登場した仮説検定手法の数学的な細かい計算について頭に入れておくことは、通常のデータ分析の範囲では必要ないと思います（少なくとも私はそう考えています）。もちろん、興味のある方は数学的に厳密な解説が載っている専門書を読むと、理解が一層深まると思います。

　また、基本的な考え方を理解しないまま統計学の手法を使う、またはデータから判断することがいかに危ういかも感じていただけたと思います。こういった統計学の基本的な考え方は、まだまだ一般には浸透していません。データを扱うことが身近になったにも関わらず、その扱い方の理解は不十分なのが現状です。そのため、データを適切に扱い、分析することができる能力は、科学分野やビジネス分野問わず、あらゆる領域で重要であり続けると思われます。

　本書は、できるだけ網羅的に統計学にまつわる知識を紹介するために、具体的なデータを用いた分析例の紹介を少なく留めました。そのため、本書を読んだ皆さんには、次のステップとしてRやPythonなどのプログラミング言語を用いて、実際にデータ分析に挑戦してみることをおすすめします。具体的なデータを対象に、分析の目的を設定した後、分析手法を自身で選択し、コンピュータで分析を実行し、表示される結果を眺め解釈してみることで、理解が一層深まります。そして、おそらくそこで初めて、データ分析を肌で実感することができ、データを分析することの面白さや興奮が得られると思います。こういったRやPythonを用いた演習のための書籍が数多く出版されていますので、本書で学んだ知識を活かしながら挑戦していただきたいです。

　最近のディープラーニングの登場に代表されるように、統計学やデータ分析の手法は絶え間なく進歩し、新しい手法が開発されています。しかし、本書で紹介した考え方の基本さえ理解しておけば、その土台の上に新しい手法を載せていくことができるため、データ分析について学び続けていくことができるはずです。

　本書が、データ分析を通したよりよい未来を築くための一端になれば幸いです。

索引

◎**参考文献**

第3章

・清水泰隆「統計学への確率論，その先へ　第2版 ゼロからの測度論的理解と漸近理論への架け橋」（内田老鶴圃）

第4章

・嶋田正和, 阿部真人「Rで学ぶ統計学入門」（東京化学同人）

・江崎貴裕「分析者のためのデータ解釈学入門」（ソシム）

第5章

・Cumming, G., Fidler, F., & Vaux, D. L. (2007). Error bars in experimental biology. Journal of Cell Biology, 177(1), 7–11.

第7章

・高橋将宜, 渡辺 美智子「欠測データ処理：Rによる単一代入法と多重代入法」（共立出版）

・Matejka, J., & Fitzmaurice, G. (2017). Same stats, different graphs: generating datasets with varied appearance and identical statistics through simulated annealing. In Proceedings of the 2017 CHI conference on human factors in computing systems, 1290–1294.

第8章

・久保拓弥「データ解析のための統計モデリング入門――一般化線形モデル・階層ベイズモデル・MCMC」（岩波書店）

・Dyte, D., & Clarke, S. R. (2000). A ratings based Poisson model for World Cup soccer simulation. Journal of the Operational Research society, 51(8), 993–998.

・Aho, K., Derryberry, D., & Peterson, T. (2014). Model selection for ecologists: the worldviews of AIC and BIC. Ecology, 95(3), 631–636.

第9章

・折笠秀樹 (2018)「P値論争の歴史」薬理と治療, Vol. 46, No. 8, 1273–1279.

・三中信宏 (2016)「統計学の現場は一枚岩ではない」心理学評論, Vol. 59, No. 1, 123–128.

・Open Science Collaboration. (2015). Estimating the reproducibility of psychological science. Science, 349(6251).

・Wasserstein, R. L., & Lazar, N. A. (2016). The ASA statement on p-values: context, process, and purpose. 一部を日本語訳として、日本計量生物学会による「統計的有意性とP値に関するASA声明」https://www.biometrics.gr.jp/news/all/ASA.pdf で読むことができます。

・水本篤, 竹内理 (2008)「研究論文における効果量の報告のために―基礎的概念と注意点―」, 英語教育研究, 31, 57–66.

・Fritz, C. O., Morris, P. E., & Richler, J. J. (2012). Effect size estimates: current use, calculations, and interpretation. Journal of Experimental Psychology: General, 141(1), 2.

- 永田 靖「サンプルサイズの決め方」（朝倉書店）
- 柳川堯（2017）「p値は臨床研究データ解析結果報告に有用な 優れたモノサシである」計量生物学 Vol. 38, No. 2, 153–161.
- Kass, R. E., & Raftery, A. E. (1995). Bayes factors. Journal of the American Statistical Association, 90(430), 773–795.
- Benjamin, D. J., et al. (2018). Redefine statistical significance. Nature Human Behaviour, 2(1), 6–10.
- 岡田謙介（2018）「ベイズファクターによる心理学的仮説・モデルの評価」心理学評論, Vol. 61, No. 1, 101–115.
- 池田功毅, 平石界（2016）「心理学における再現可能性危機:問題の構造と解決策」心理学評論, Vol. 59, No. 1, 3–14.
- 長谷川龍樹ら（2021）「実証的研究の事前登録の現状と実践—OSF事前登録チュートリアル—」心理学研究, Vol. 92, No. 3, p. 188–196.
- Greenland, S., et al. (2016). Statistical tests, P values, confidence intervals, and power: a guide to misinterpretations. European Journal of Epidemiology, 31(4), 337–350.

第10章

- Franz H. Messerli (2012). Chocolate Consumption, Cognitive Function, and Nobel Laureates. The New England Journal of Medicine, 367:1562–1564.
- Shimizu et al. (2008) Alcohol and risk of lung cancer among Japanese men: data from a large-scale population-based cohort study, the JPHC study. Cancer Causes Control. 19(10):1095–102.
- Judea Pearlら（著）, 落海浩（翻訳）「入門 統計的因果推論」（朝倉書店）
- 岩波データサイエンス刊行委員会「岩波データサイエンス Vol. 3」（岩波書店）
- 安井翔太「効果検証入門〜正しい比較のための因果推論／計量経済学の基礎」（技術評論社）

第11章

- シャロン・バーチュ・マグレイン（著）冨永星（訳）「異端の統計学ベイズ」（草思社）
- 渡辺澄夫「ベイズ統計の理論と方法」（コロナ社）
- 浜田宏, 石田淳, 清水裕士「社会科学のための ベイズ統計モデリング」（朝倉書店）
- 松浦健太郎「StanとRでベイズ統計モデリング」（共立出版）

第12章

- 今泉允聡「深層学習の原理に迫る」（岩波書店）

第13章

- 江崎貴裕「データ分析のための数理モデル入門」（ソシム）
- 西浦博（編著）「感染症疫学のためのデータ分析入門」（金芳堂）

◎著者紹介

阿部 真人（あべ まさと）

同志社大学 文化情報学部 助教。統計・機械学習によるデータ解析と数理モデル解析を武器に、社会性昆虫アリ、人の脳と行動、社会、生態系など幅広い対象の研究に取り組んでいる。日本数理生物学会研究奨励賞などを受賞。初学者向けの統計学の講義は、学生から高い評価を受けている。著書に「R で学ぶ統計学入門」（東京化学同人、嶋田正和との共著）、翻訳書に「Python, R で学ぶデータサイエンス」（東京化学同人、西村晃治との共訳）がある。

学歴

2004.4　東京大学 教養学部 理科二類 入学

2009.3　東京大学 教養学部 広域科学科 卒業

2009.4　東京大学大学院 総合文化研究科 広域科学専攻 入学

2011.3　同 修士課程 修了

2015.3　同 博士課程 修了 [博士 (学術)]

職歴

2011.4-2014.3　日本学術振興会 特別研究員 (DC1)

2015.4-2017.11　国立情報学研究所 JST 河原林巨大グラフプロジェクト 特任研究員

2017.12-2022.3　理化学研究所 革新知能統合研究センター 特別研究員及び研究員

2022.4- 現在　同志社大学 文化情報学部 助教

カバーデザイン：植竹裕（UeDESIGN）

本文デザイン・DTP：有限会社 中央制作社

ぶんせき　ひっす　ち しき　かんが　かた　とうけいがくにゅうもん
データ分析に必須の知識・考え方　統計学入門
か せつけんてい　　　とうけい　　　　　　　　じゅうよう　　　　　　　かんぜんもう ら
仮説検定から統計モデリングまで重要トピックを完全網羅

2021年12月 3日　初版第1刷発行
2024年 5月 8日　初版第12刷発行

著者　　阿部 真人

発行人　片柳 秀夫

編集人　志水 宣晴

発行　　ソシム株式会社

　　　　https://www.socym.co.jp/

　　　　〒 101-0064　東京都千代田区神田猿楽町 1-5-15 猿楽町 SS ビル

　　　　TEL：(03)5217-2400（代表）

　　　　FAX：(03)5217-2420

印刷・製本　　中央精版印刷株式会社
